中等职业教育机械类专业规划教材

机械制图

主　编　陈金伟

副主编　蒋秋莎　夏海燕

参　编　林孟元　陈大宏　郭方丽　覃德友

　　　　李大敏　石正军　尹经坤　李先成

重庆大学出版社

内容提要

本书为满足中等职业学校学生的就业岗位群职业能力的要求——突出识图能力的培养，从学生实际出发，介绍了机械制图的基本知识和基本技能。全书共分五个模块进行讲解。

本书适合于中等职业学校(普通中专、职教中心、技工学校、职业高中、职工中专等)机械类和近机械类各专业的制图教学，也可作为相关行业职业培训教材。

图书在版编目(CIP)数据

机械制图/陈金伟主编.—重庆：重庆大学出版社，2013.8(2017.7 重印)

中等职业教育机械加工技术专业系列规划教材

ISBN 978-7-5624-7560-6

Ⅰ.①机… Ⅱ.①陈… Ⅲ.①机械制图—中等专业学校—教材 Ⅳ.①TH126

中国版本图书馆 CIP 数据核字(2013)第 160443 号

中等职业教育机械加工技术专业系列规划教材

机械制图

主　编　陈金伟

副主编　蒋秋莎　夏海燕

策划编辑：鲁　黎

责任编辑：文　鹏　　版式设计：鲁　黎

责任校对：刘　真　　责任印制：赵　晟

*

重庆大学出版社出版发行

出版人：易树平

社址：重庆市沙坪坝区大学城西路 21 号

邮编：401331

电话：(023) 88617190　88617185(中小学)

传真：(023) 88617186　88617166

网址：http://www.cqup.com.cn

邮箱：fxk@cqup.com.cn (营销中心)

全国新华书店经销

重庆华林天美印务有限公司印刷

*

开本：787mm×1092mm　1/16　印张：11.75　字数：293千

2013 年 8 月第 1 版　2017 年 7 月第 2 次印刷

印数：3 001—3 500

ISBN 978-7-5624-7560-6　定价：25.00元

前言

本书是在充分调研和深入实践的情况下，在重庆市多所中等职业学校一线制图课教师共同参与下设计、编写而成的。为了适应中职学生就业岗位群职业能力的要求，本书以“看图为主、画图为辅”为编写主线，采纳吸收了同类教材的精华，采用了“任务驱动”的模块化教学模式，具有以下特点：

1. 体系安排循序渐进，有利于组织教学，教师可按各专业学时数组织不同深度的教学。

2. 根据学生岗位职业要求，教材体系体现了“宽、专、精”三个不同层面的内涵。

3. 体现了以完成工作任务为目的的职业教育新理念，真正做到了“学中做，做中学”。

4. 教材内容坚持以“必需、够用”为原则，内容严谨，难易适中。任务拓展部分给学有余力的同学拓展了一定的学习空间。

本书由陈金伟任主编，蒋秋莎、夏海燕任副主编。其中：重庆市轻工业学校陈金伟（绪论、模块 1）、重庆市工业学校陈大红（模块 2 任务 1、2）、蒋秋莎（模块 2 任务 3）、荣昌县职业教育中心夏海燕（模块 3 任务 1）、重庆市工业高级技工学校郭方丽（模块 3 任务 2）、大足区职业教育中心覃德友（模块 4 任务 1、2）、尹经坤（模块 4 任务 3）、酉阳县职业教育中心石正军（模块 4 任务 4）、荣昌县职业教育中心李大敏（模块 5 任务 1）、重庆市机械电子高级技工学校林孟元（模块 5 任务 2）、重庆市三峡水利电力学校李先成（绪论）。

本书适用于中等职业学校（普通中专、职教中心、技工学校、职业高中、职工中专等）机械类和近机械类各专业的制图教学，也可作为相关行业职业培训参考用书。

由于编写水平有限，书中难免还存在缺点和错误，恳请广大读者批评指正。

编　者

2013 年 5 月

目录

绪　论

一、本课程的研究对象

1. 图样的定义

在工程技术中，为了准确表达机械、仪器、建筑物等的形状、结构和大小，根据投影原理、标准或有关规定画出的并有必要技术要求的图形，叫做图样。图样是工程界的一门语言，是表达设计意图和交流技术思想的工具。

建筑工程中使用的是建筑图样，水利工程中使用的是水利工程图样，机械制造业中使用的是机械图样。本书所研究的图样是机械图样，包括零件图和装配图。

2. 机械制图的定义

机械制图是研究识读和绘制机械图样的原理和方法的一门重要技术基础课。它与其他很多专业课程有着密切的联系，作为机械工程中的一名一线技术人员，必须具有识图和画图的能力。

二、本课程的目的和任务

本课程的主要目的是培养学生绘制和识读机械图样的能力（以识图能力为主，画图能力为辅）。其主要任务是：

①掌握正投影法的基本理论及其应用；

②掌握识读和绘制机械图样的基本知识、基本方法和技能；

③培养对三维空间的想象和形象思维能力；

④培养贯彻制图国家标准、查阅标准件的能力；

⑤培养耐心细致的工作作风和认真负责的工作态度。

三、本课程的学习方法

①严格遵守国家标准《技术制图》《机械制图》和有关的技术标准；

②注重形象思维，掌握正确的看图和画图方法；

③注重作图实践，反复练习，提高看图和画图技能。

模块 1
制图的基本知识和技能

任务1　制图工具和用品的使用方法

任务目标

目标类型	目标要求
知识目标	1. 认知铅笔、丁字尺、绘图板、三角板、分规、圆规等制图工具。 2. 认知铅笔、丁字尺、三角板、分规、圆规等的使用方法。
能力目标	能正确使用各种制图工具。
情感目标	1. 养成良好的绘图习惯。 2. 注意正确使用和保管制图工具。

任务内容

读一读:常用绘图工具包括图板、丁字尺、三角板、分规、圆规、铅笔、橡皮。

小贴士:除上述绘图工具外,还有曲线板、擦图片、砂纸、胶带纸、毛刷、小刀、多功能模板、绘图机等。

任务实施

正确地使用和维护绘图工具,是保证绘图质量和加快绘图速度的一个重要方面。因此,必须养成正确使用、维护绘图工具的良好习惯。

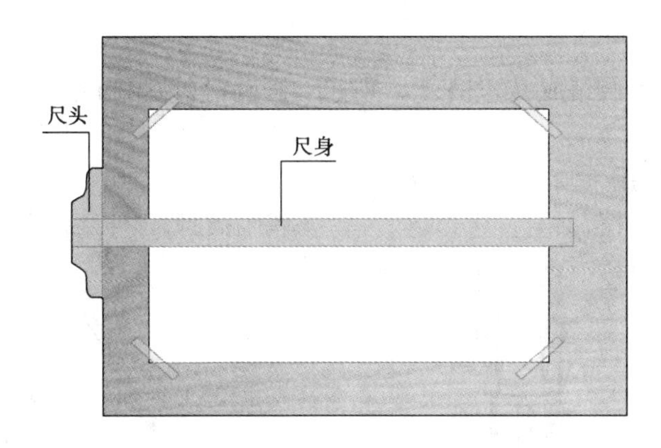

图1.1.1　图板与丁字尺

1. **图板**(见图1.1.1)

小贴士:使用时,注意保持图板的整洁完好。

2. **丁字尺**

①构成:由尺头和尺身组成。

②作用:主要用来画水平线。

③使用方法:绘图时,尺头的右侧应紧靠在图板的左侧边上下滑动,即可画水平线,如图1.1.2所示。

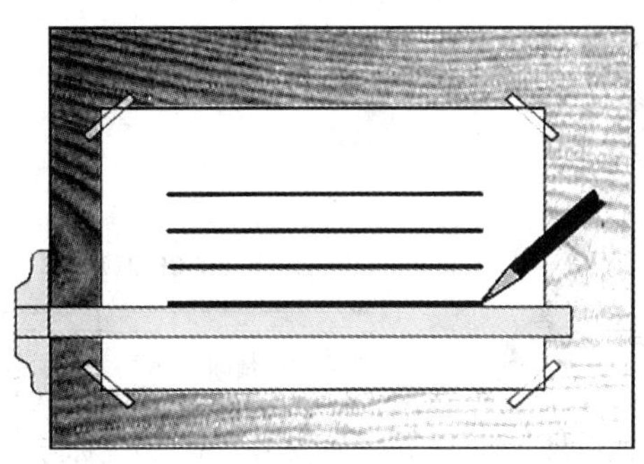

图1.1.2　丁字尺和图板配合画水平线

3. **三角板**

一副三角板有两块,即45°和30°(60°),规格25 cm以上。作用:和丁字尺配合画垂直线(见图1.1.3)、丁字尺和两块三角板配合可以画出15°整倍数的斜线(见图1.1.4)、平行线和一些常用的特殊角度(15°,75°,105°等)。

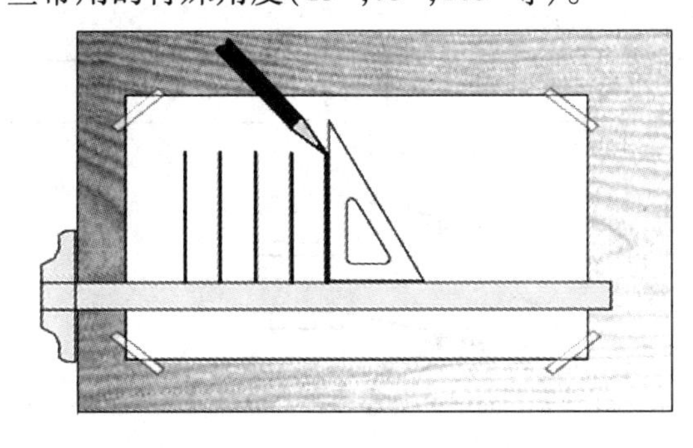

图1.1.3　垂直线的画法

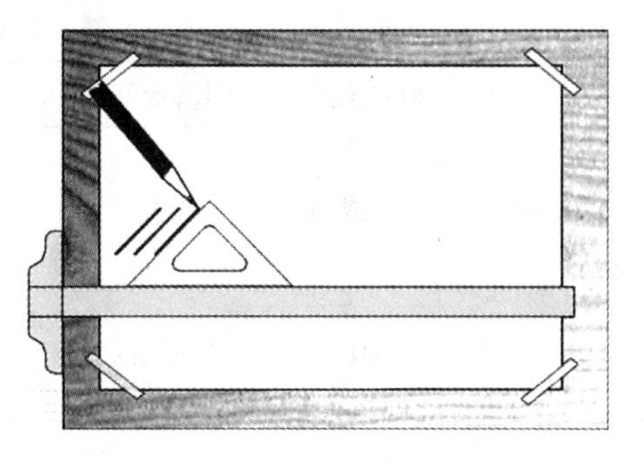

图1.1.4　倾斜线的画法

4. **圆规**

圆规由铅芯脚和针脚组成,如图 1.1.5 所示。画圆时,针脚和铅芯脚都应垂直纸面,如图 1.1.6 所示。

想一想:圆规主要用来画________或________。

看一看:圆规的附件包括________、________、鸭嘴插脚,延伸插杆等。

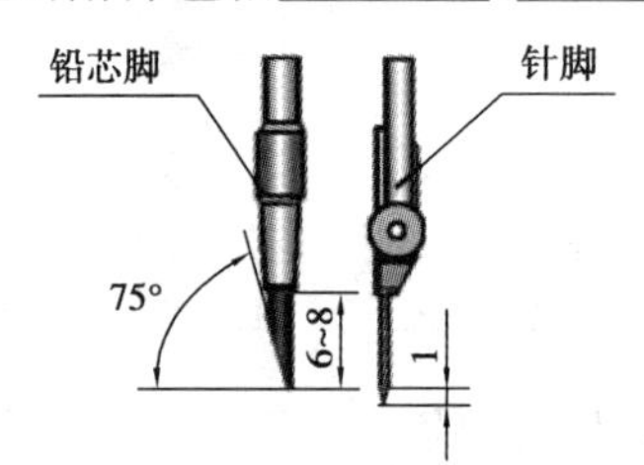

图 1.1.5　圆规钢针、铅芯及其安装

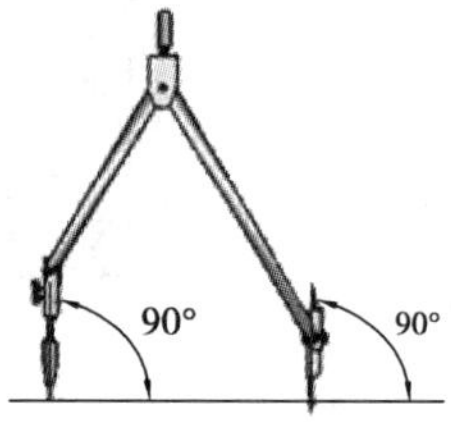

90°
90°

图 1.1.6　圆规的使用

5. **分规**

作用:用来截取尺寸、等分线段和圆周等,如图 1.1.7 所示。

小贴士:分规的两个针尖并拢时应对齐。

6. **铅笔**

铅笔分为硬、中、软三种。标号与硬度的关系如图 1.1.8 所示。

图 1.1.7　截取尺寸

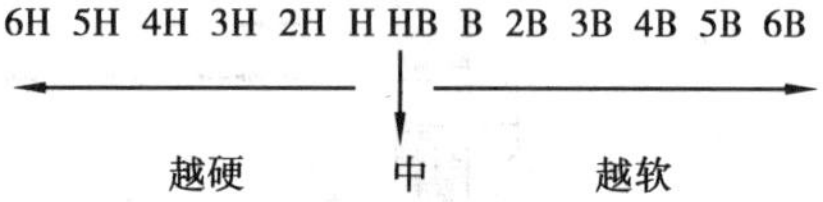

6H 5H 4H 3H 2H H HB B 2B 3B 4B 5B 6B

越硬　中　越软

图 1.1.8　铅笔标号与软硬关系

绘制图样底稿时,应采用 2H 或 3H 铅笔,并削成尖锐的圆锥形;描黑底稿时,应采用 B 或 2B 铅笔,削成扁平状。

小贴士:铅笔应从没有标号的一端开始使用。

铅笔的削法见表 1.1.1。

表 1.1.1　铅笔的削法

名　称	用　途	软硬代号	削磨形状	图　例
铅笔	画细线	2H 或 H	圆锥	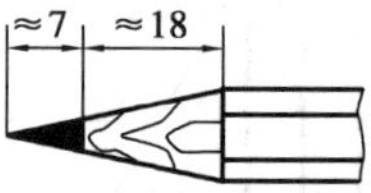 ≈7　≈18
	写字	HB	钝圆锥	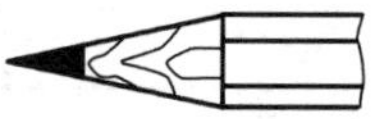

续表

名　称	用　途	软硬代号	削磨形状	图　例
铅笔	画粗线	B或2B	截面为矩形的四棱柱	d

任务拓展

其他绘图工具还有曲线板、擦图片、砂纸、胶带纸、毛刷、小刀、多功能模板、绘图机等。

任务2　制图国家标准的基本规定

任务目标

目标类型	目标要求
知识目标	1. 认知图纸幅面、图框格式、标题栏、图线、尺寸标注等的国家标准规定。 2. 认知图线的画法和尺寸标注方法。
能力目标	1. 能正确绘制图框和标题栏。 2. 能正确标注尺寸和绘制图线。 3. 熟练书写长仿宋体字，会选绘图比例。
情感目标	1. 逐步养成良好的绘图习惯。 2. 养成耐心细致的工作作风。

任务内容

读一读：国家标准代号GB/T 14689—2008，“GB/T”表示推荐性国家标准；“GB”指“国”和“标”汉语拼音第一个字母，简称“国标”。“T”指“推”的汉语拼音第一个字母。“14689”为标准的顺序号。“2008”为标准的批准年号。

小贴士：制图国家标准对图纸幅面、图框格式及标题栏、比例、字体、图线、剖面符号、尺寸标注等都作了相应规定。

任务实施

一、图幅和格式

1. 图纸幅面

①基本幅面：5种（A0，A1，A2，A3，A4，见表1.2.1），其尺寸关系如图1.2.1所示。优先采用基本幅面。

②加长幅面:必要时采用。

表 1.2.1 图纸幅面代号及尺寸

代　号	$B \times L$	a	c	e
A0	841 × 1 189	25	10	20
A1	594 × 841			
A2	420 × 594			10
A3	297 × 420		5	
A4	210 × 297			

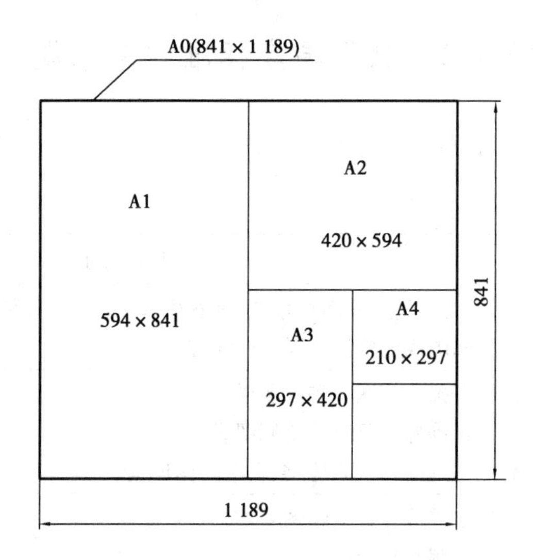

图 1.2.1　基本幅面的尺寸关系

2. 图框格式

①图纸上必须用粗实线画出图框。

②不留装订边的图纸,其图框格式如图 1.2.2 所示,尺寸按表 1.2.1 的规定。

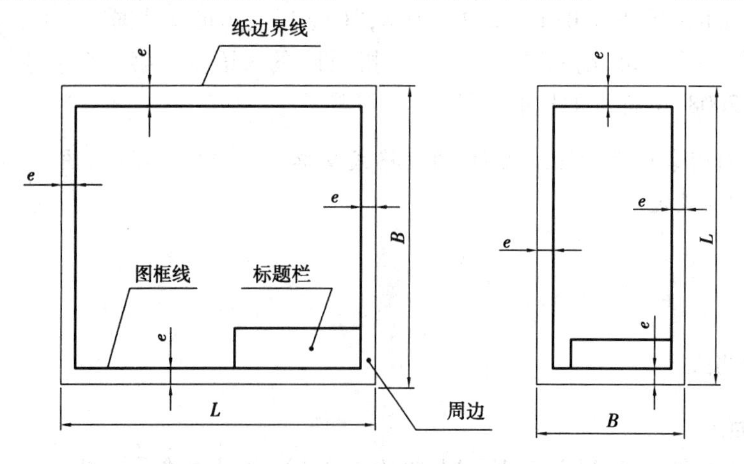

图 1.2.2　不留装订边的图框格式

③留有装订边的图纸,其图框格式如图 1.2.3 所示,尺寸按表 1.2.1 的规定。

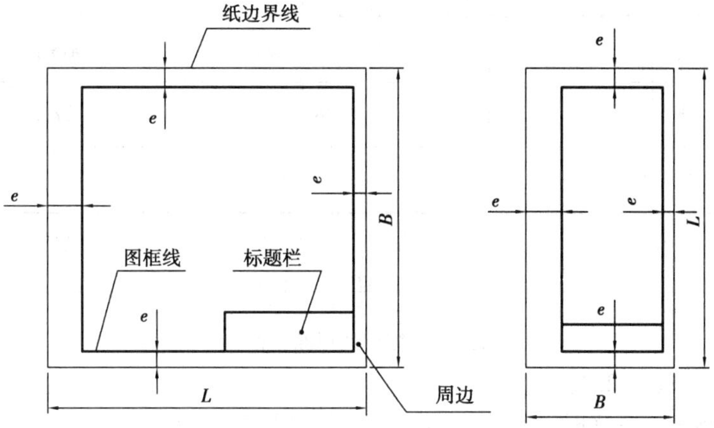

图 1.2.3　留有装订边的图框格式

3. 标题栏

①每张图样必须画标题栏。

②标题栏画在图框的右下角。

标题栏的格式及尺寸如图 1.2.4 所示。学习画图时可采用简化的标题栏格式,如图1.2.5所示。

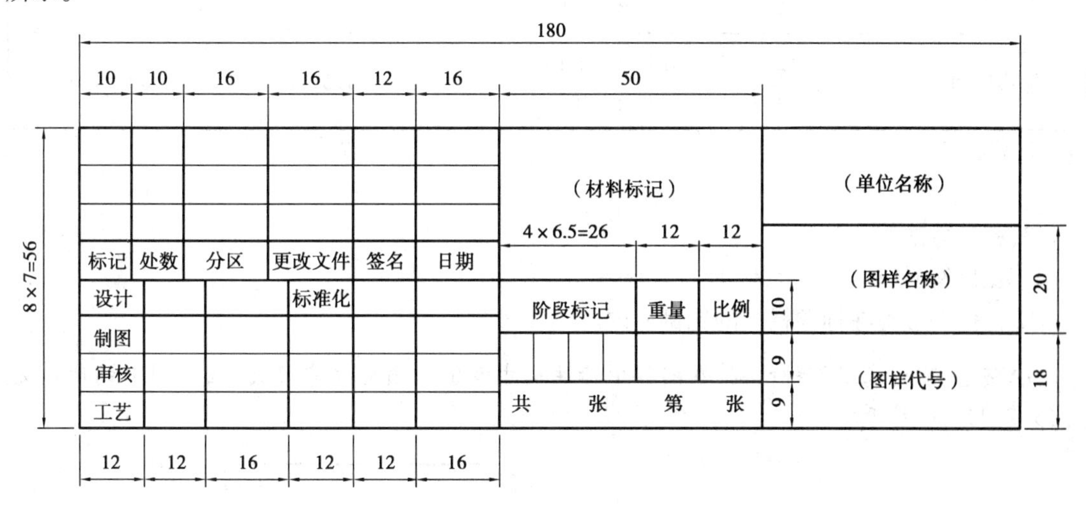

图 1.2.4　标题栏的格式和尺寸

二、比例

1. 术语

①比例:图中图形与其实物相应要素的线性尺寸之比。

②原值比例:=1,即 1∶1。

③放大比例:>1,如 2∶1。

④缩小比例:<1,如 1∶2。

制 图		（日期）	（材料）		（单位）
校 核			比例		（图名）
审 核			共 张 第 张		（图名）

15 35 20 15 3×9=27 60 180

图 1.2.5　简化的标题栏格式

2. 比例系列(**见表** 1.2.2)

①需要按比例绘制图样时选用表中“优先选择系列”的比例。

②必要时也可选用表中“允许选择系列”的比例。

表 1.2.2　**比　例**

种　类	优先选择系列	允许选择系列
原值比例	1∶1	—
放大比例	5∶1　2∶1　5×10^n∶1 2×10^n∶1　1×10^n∶1	4∶1　2.5∶1　4×10^n∶1 2.5×10^n∶1
缩小比例	1∶2　1∶5　1∶10　1∶2×10^n 1.5×10^n　1∶1×10^n	1∶1.5　1∶2.5　1∶3　1∶4　1∶6

注：n 为正整数。

3. 标注方法

①比例符号以“∶”表示，如 1∶1，2∶1等。

②比例一般写在标题栏中的比例栏内。

小贴士：不论采用何种比例，在图样中标注尺寸数值必须标注实际大小，与图形的比例无关，如图 1.2.6 所示。

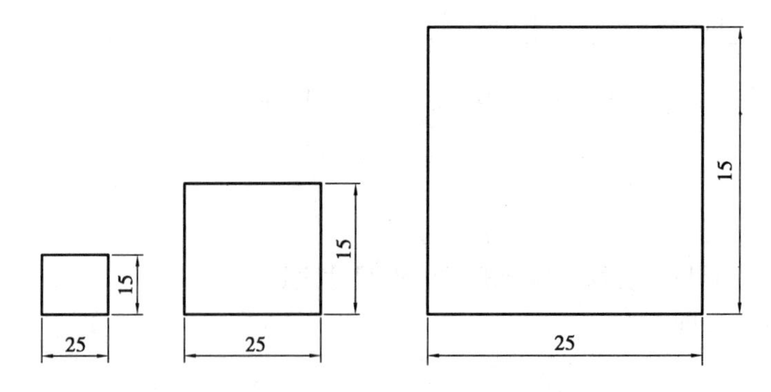

图 1.2.6　比例与尺寸数字

三、字体

1. 基本要求

①在图样中书写汉字、数字和字母时必须做到16个字:“字体工整,笔画清楚,间隔均匀,排列整齐”。

②字体高度(h):代表字体的号数。公称尺寸系列:1.8 mm,2.5 mm,3.5 mm,5 mm,7 mm,10 mm,14 mm,20 mm。

③汉字应写成长仿宋体字。字高 h 不应小于3.5 mm,字宽一般大约是0.7h。书写要领:横平竖直、注意起落、结构匀称、填满方格。

④字母、数字:写成斜体或直体。

小贴士:斜体字字头向右倾斜,与水平线成75°角。

2. 字体示例

①斜体如图1.2.7所示。

ABCDEFGHIJKLMNOP

QRSTUVWXYZ

1234567890

图1.2.7　斜体

②直体如图1.2.8所示。

ABCDEFGHIJKLMNOP

QRSTUVWXYZ

1234567890

图1.2.8　直体

③长仿宋体字如图1.2.9所示。

横平竖直起落有锋结构匀称写满方格

图1.2.9　长仿宋体

四、图线

1. 线型、图线尺寸及应用

8种基本线型,其名称、线型、宽度和一般应用见表1.2.3。图线的应用示例如图1.2.10所示。

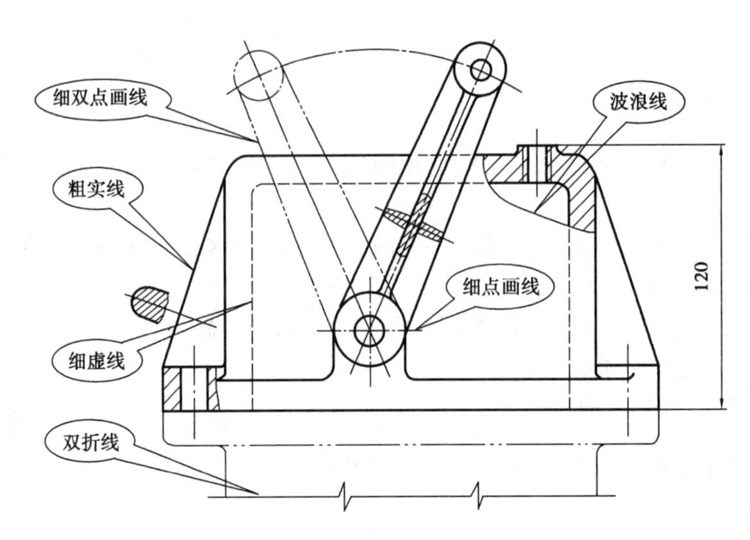

图 1.2.10　图线应用示例

粗线和细线的宽度比例为 3∶1，在 0.13 mm，0.18 mm，0.25 mm，0，35 mm，0.5 mm，0.7 mm，1 mm，1.4 mm，2 mm 数系中选取图线宽度（常用的为 0.25 mm，0.35 mm，0.5 mm，0.7 mm，1 mm）

小贴士：同一张图样中，同类图线的宽度应一致。虚线、点画线及双点画线的线段长度和间隔应各自大致相等。

2. 图线的画法

（1）图线的平行、相交画法

①两条平行线（包括剖面线）之间的距离应不小于粗实线的两倍宽度，其最小距离不得小于 0.7mm。

②绘制圆的对称中心线时，圆心应为长画线的交点。

③点画线和双点画线首末两端应是长画线而不是点，点画线应超出图形轮廓线 3 ~ 5mm。

④在较小的图形上绘制点画线或双点画线有困难时，可用细实线代替。

⑤当虚线与虚线相交或虚线与其他形式图线相交时，应是画线相交。

⑥当虚线是粗实线的延长线时，连接处应留出空隙。

（2）基本线型重合绘制的优先顺序

其优先顺序是：可见轮廓线→不可见轮廓线→尺寸线→各种用途的细实线→轴线和对称线（中心线）→假想线。

表 1.2.3　图线型式及其应用

图线名称	线　型	线　宽	一般应用
粗实线	————————	d	可见轮廓线 可见过度线等
细实线	————————	$d/3$	尺寸线和尺寸界线 剖面线 引出线等

续表

图线名称	线　型	线　宽	一般应用
细虚线	—— —— —— ——	$d/3$	不可见轮廓线 不可见过度线等
细点画线	———— — ————	$d/3$	轴线 对称中心线等
波浪线	～～～	$d/3$	断裂处的边界线 视图与剖视图的分界线
双折线	—/\/——/\/—	$d/3$	断裂处的边界线 视图与剖视图的分界线
细双点画线	———— — — ————	$d/3$	相邻辅助零件的轮廓线 成形前的轮廓线等
粗点划线	———— — ————	$d/3$	限定范围的表示线

3. 图线画法示例

图线画法示例如图 1.2.11 所示。

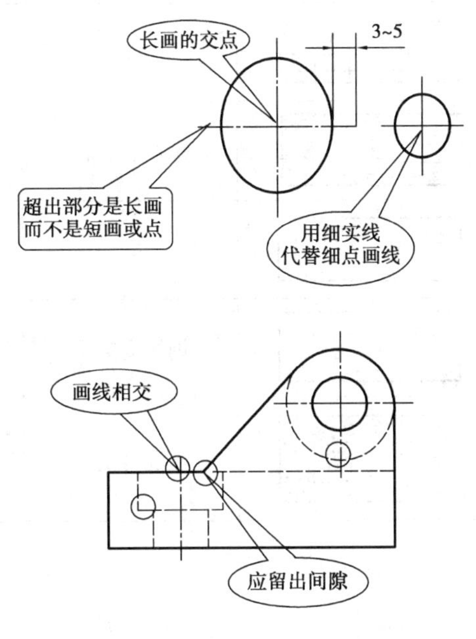

图 1.2.11　图线的画法示例

五、剖面符号

金属材料的剖面符号用细实线画成与主要轮廓线或对称中心线成 45°或 135°的平行线，如图 1.2.12 所示。

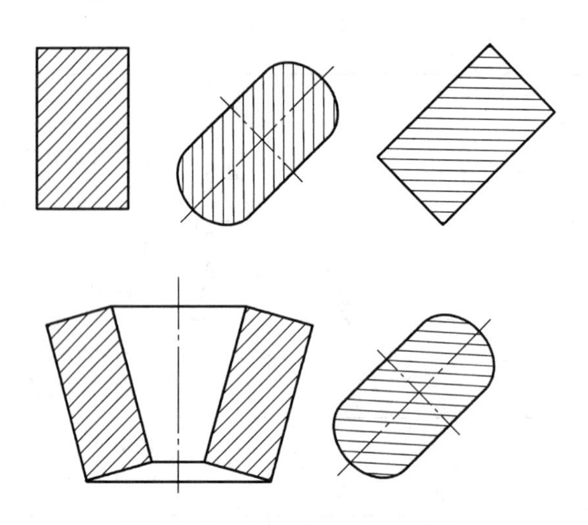

图 1.2.12　金属材料的剖面符号

表 1.2.4　各种材料的剖面符号

材料	剖面符号	材料	剖面符号
金属材料(已有规定剖面符号的除外)		基础周围的泥土	
非金属材料		网格	
线圈绕组元件		液体	
木材		木质胶合板	
转子、电枢、变压器和电抗器等的叠钢片		砖	
玻璃等透明材料		钢筋混凝土	
砂型、填砂、粉末冶金陶瓷刀片、硬质合金刀片等		混凝土	

六、尺寸注法

1. 标注尺寸的基本规则

①标注真实尺寸大小。

②以“mm”(毫米)为单位时,不标注单位,如图 1.2.13 所示。

③每一尺寸只需标注一次。

④尽可能使用符号和缩写词。常用符号和缩写词见表1.2.5。

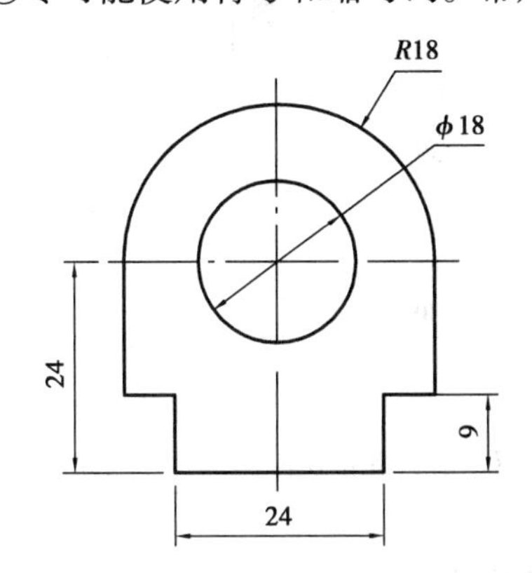

图1.2.13　以"mm"为单位时不标注单位代号

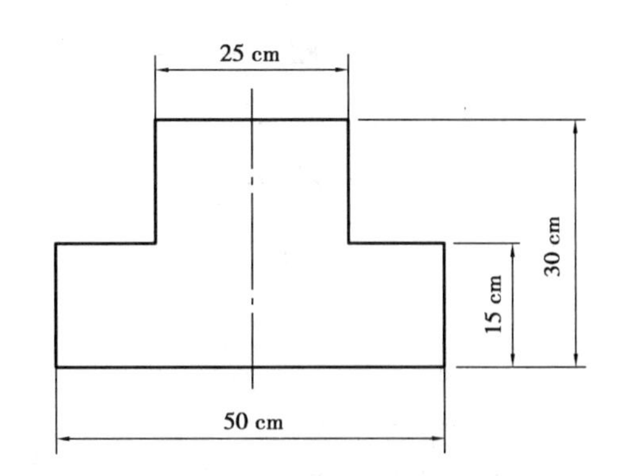

图1.2.14　不以"mm"为单位时要标注单位代号

表1.2.5 常用的符号和缩写词

名　称	符号和缩写词
直　径	ϕ
半　径	R
球直径	$S\phi$
球半径	SR
厚　度	t
45°倒角	C
均　布	EQS

2. 尺寸的组成

(1)尺寸标注

尺寸一般由尺寸界线、尺寸线、尺寸数字和箭头组成,其相互关系如图1.2.15所示。

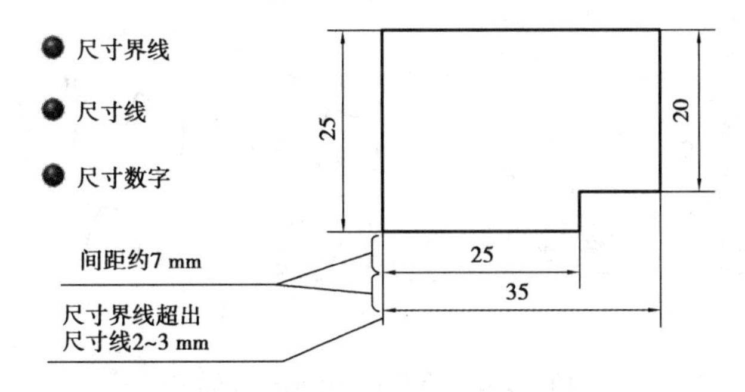

图1.2.15　尺寸标注示例

小贴士:标注两平行的尺寸应遵循"小尺寸在里,大尺寸在外"的原则。

(2)箭头的画法

在机械制图中,尺寸线终端主要采用箭头的形式。采用实心画,长为$4d$,宽为d(d为粗实线的宽度),如图1.2.16所示。

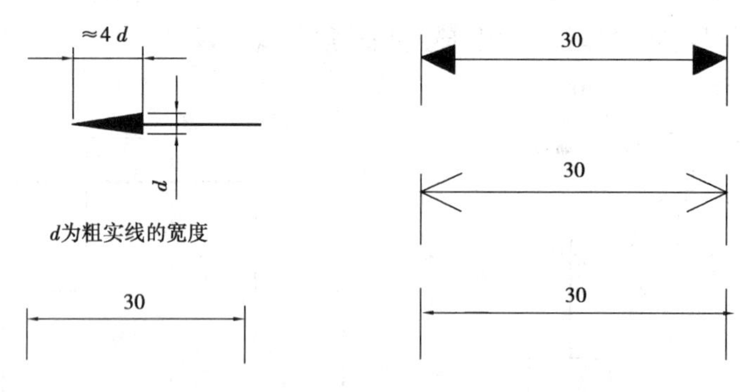

图 1.2.16　箭头的正确画法　　　图 1.2.17　箭头的错误画法

(3)尺寸数字的有关规定

①一般标注在尺寸线上方,也允许注写在尺寸线的中断处,当位置不够时也可以引出标注。同一张图纸上,字高要一致。

②标注参考尺寸时,应将尺寸数字加上圆括弧。

③尺寸数字不可被任何图线所通过。图线通过数字时,图线应断开,如图 1.2.18 所示。

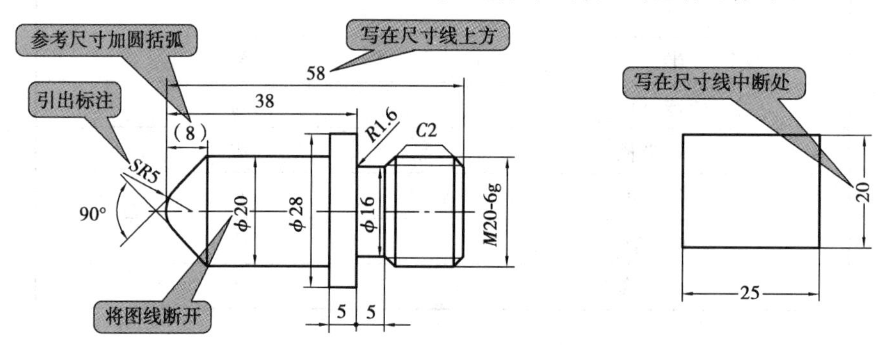

图 1.2.18　尺寸数字标注规定

④线性尺寸数字的方向一般应按图 1.2.19(a)所示的方向注写,并尽可能避免在图示 30°范围内标注尺寸。当无法避免时,可按图(b)或图(c)或图(d)的形式标注。

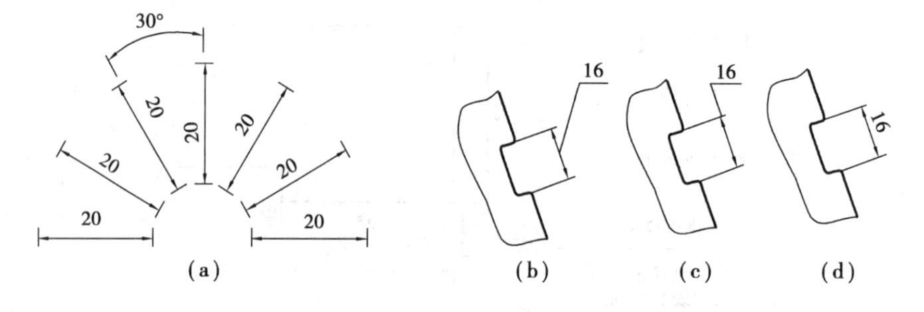

图 1.2.19　30°范围内的尺寸标注

(4)尺寸线

①用细实线画, 其终端有箭头。

②尺寸线不能用其他图线代替,一般也不能与其他图线重合或画在其延长线上。

③尺寸线必须与所标注的线段平行,如图 1.2.20 所示。

(5)尺寸界线

①用细实线画。轮廓线、中心线可作尺寸界线。

②一般应与尺寸线垂直,必要时才允许倾斜。

③在光滑过渡处,必须用细实线将轮廓线延长,从它们的交点引出尺寸界线。

④尺寸界线一般应超出尺寸线 2 ~3 mm,如图 1.2.21 所示。

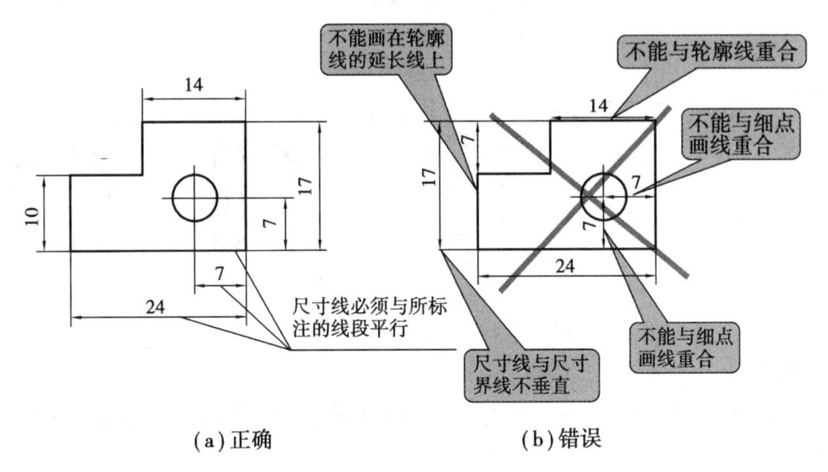

图 1.2.20　尺寸线的规定

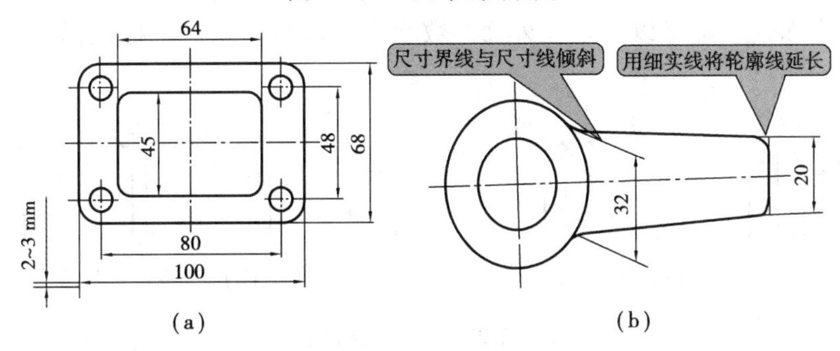

图 1.2.21　尺寸界线的规定

3. 直径和半径

①标注圆的直径尺寸时,尺寸线应通过圆心,并在尺寸数字前加注直径符号“ϕ”。如图 1.2.22(a)所示。

②标注圆弧的半径尺寸时,若为优弧,则与圆的尺寸注法相同(标注直径),如图 1.2.22(b)所示。

③标注小于或等于半圆的半径尺寸时,应在尺寸数字前加注半径符号“R”,如图 1.2.22(c)所示。

④标注小直径或半径尺寸时,箭头和数字可写在外面,如图 1.2.23(d)所示。

⑤当圆弧的半径过大或在图纸范围内无法标出其圆心位置时,可采用折线的形式标注。若不需要标出圆弧的圆心位置时,可只画靠近箭头的一段,如图 1.2.23(e)所示。

⑥标注球面的直径或半径时,应在符号“ϕ”或符号“R”前加注符号“S”。对于螺钉、铆钉的头部,轴(包括螺杆)的端部以及手柄的端部等,在不致引起误解的情况下可省略符号“S”,如图 1.2.22(f)所示。

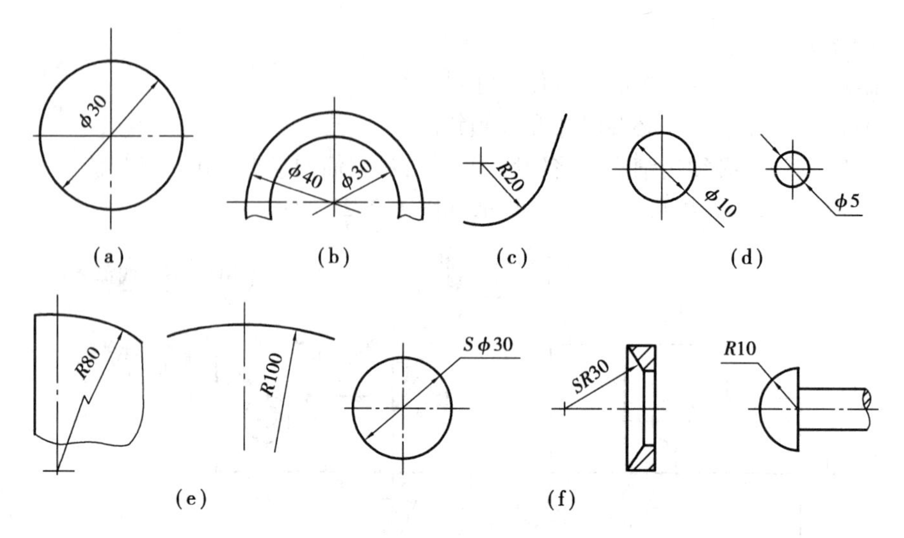

图 1.2.22　直径和半径的标注

4. 小尺寸的注法

①标注一连串的小尺寸时,可用小圆点或斜线代替箭头,但最外两端箭头仍应画出,如图1.2.23(a)所示。

②在没有足够的位置画箭头或注写尺寸数字时,可将箭头或尺寸数字布置在外面。当位置更小时,箭头和数字都可以布置在外面。数字也可以指引线引出标注,如图 1.2.23(b)所示。

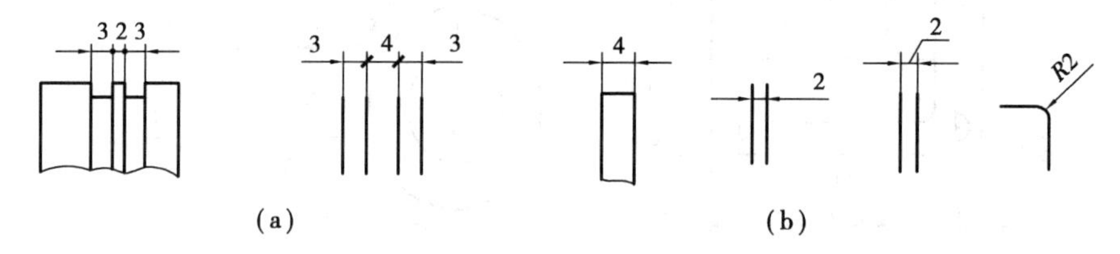

图 1.2.23　小尺寸的注法

5. 角度的注法

①数字一律水平填写,数字写在尺寸线中断处,必要时允许写在外面或引出标注。

②角度尺寸界线沿径向引出。

③角度尺寸线应画成圆弧,其圆心是该角的顶点,如图 1.2.24 所示。

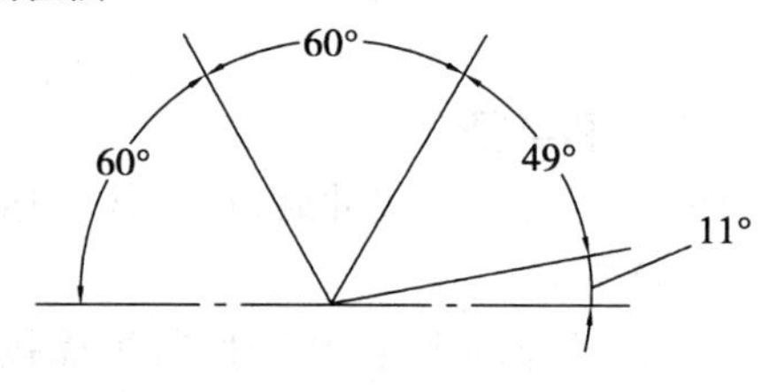

图 1.2.24　角度的注法

教师评估

序号	优　点	存在问题	解决方案
1			
2			
3			
4			

续表

序号	优　点	存在问题	解决方案
5			
教师签字：			

任务3　常用几何图形画法

任务目标

目标类型	目标要求
知识目标	1. 进一步认知绘图工具和用品。 2. 认知几何作图方法和简单图样的作图步骤。
能力目标	能运用几何作图方法，正确绘制简单的图样。
情感目标	1. 逐步养成良好的绘图习惯。 2. 注意正确使用绘图工具和用品。

任务内容

练一练：抄画图1.3.1所示吊钩。通过绘制该图样，总结出本任务将要学习的知识内容。

想一想：要画好图1.3.1所示吊钩，是否需要掌握等分作图、圆弧连接和平面图形等作图方法？

任务实施

一、几何作图

1. 等分作图

(1)等分线段

方法：

①试分法：先目测估计出线段的长度，用分规自线段的一端进行试分，如不能恰好将线段分尽，可视其“不足”或“剩余”部分的长度调整分规的开度，再行试分，直到分尽为止。

②平行线法。举例：三等分线段 AB，如图1.3.2所示。

步骤：

a. 从 A 点引一条射线 AC；

b. 以任意长度在 AC 上取三个等分点1,2,3；

c. 连接 $B3$，通过1,2两点分别作线段 $B3$ 的平行线，交 AB 于 1_1 和 2_2 两点，即把线段 AB

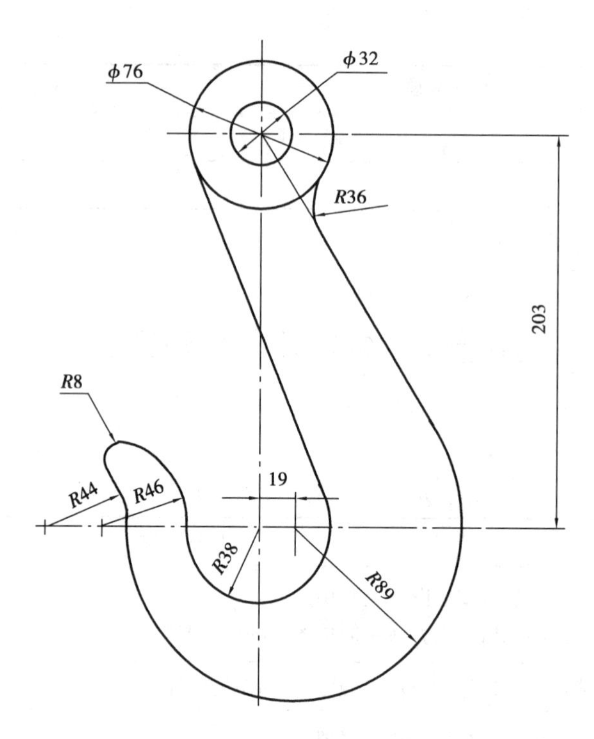

图 1.3.1　吊钩

分成了 3 等份。

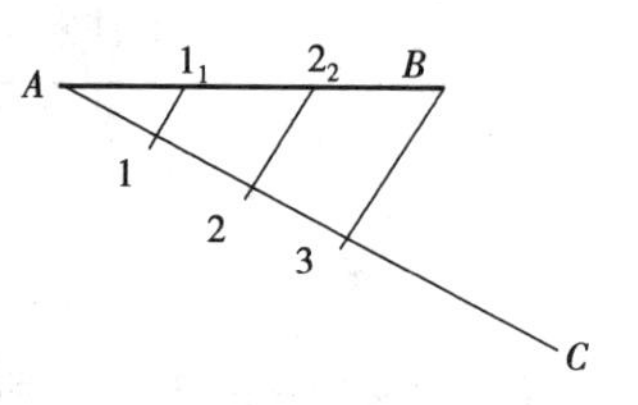

图 1.3.2　等分线段

(2)等分圆周和作正多边形

①圆周的四、八等分。用45°三角板和丁字尺配合作图,可直接将圆周进行四、八等分。将各等分点依次连接,即可分别作出圆的内接四边形或八边形,如图 1.3.3(a)(二者方位不同)、(b)所示。

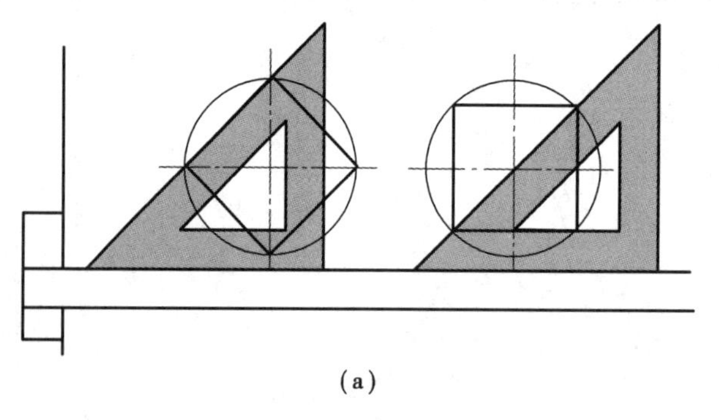

(a)

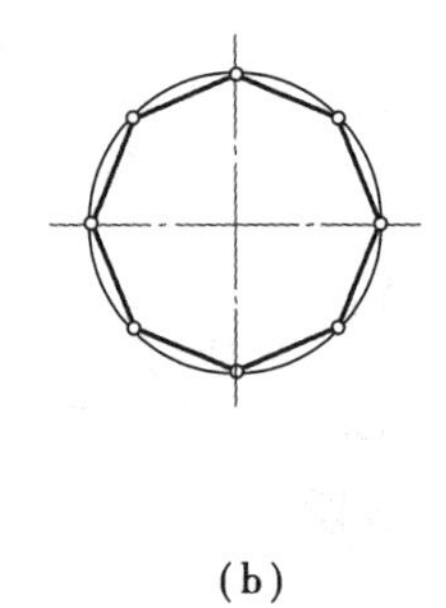

(b)

图 1.3.3　圆周的四、八等分

②圆周的三、六、十二等分

有两种作图方法,即用圆规作图,如图 1.3.4 所示;或用 30°~60°三角板和丁字尺配合作图,如图 1.3.5 所示。

2. 圆弧连接

用一圆弧光滑地连接相邻两线段的作图方法,称为圆弧连接。

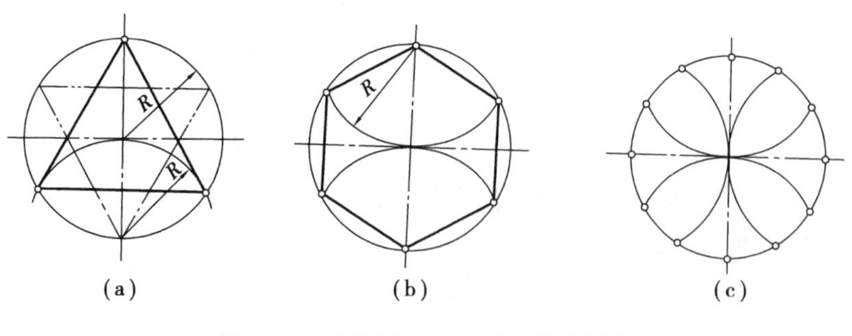

图1.3.4　用圆规三、六、十二等分圆周

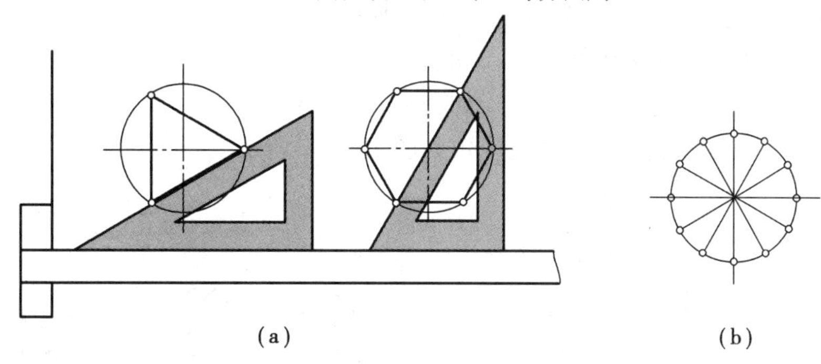

图1.3.5　用三角板三、六、十二等分圆周

(1)作图原理

其作图原理可归结为求连接圆弧的圆心和切点。

①圆弧与直线连接,如图1.3.6(a)所示。

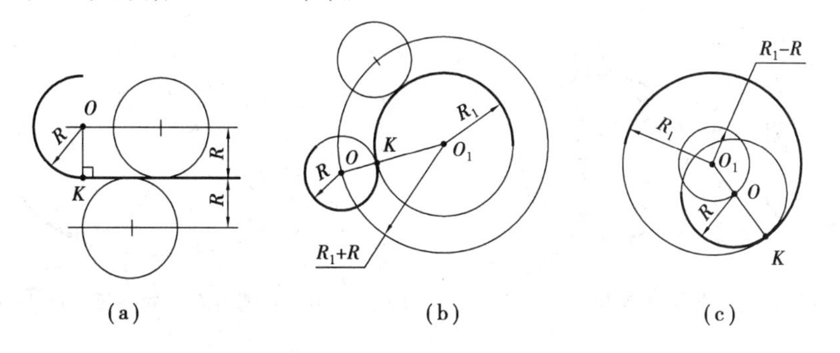

图1.3.6　圆弧连接

圆心:连接弧圆心的轨迹为一平行于已知直线的直线,两直线间的垂直距离为连接弧的半径R。

切点:由圆心向已知直线作垂线,其垂足为切点。

②圆弧与圆弧连接(外切),如图1.3.6(b)所示。

圆心:连接弧圆心的轨迹为一与已知圆弧同心的圆,该圆的半径为两圆弧半径之和。

切点:两圆心的连线与已知圆弧的交点即为切点。

③圆弧与圆弧连接(内切),如图1.3.6(c)所示。

圆心:连接弧圆心的轨迹为一与已知圆弧同心的圆,该圆的半径为两个圆弧半径之差。

切点:两圆心连线的延长线与已知圆弧的交点即为切点。

(2)作图步骤

①先求圆心。

②再求切点。

③用连接弧半径画弧。

④描深——为保证连接光滑,一般应先描圆弧,后描直线。当几个圆弧相连接时,应依次相连,避免同时连接两端。

试一试:

①两直线间的圆弧连接,如图 1.3.7 所示。

②直线和圆弧之间的圆弧连接,如图 1.3.8 所示。

③两圆弧之间的圆弧连接(外连接),如图 1.3.9 所示。

④两圆弧之间的圆弧连接(内连接),如图 1.3.10 所示。

⑤两圆弧之间的圆弧连接(混合连接),如图 1.3.11 所示。

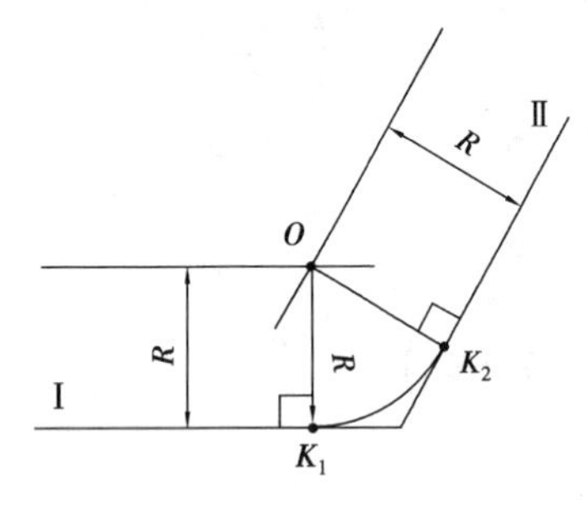

图 1.3.7　两直线间的圆弧连接

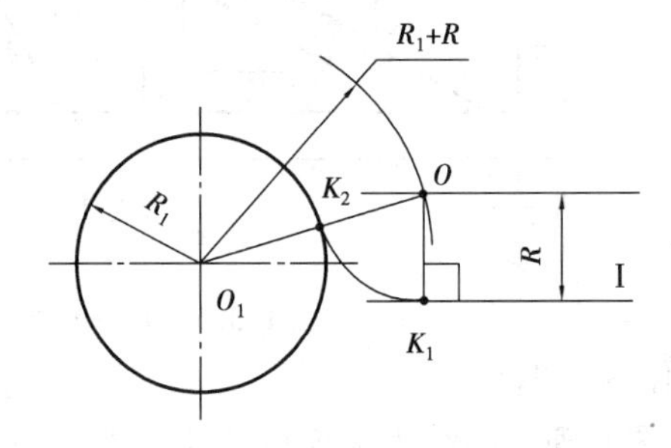

图 1.3.8　直线和圆弧之间的圆弧连接

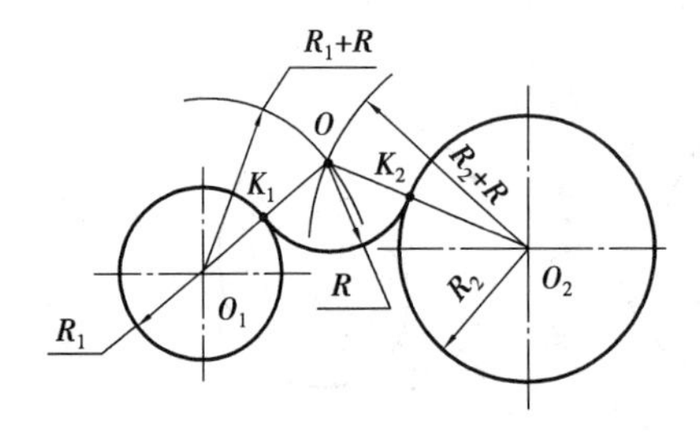

图 1.3.9　两圆弧之间的圆弧连接(外连接)

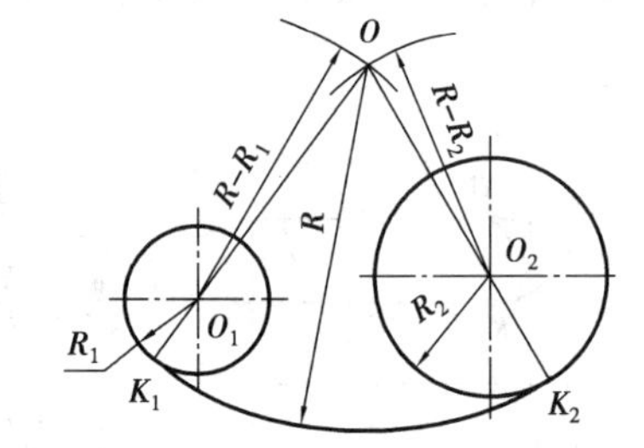

图 1.3.10　两圆弧之间的圆弧连接(内连接)

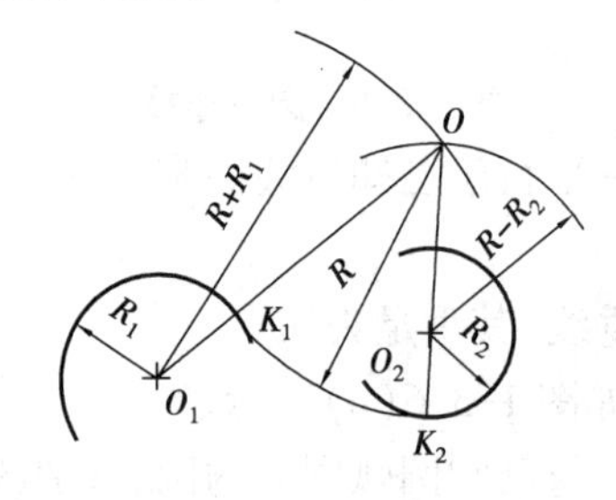

图 1.3.11　两圆弧之间的圆弧连接(混合连接)

二、平面图形的画法

1. 尺寸分析

①尺寸基准:指标注尺寸的起点。通常以图形的对称线、中心线或某一轮廓线作为标注尺寸的基准。

②定形尺寸:用于确定线段的长度、圆弧的半径(或圆的直径)和角度大小等的尺寸。如图1.3.12中的*R*12、*R*50、ϕ20、ϕ30等。

③定位尺寸:用于确定线段在平面图形中所处位置的尺寸,如图1.3.12中的尺寸8。

2. 线段分析

根据线段定位尺寸的完整与否,它可分为三类。

①已知线段:具有两个定位尺寸可直接画出的线段,如图1.3.12中的ϕ5、*R*15、*R*10。

②中间线段:具有一个定位尺寸,但可根据与其他线段的连接关系画出的线段,如图1.3.12中的*R*50。

③连接线段:没有定位尺寸的线段,如图1.3.12中的*R*12。

作图时,应先画已知线段,再画中间线段,最后画连接线段。

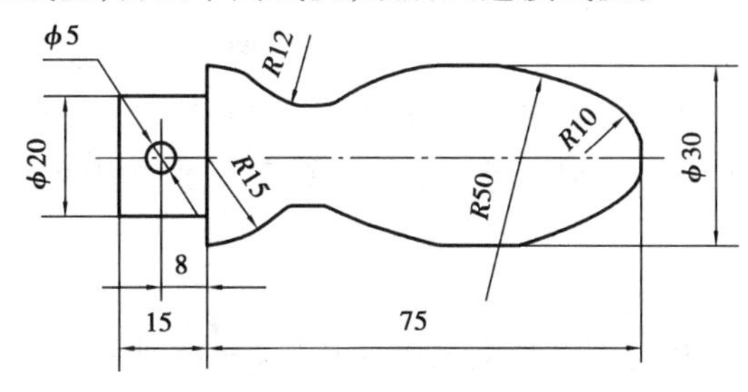

图1.3.12　手柄

3. 绘图的方法和步骤

①准备工作。画图前应先了解所画图样的内容和要求,准备好必要的绘图工具,清理桌面,暂时不用的工具、资料不要放在图板上。

②选定图纸。根据图形大小和复杂程度选定比例,确定图纸幅面。

③固定图纸。图纸要固定在图板左下方,下部空出的距离要能放丁字尺,以便操作。图纸要用胶纸固定。固定时不应使用图钉,以免损坏图板。

④绘制底稿。画出图框和标题栏轮廓后,先画出各图形的基准线,注意各图的位置要布置匀称。底稿线要细,但应清晰。

⑤检查并清理底稿后,加深图形和标注尺寸,最后完成标题栏。

⑥全面检查图纸。

加深的步骤与画底稿时不同。一般先加深图形,其次加深图框和标题栏,最后标注尺寸和书写文字。加深图形时,应按“先曲线后直线,由上到下,由左到右,所有图形同时加深”的原则进行。在加深粗直线时,将同一方向的直线加深完后,再加深另一方向的直线。细线一般不要加深,在画底稿时直接画好就行了。

任务拓展

一、斜度和锥度

1. 斜度 S

斜度是指一直线(或平面)对另一直线(或平面)的倾斜程度,用代号"S"表示,如图 1.3.13 所示。计算公式:

$$S = (T - t)/1 = T/L = \tan\alpha$$

①斜度符号:"∠",如图 1.3.14 所示。

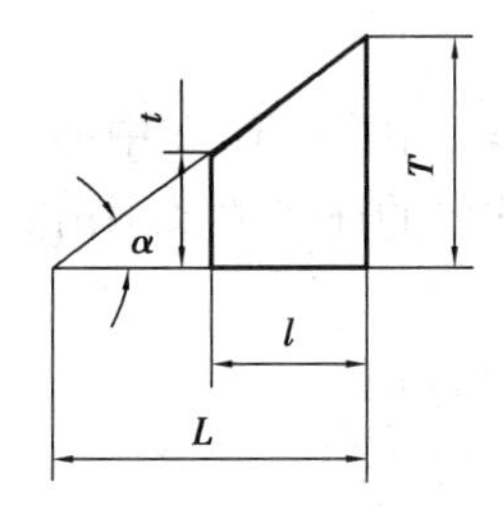

图 1.3.13　斜度

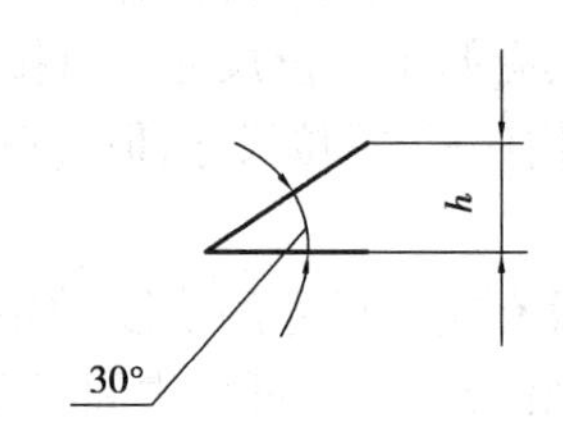

图 1.3.14　斜度符号

②斜度的标注方法。斜度一般以 1∶x 的形式表示,写在斜度符号后面。指引线从被标注的"斜线"引出,标注斜度的细实线和参考线平行。斜度符号的斜线方向应与图形的斜度方向一致,如图 1.3.15 所示。

2. 锥度 C

锥度是指正圆锥底圆直径与圆锥高度之比,如图 1.3.16 所示。计算公式:

$$C = (D - d)/L = D/L = 2\tan(\alpha/2)$$

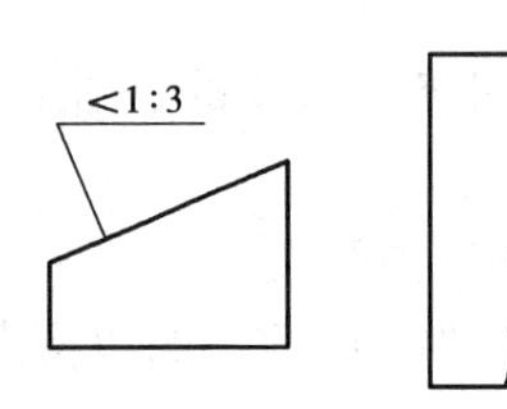

图 1.3.15　斜度的标注

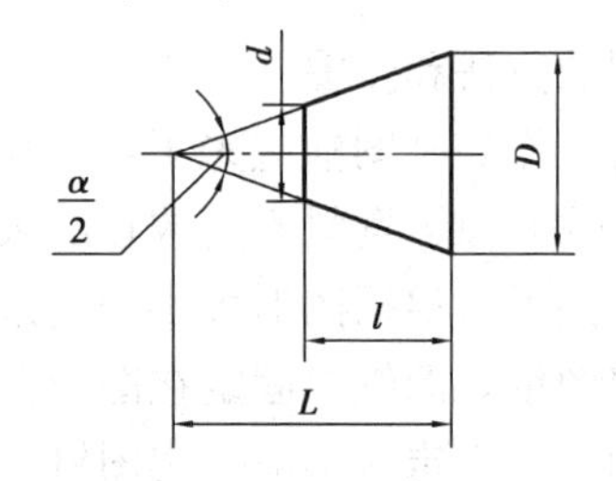

图 1.3.16　锥度

①锥度符号如图 1.3.17 所示。

②锥度的标注方法。锥度一般以 1∶x 的形式写在锥度后面,该符号配置在基准线上,并靠近圆锥轮廓线,指引线从圆锥轮廓线引出,图形符号的方向应与锥度方向一致,如图 1.3.18 所示。

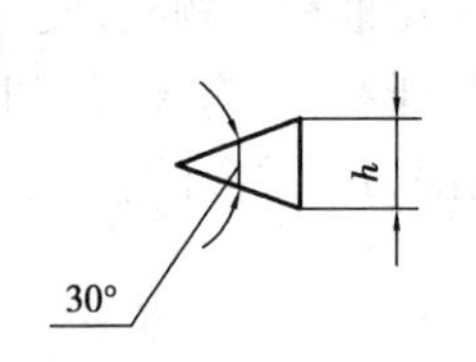

图 1.3.17　锥度符号

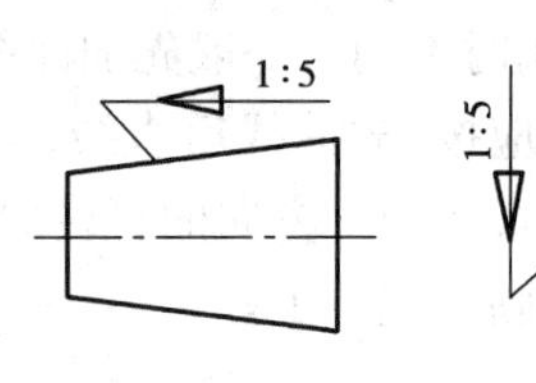

图 1.3.18　锥度的标注

教师评估

序号	优　点	存在问题	解决方案
1			
2			
3			
4			
5			
6			
7			
教师签字：			

模块 2

投影基础

任务1　三视图

任务目标

目标类型	目标要求
知识目标	1. 认知投影概念、分类和三视图的形成过程。 2. 识记正投影基本特性和三视图投影规律。 3. 认知物体三视图之间的关系与作图方法。
能力目标	1. 能辨识正投影。 2. 能正确绘制物体的三视图。
情感目标	1. 养成静心阅读、不断归纳总结的习惯。 2. 注意在学习遇到困难时要坚持,学会向他人请教,不懂则问。

任务内容

读一读:投影—投影法—正投影法—正投影法规律;
三视图形成—三视图投影规律。

任务实施

一、投影

1. 投影的基本概念

现实生活中,物体在自然光或灯光的照射下,在地面或墙面上会产生一定形状的影子。将影子进行几何抽象所得的平面图形,称为物体的投影,如图2.1.1所示。用投影表示物体形状和大小的方法称为投影法。用投影法画出的物体图形称为投影图。

图 2.1.1 中,平面 P 称为投影面。点 S 称为投射中心。直线 SA、SB、SC 称为投射线。

2. 投影法的分类

光线射出的方向称为投射方向。按投射线的形式不同,投影法分为中心投影法和平行投影法。

投影法分类

- 中心投影法:投射线汇交于一点的投影法,如图 2.1.2 所示。
- 平行投影法:投射线相互平行的投影法。
  - 斜投影法:投射线与投影面相倾斜的平行投影法,如图 2.1.3 所示。
  - 正投影法:投射线与投影面相垂直的平行投影法,如图 2.1.4 所示。

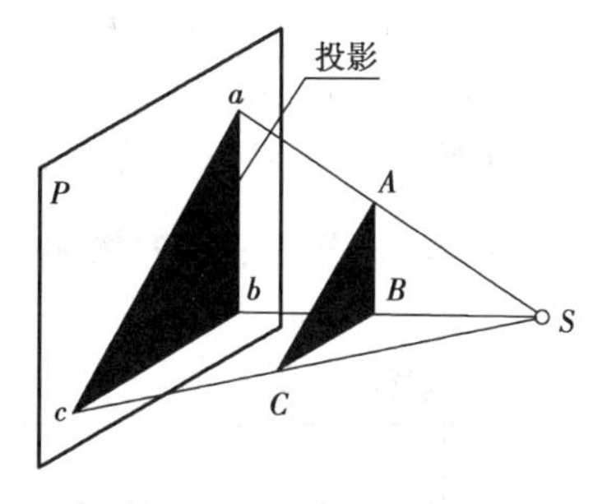

图 2.1.1　投影的形成

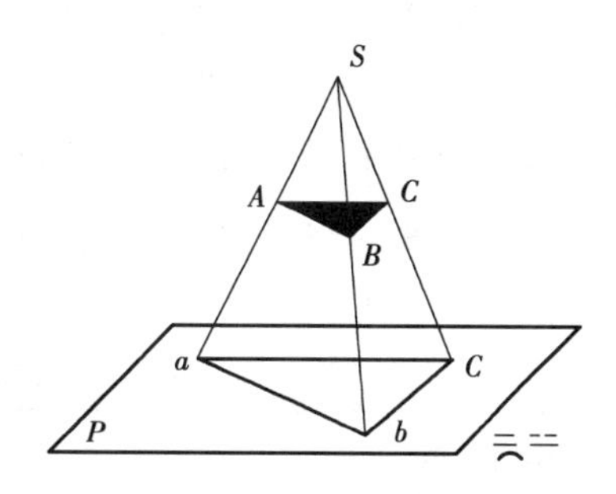

图 2.1.2　中心投影法

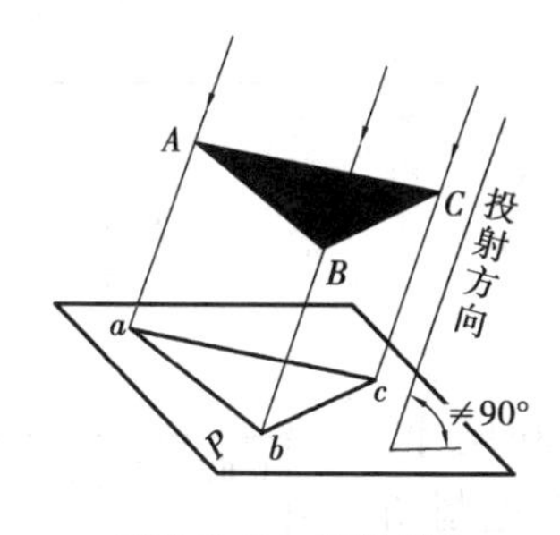

图 2.1.3　斜投影法

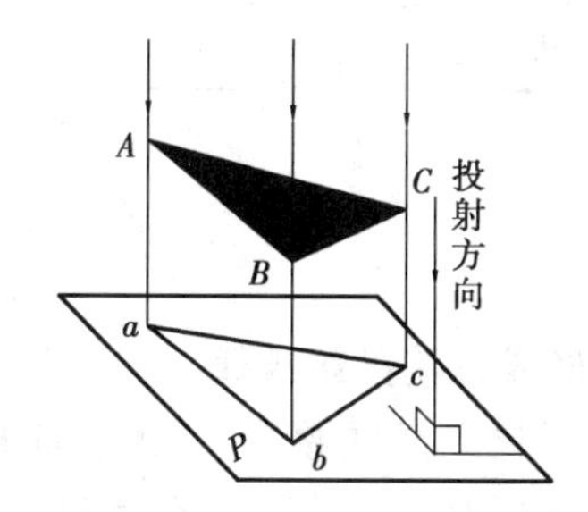

图 2.1.4　正投影法

小贴士:绘制机械图样主要采用正投影法。用正投影法作出的物体图形称为正投影图,也称为视图。

想一想:投影机、电影放映机成像属于____________投影法。

3. 正投影法的特性

(1)显实性

当直线或平面与投影面平行时,则直线的投影反映实长,平面的投影反映实形,如图 2.1.5(a)所示。

(2)积聚性

当直线或平面与投影面垂直时,则直线的投影积聚成一点,平面的投影积聚成一条直线,如图 2.1.5(b)所示。

(3)类似性

当直线或平面与投影面倾斜时,其直线的投影长度变短,平面的投影面积变小,但投影的形状仍与原来的形状相类似,如图2.1.5(c)所示。

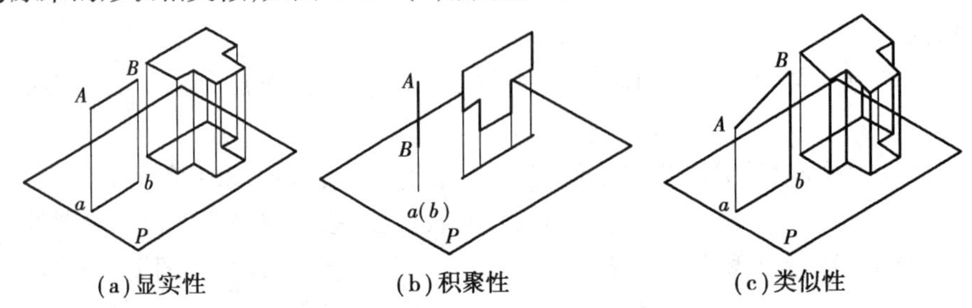

图2.1.5　正投影法的特性

小贴士:制图规定空间物体要素用大写拉丁字母表示,其投影用小写字母表示;如果投影不可见又必须标出时,应该加注"()"。如图2.1.5(b)所示,空间直线AB在投影面P上的投影为ab,因为b被a挡住而不可见,所以加注"()"。空间的A点和B点称为重影点。

做一做:以桌面为投影面,分别以笔(模拟直线和)书本(模拟平面)为物体,摆出不同位置,观察后完成表2.1.1。

表2.1.1　直线、平面正投影基本规律

几何要素	直　线			平　面		
与投影面位置关系	平行	垂直	倾斜	垂直	平行	倾斜
投影的形状尺寸						

二、三面视图

1. 三视图的形成及其投影规律

单面正投影图只能反映物体一个方向的形状和尺寸,对物体的真实信息反映不全面,也不完整。所以工程制图采用的是多面正投影,最常见的是三面正投影。

(1)三面正投影体系的建立

三面正投影体系由三个互相垂直的投影面构成,如图2.1.6所示。

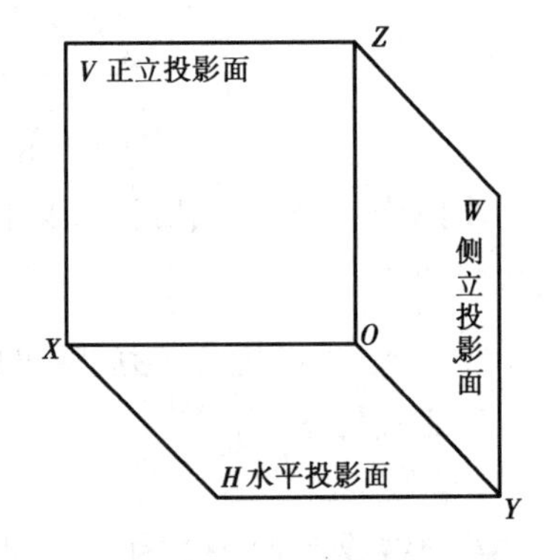

图2.1.6　三投影面体系

看一看:三个互相垂直的投影面分别叫＿＿＿＿＿＿、＿＿＿＿＿＿、＿＿＿＿＿＿,分别用字母＿＿＿＿＿＿、＿＿＿＿＿＿、＿＿＿＿＿＿标记。

三投影面之间两两相交的交线称为投影轴。三根投影轴互相垂直,交点叫原点。OX轴代表长度方向;OY轴代表宽度方向;OZ轴代表高度方向。

(2)三视图的形成

将物体放在三面正投影体系中,分别向三个投影面作正投影,就得到物体的三个视图,简称三视图,如图2.1.7(a)所示。

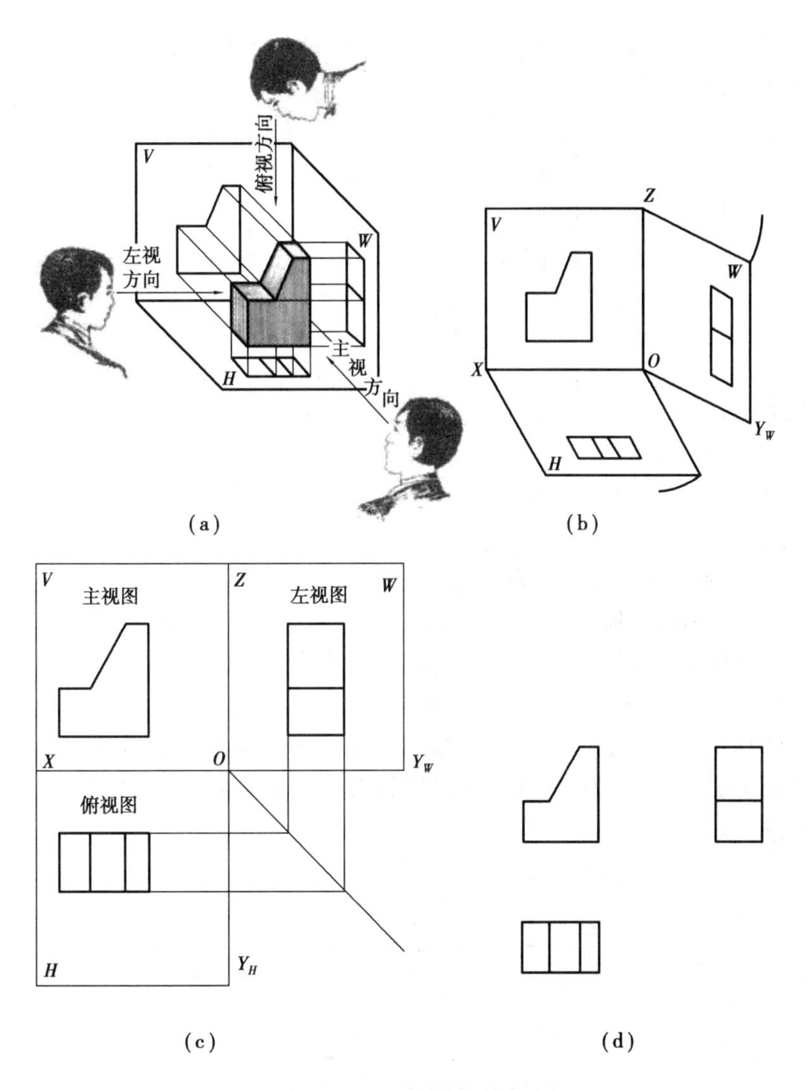

图 2.1.7　三视图的形成过程

由前向后投射所得到的正面投影称为主视图（V 面投影）；由上向下投射所得到的水平投影称为俯视图（H 面投影）；由左向右投射所得到的侧面投影称为左视图（W 面投影）。

（3）三面正投影体系的展开

三视图不在同一平面上，难以实现绘制和保存，需要将三个投影面展开到同一平面中来。规定：V 面保持不动，H 面绕 OX 轴向下旋转 90°，W 面绕 OZ 轴向右旋转 90°，如图 2.1.7(b) 所示，这样就得到了如图 2.1.7(c) 所示展开后的三视图。

小贴士：本书中提到的三视图均指展开后的三视图。

2. 三视图之间的关系

（1）位置关系

以主视图为准，俯视图在它的正下方，左视图在它的正右方。

（2）投影关系

"三等"规律：主俯视图"长对正"，主左视图"高平齐"，左俯视图"宽相等"，如图 2.1.8 所示。无论研究对象是点、线、面还是体,其三视图均须满足此“三等”规律。

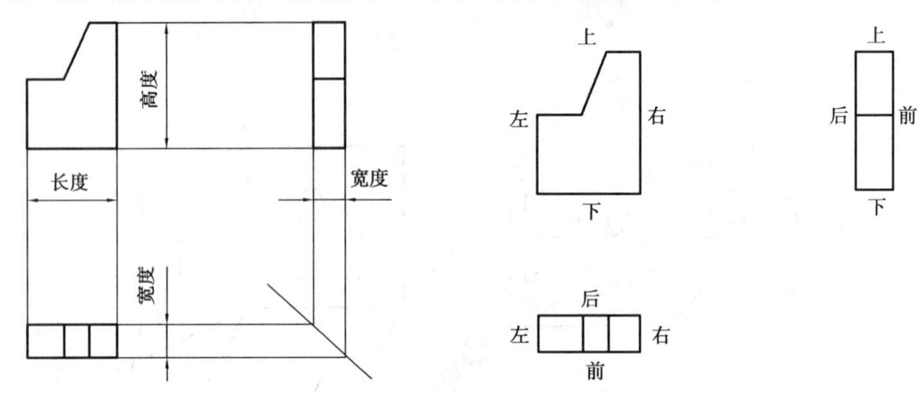

图 2.1.8　三视图间的投影关系　　图 2.1.9　视图与物体的方位关系

(3)方位关系

①主视图——反映物体的上、下、左、右;

②俯视图——反映物体的前、后、左、右;

③左视图——反映物体的上、下、前、后,如图 2.1.9 所示。

做一做:用硬纸片做一个“三面正投影体系”模型。

“三面正投影体系”模型做法:切下大纸盒的一角,三个内表面标注为投影面,三条棱对应三根投影轴,角点为原点 O,此为立体的三面投影;沿 OY 轴所在棱切开至 O 点,展开铺平,即为展开的三面投影体系。

任务2　几何要素的投影

任务目标

目标类型	目标要求
知识目标	1. 认知点、线、面三视图的形成。 2. 认知点、线、面的三视图投影特性。
能力目标	1. 能正确表述点、线、面的三视图投影特性。 2. 能画点、线、面的三视图。
情感目标	注意在学习遇到困难时要坚持,学会向他人请教,不懂则问。

任务内容

空间几何要素是点、线、面。点是最基本的几何要素。

读一读:点、线、面的投影特性。

任务实施

一、点的三面投影

空间物体要素用大写字母表示，H 面投影用同名小写字母表示，V 面投影在小写字母上加注“′”，W 面投影在小写字母上加注“″”。如图 2.2.1 所示，空间点 A 的三面投影分别为 a、a'、a''。

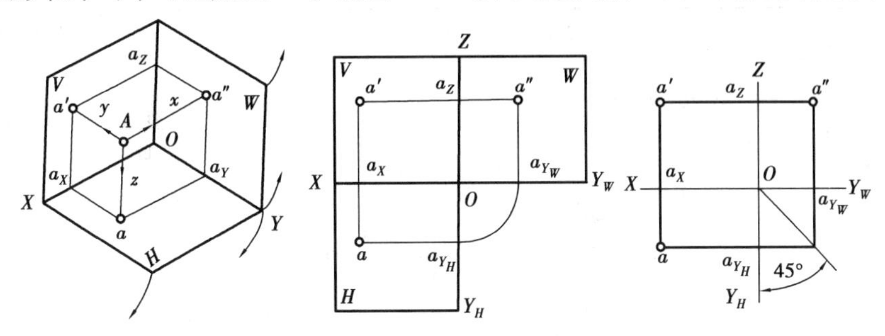

图 2.2.1　点的三面正投影

点的投影规律：

①相邻投影连线垂直于投影轴；

②影轴距等于点面距。

练一练：已知某点 A 的坐标值(x,y,z)对应为(5,3,4)，可表示为 $A(5,3,4)$，请思考回答：

①A 点到 W 投影面的距离为__________（单位）；

②a 的坐标值为__________；

③a'到 OX 轴的距离为__________（单位），到 OY 轴距离为__________（单位）。

小贴士：一般而言，点 A 的三视图 a、a'、a''将构成一个矩形，矩形的第四点在第四象限的角平分线上。

二、直线的三面投影

1. 一般位置直线（对三个投影面均倾斜）

投影特性：

①一般位置直线的各面投影都与投影轴倾斜；

②一般位置直线的各面投影的长度都小于实长，如图 2.2.2 所示。

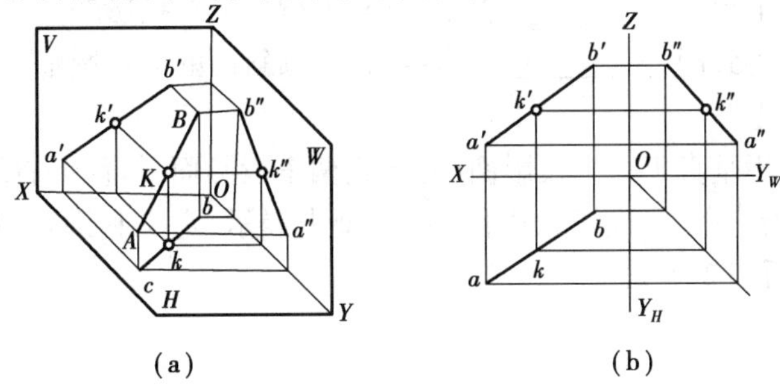

图 2.2.2　一般位置直线的三视图

2. **特殊位置直线**

(1)投影面平行线

平行于一个投影面而与另两个投影面倾斜的直线,即为投影面平行线。

做一做:教师用铅笔在“三面正投影体系”模型中展示、定义和讲解直线名称。学生模拟教师展示,并思考填写表 2.2.1。

表 2.2.1　投影面平行线的三视图

概　念	定　义		立体图及投影图	投影特性
平行于一个投影面,且与另两个投影面倾斜的直线。	//H	水平线	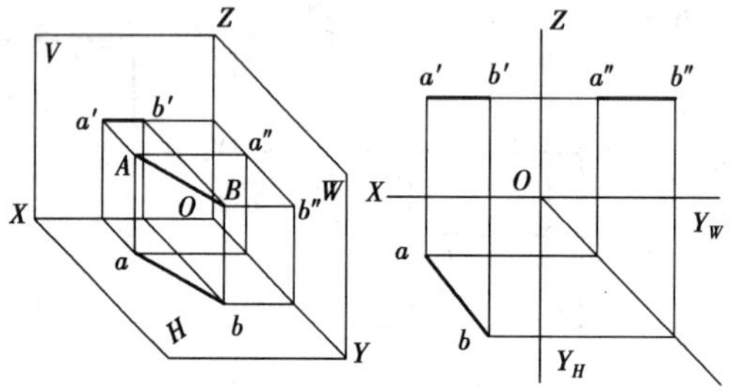	A. 在____面上得到等长直线,且与____、____二投影轴倾斜; B. 在____、____面上得到两缩短直线,且与____、____二投影轴平行。
	//V	正平线	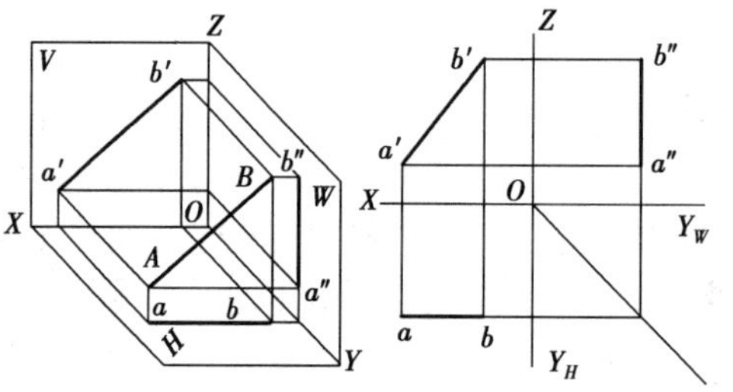	A. 在____面上得到等长直线,且与____、____二投影轴倾斜; B. 在____、____面上得到两缩短直线,且与____、____二投影轴平行。
	//W	侧平线	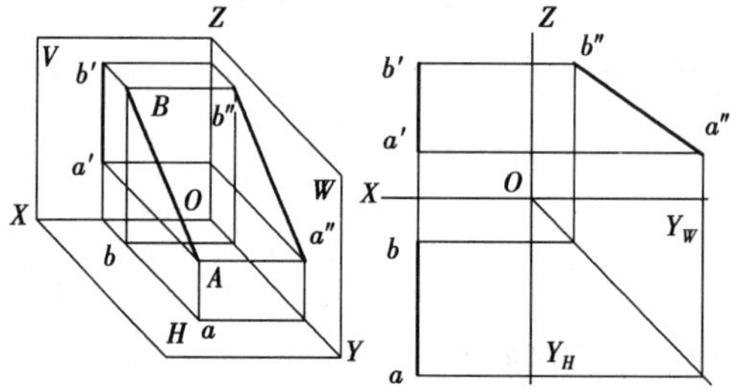	A. 在____面上得到等长直线,且与____、____二投影轴倾斜; B. 在____、____面上得到两缩短直线,且与____、____二投影轴平行。

归纳投影特性:

①平行的投影面上得____________直线,且与平行面上二投影轴____________;

②倾斜投影面上得到两____________直线,且与倾斜面的二投影轴____________。

(2)投影面垂直线

投影面垂直线是指垂直于一个投影面(必与它两个投影面平行)的直线。

做一做:教师用铅笔在“三面正投影体系”模型中展示、定义和讲解直线名称。学生模拟教师展示,并思考填写表 2.2.2。

表2.2.2　投影面垂直线的三视图

概　念	定　义		立体图及投影图	投影特性
垂直于一个投影面（必与另两个投影面倾斜）的直线。	⊥H	铅垂线	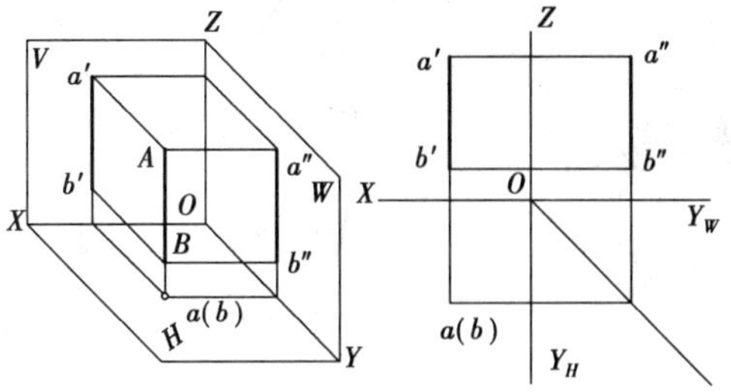	A. 在____面上积聚成一点； B. 在____、____面上得到两等长直线，且与____、____二投影轴垂直。
	⊥V	正垂线	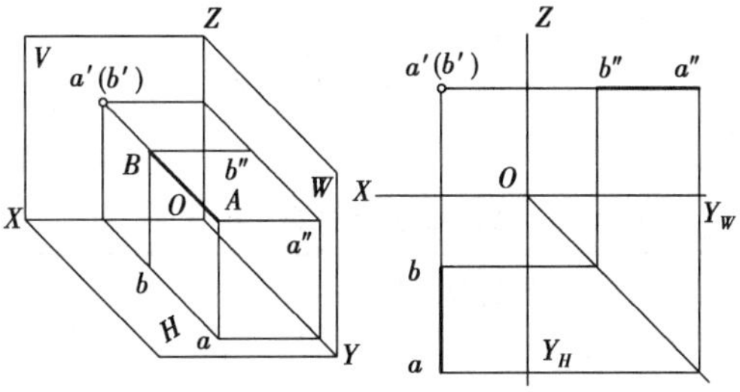	A. 在____面上积聚成一点； B. 在____、____面上得到两等长直线，且与____、____二投影轴垂直。
	⊥W	侧垂线	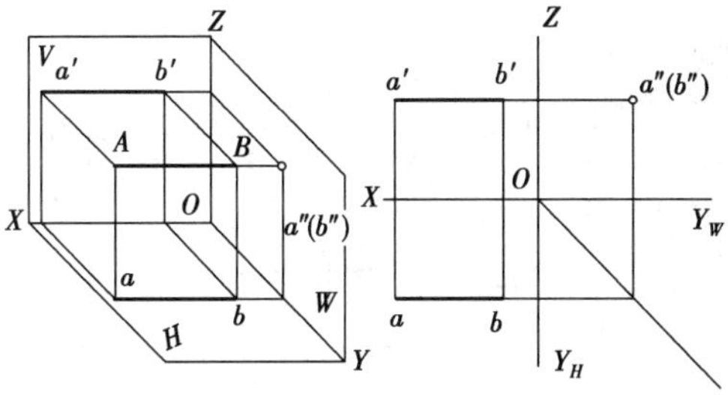	A. 在____面上积聚成一点； B. 在____、____面上得到两等长直线，且与____、____二投影轴垂直。

归纳投影特性：

①垂直的投影面上________________；

②平行的二投影面上得到________________，且与垂直面的二投影轴________。

小贴士：直线上任意一点的投影必在该直线的投影上。

三、平面的三面投影

这里的平面是指实体上的平面，存在形式为各种线条围住的共面封闭区域。

1. 一般位置平面

一般位置平面是指与任何一个投影面都不垂直的平面，如图2.2.3所示。

投影特点：投影图为原形的类似形。

小贴士：作平面的三面投影，可先作多边形端点的三面投影，再用直线依照空间顺序将端点的同面投影连接即成。

2. 特殊位置平面

(1)投影面平行面

投影面平行面是只平行于一个投影面的平面（必与其他两个投影面相垂直）。

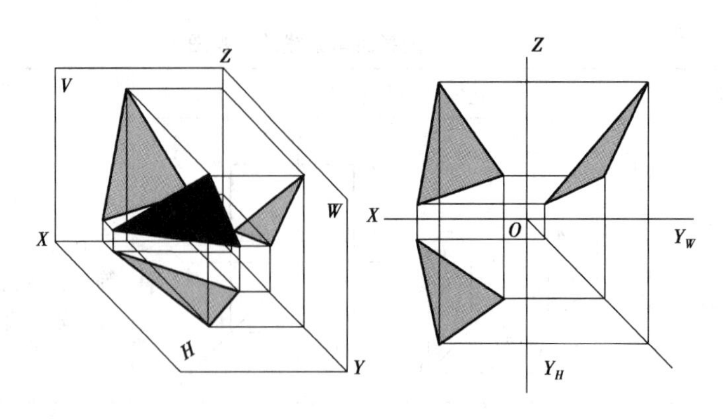

图 2.2.3　一般位置平面

做一做:教师用三角板在“三面正投影体系”模型中展示、定义和讲解平面名称。学生模拟教师展示,并思考填写表 2.2.3。

表 2.2.3　投影面平行面的三视图

概　念	定　义		立体图及投影图	投影特性
平行于一个投影面(必与另两个投影面垂直)的平面。	//*H*	水平面		A. 在____面上得到____; B. 在____、____面上得积聚成____。
	//*V*	正平面		A. 在____面上得到____; B. 在____、____面上得积聚成____。
	//*W*	侧平面		A. 在____面上得到____; B. 在____、____面上得积聚成____。

归纳投影特征:

①平行投影面上的投影为________;

②另两个投影面上的投影为________,且与反映实形的那个投影面的坐标轴________。

(2)投影面垂直面

投影面垂直面是垂直于一个投影面而倾斜于其他两个投影面的平面。

做一做:教师用三角板在“三面正投影体系”模型中展示、定义和讲解平面名称。学生模拟教师展示,并思考填写表2.2.4。

表2.2.4　投影面垂直面的三视图

概　念	定　义		立体图及投影图	投影特性
垂直于一个投影面而倾斜于其他两个投影面的平面。	⊥H	铅垂面	Z V W X H Y Z X O Y_W Y_H	A. 在____投影面上积聚为____,且____该投影面的两投影轴; B. 在____、____两投影面上得到____三角形。
	⊥V	正垂面	Z V W X H Y Z X O Y_W Y_H	A. 在____投影面上积聚为____,且______该投影面的两投影轴; B. 在____、____两投影面上得到____三角形。
	⊥W	侧垂面	Z V X W H Y Z X O Y_W Y_H	A. 在____投影面上积聚为____,且____该投影面的两投影轴; B. 在____、____两投影面上得到____三角形。

归纳投影特征:

①在____投影面上积聚为________,且与该投影面上两投影轴________;

②在另两投影面上得到原平面的________形。

小贴士:①要确定平面上点的投影,需先确定点所在直线的投影。

②要确定平面上的直线,需通过该平面内两点或通过该平面内一点,作平行于该平面内一直线的平行线。

教师评估

序号	优　点	存在问题	解决方案
1			
2			

续表

序　号	优　点	存在问题	解决方案
3			
4			
5			
教师签字：			

任务3　几何体的投影

任务目标

目标类型	目标要求
知识目标	1. 认知基本几何体，并分清平面立体和曲面立体的构成。 2. 认知切口和相贯体。 3. 认知组合体的类型和组合形式。 4. 认知轴测图的类型。
能力目标	1. 能绘制几何体、简单切口体三视图。 2. 能正确绘制组合体的三视图及标注尺寸。 3. 能正确绘制简单的轴测图。
情感目标	1. 养成良好的学习习惯和对工作认真负责的态度。 2. 不断增强空间思维和想象力。

任务内容

想一想：棱柱、棱锥、圆柱、圆锥、圆球等几何体的构成以及被切割后的形状，组合体的组合形式，轴测图的类型。

练一练：绘制棱柱、棱锥、圆柱、圆锥、圆球等几何体及其切口体的三视图；绘制组合体三视图和轴测图。

任务实施

一、基本几何体

通常将单一完整的棱柱、棱锥、圆柱、圆锥、圆球等几何体称为基本体，如图 2.3.1 所示。它们又分为平面立体和曲面立体两类，其中，表面均为平面的立体，称为平面立体；表面为曲面或曲面与平面的立体，称为曲面立体。

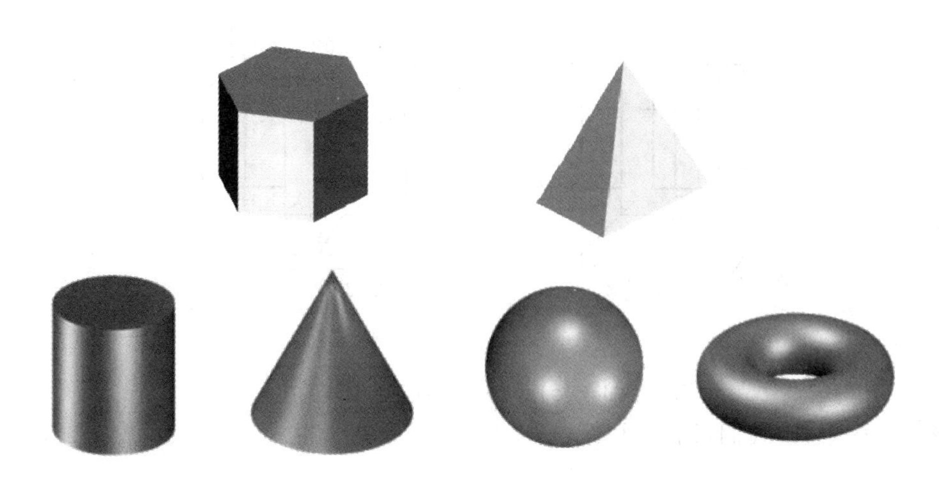

图2.3.1　基本几何体

1. 棱柱

(1)棱柱体的投影分析

棱柱体属平面立体,其表面均是平面。下面以正六棱柱为例来说明棱柱体的投影分析方法。

正六棱柱如图2.3.2(a)所示,它由8个面构成,其上、下两个面为全等而且相互平行的正六边形。侧面为六个全等且与上、下两个面均垂直的长方形。投影作图时,得到的主视图是三个矩形线框,其中1平面具有真实性且遮住后面那个面,2、3面和V面倾斜,具有类似性且各自遮住后面那个面,顶面4和底面都具有积聚性。俯视图是一个正六边形线框,6个侧面均具有积聚性,顶面4和底面反映实形。左视图是两个矩形线框,上、下、前、后4个面具有积聚性,另外4个面具有类似性。

(2)棱柱体的三视图画法

先画出正六棱柱的俯视图,再根据"长对正"和正六棱柱的高度画主视图,最后根据"高平齐"和"宽相等"画左视图,即完成正六棱柱的三视图,如图2.3.2(b)所示。

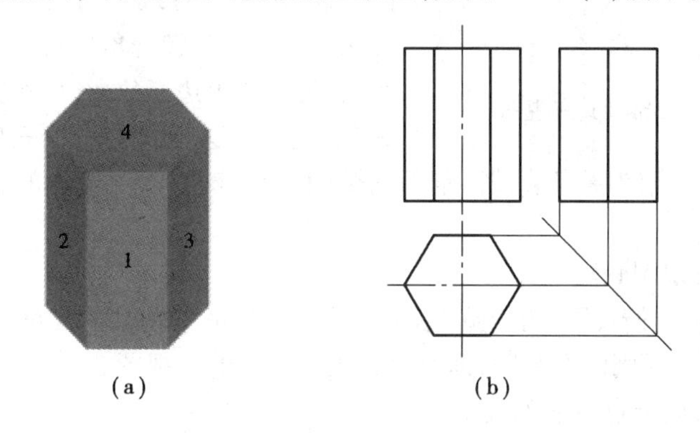

图2.3.2　正六棱柱及其三视图

(3)求棱柱体表面上点及线的投影

例2.1　如图2.3.3(a)所示为一正六棱柱的三视图,其表面上有一点M,已知一个投影m',求其另外两个投影m、m''。

通过分析可知,点M在正六棱柱的最前面那个面上,最前面那个面在俯视图和侧视图上

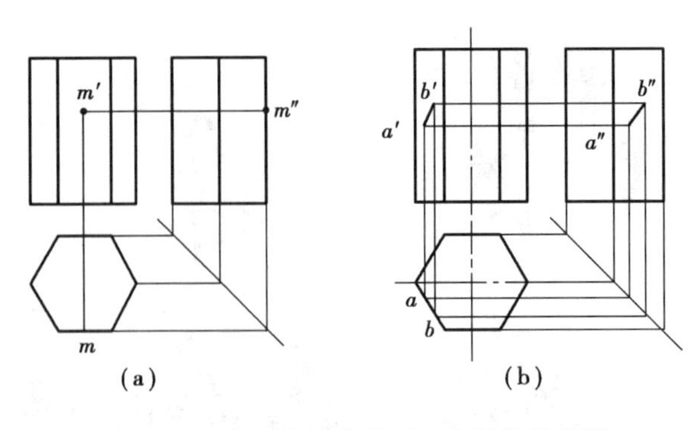

图 2.3.3　求正六棱柱表面上点及线的投影

的投影具有积聚性，我们可利用积聚性作出点的其余两个投影 m、m''，作法如图 2.3.3（a）所示。

例 2.2　如图 2.3.3(b)所示为一正六棱柱的三视图，其表面上有一条直线 AB，已知一个投影 $a'b'$，求其另外两个投影 ab、$a''b''$。

通过分析可知，仍可利用积聚性先作出点 A 和点 B 在俯视图上的投影 a、b，再利用"高平齐、宽相等"原则分别作出点 A 和点 B 在左视图上的投影 a''、b''，最后连接同名投影即可完成直线 AB 的其余两个投影 ab、$a''b''$。作法如图 2.3.3(b)所示。

2. 棱锥

(1)棱锥体的投影分析

棱锥体属平面立体，其表面均是平面。下面以正三棱锥为例来说明棱锥体的投影分析方法。

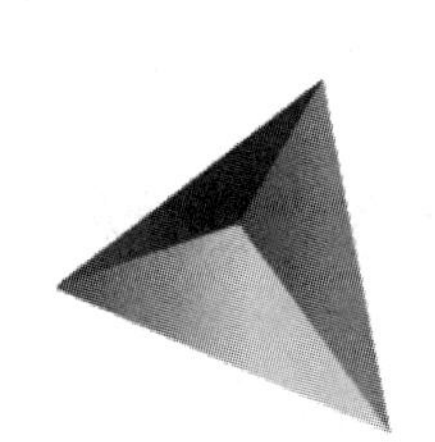

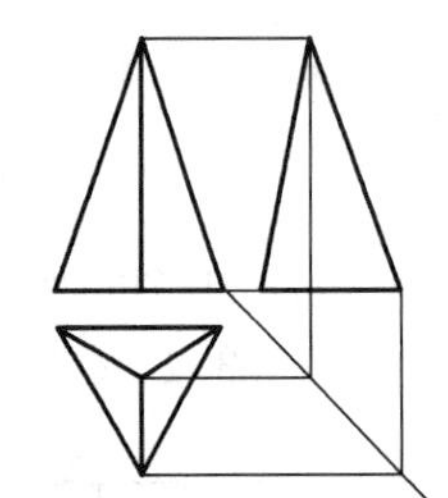

图 2.3.4　正三棱锥及其三视图

正三棱锥如图 2.3.4 所示，它由 4 个面构成，其底面为等边三角形，3 个侧面均为等腰三角形，3 条棱线交于一点，即锥顶。投影作图时，得到的主视图是两个直角三角形线框，棱锥的底面具有积聚性，积聚为一条直线，前面两个侧面具有类似性。俯视图是 3 个等腰三角形线框，棱锥的底面具有真实性，为一个等边三角形，反映实形，其他三个侧面具有类似性。左视图是一个三角形线框，后面的那个侧面具有积聚性，积聚为一条直线。前面两个侧面具有类似性，棱锥的底面具有积聚性，积聚为一条直线。

(2)棱锥体的三视图画法

先画出正三棱锥的俯视图，再根据"长对正"原则和正三棱锥的高度画主视图，最后根据"高平齐"和"宽相等"原则画左视图，即可完成正三棱锥的三视图。

(3)求棱锥体表面上点及线的投影

例 2.3　如图 2.3.5(a)所示，已知正三棱锥棱面 ABC 上点 M 的正面投影 m'，求作 m 和 m''。

作图方法(辅助直线法)：在 ABC 棱面上，由 A 过点 M 作直线 $A1$，因为点 M 在直线 $A1$ 上，则点 M 的投影必在直线 $A1$ 的同面投影(同一个投影面上的投影)上。所以只要作出 $A1$ 的水平投影 $a1$，即可求得 M 点的水平投影 m。作图步骤是：在主视图上由 a' 过 m' 作直线交于 $b'c'$

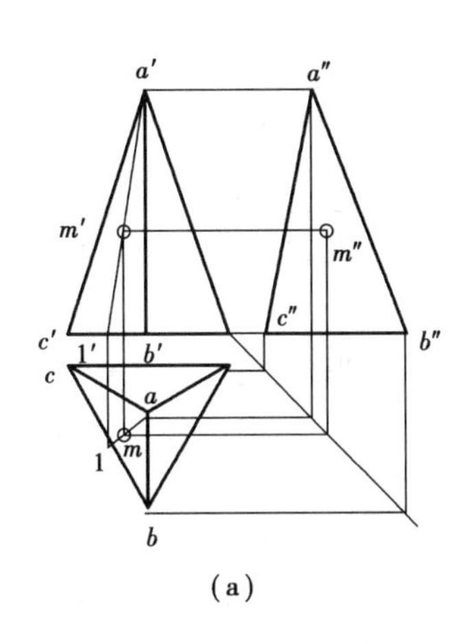

(a)

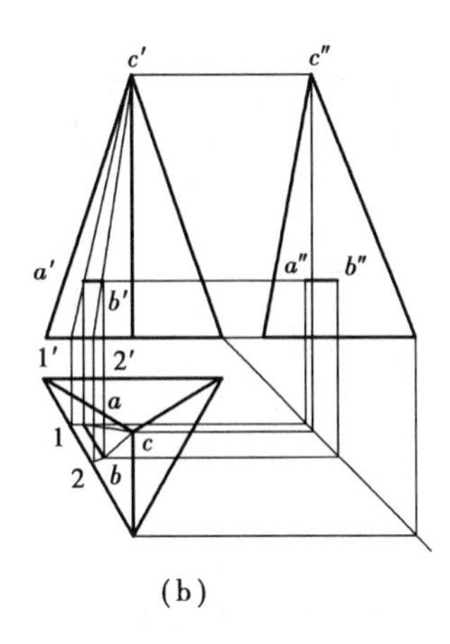

(b)

图2.3.5　求正三棱锥表面上点及线的投影

得点1′,再由$a'1'$作出$a1$,在$a1$上定出m,根据“高平齐”和“宽相等”原则可作出m''(判断可见性为可见)。

例2.4　如图2.3.5(b)所示为一正三棱锥的三视图,其表面上有一条直线AB,已知一个投影$a'b'$,求其另外两个投影ab、$a''b''$。

作图方法(辅助直线法):如图2.3.5(b)所示,分别作出点A和点B的另外两个投影a、b,a''、b'',最后连接同名投影即可完成直线AB的另外两个投影ab、$a''b''$。

3.圆柱

(1)圆柱体的投影分析

如图2.3.6所示,圆柱体由圆柱面和上、下两平面构成。圆柱体属曲面立体,投影作图时,得到的主视图和左视图均是一个矩形线框,只是方位不一样。主视图反映最左和最右两根直素线的投影,左视图反映最前和最后两根直素线的投影。俯视图则为一个圆。

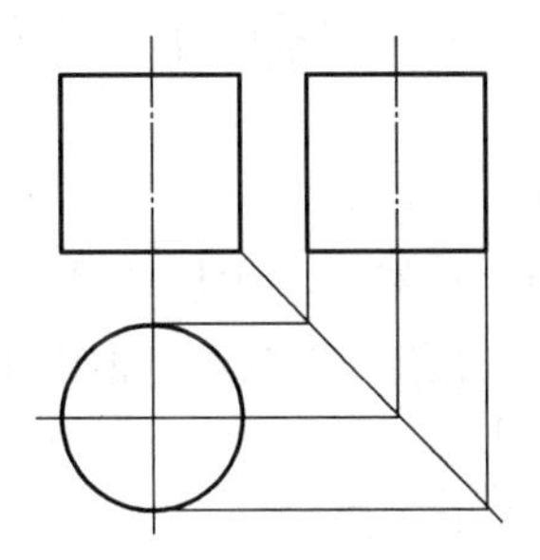

图2.3.6　圆柱体及其三视图

(2)圆柱体的三视图画法

先画出三个视图的中心线,然后画出俯视图。根据俯视图和圆柱体的高度,按“长对正”原则画出主视图,最后根据主、俯视图,按“高平齐”和“宽相等”原则画出左视图。

(3)求圆柱体表面上点及线的投影

例2.5　如图2.3.7(a)所示为一个圆柱体的三视图,其表面有一点N且已知一个投影n',求点N的其余两个投影n和n''。

由图分析可知,点N在圆柱面上,圆柱面在俯视图上的投影积聚为一个圆,点N在俯视图上的投影也应在该圆上,按“长对正”原则即可作出N点在俯视图上的投影n(在俯视图上的

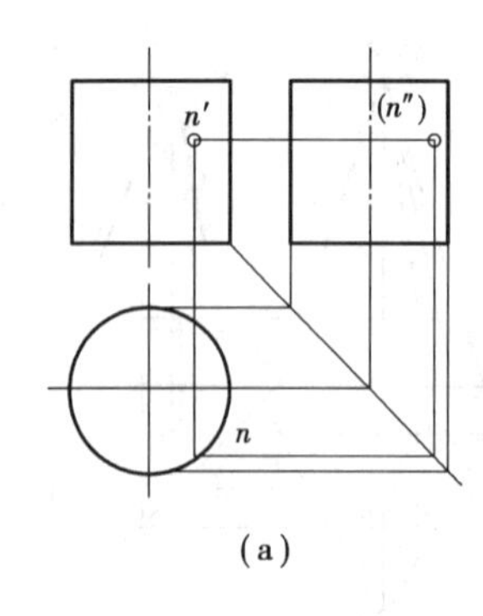

(a)

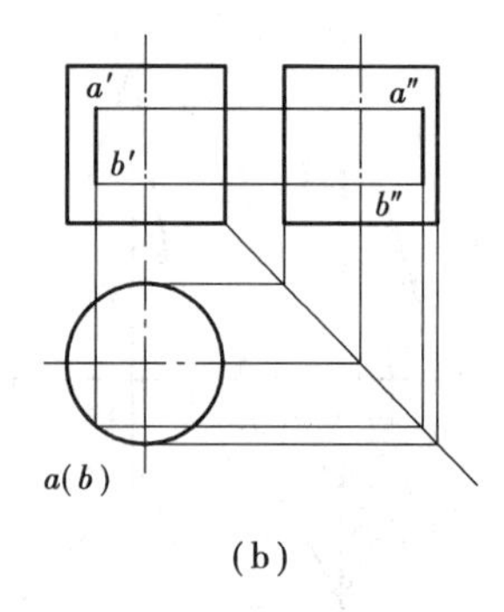

(b)

图 2.3.7　求圆柱体表面上点及线的投影

交点要前一个,因其在主视图上可见)。再根据“高平齐”和“宽相等”原则可作出在左视图上的投影(判断为不可见,投影应打上括号)。

例 2.6　如图 2.3.7(b)所示为一个圆柱体的三视图,其表面有一条直线 *AB*,已知一个投影 $a'b'$,求其另外两个投影 *ab*、$a''b''$。

直线 *AB* 在 *H* 面上的投影应积聚为一个点,又因为直线 *AB* 在圆柱体表面上,圆柱体的俯视图投影为一个圆,故利用积聚性可求得直线 *AB* 在俯视图上的投影 *ab*,再根据“高平齐、宽相等”原则可求得直线 *AB* 在左视图上的投影 $a''b''$。作图方法如图 2.3.7(b)所示。

4. 圆锥

(1)圆锥体的投影分析

如图 2.3.8 所示,圆锥体由圆锥面和底圆平面构成,属于曲面立体。投影作图时,得到的主视图和左视图均是一个等腰三角形。三角形的底边是底圆平面的投影,其腰分别是最左、最右和最前、最后素线的投影。俯视图是个圆,这个圆为圆锥面和底圆平面的水平投影。

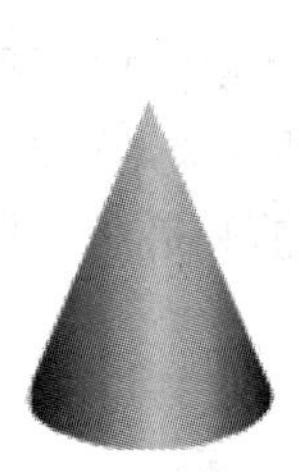

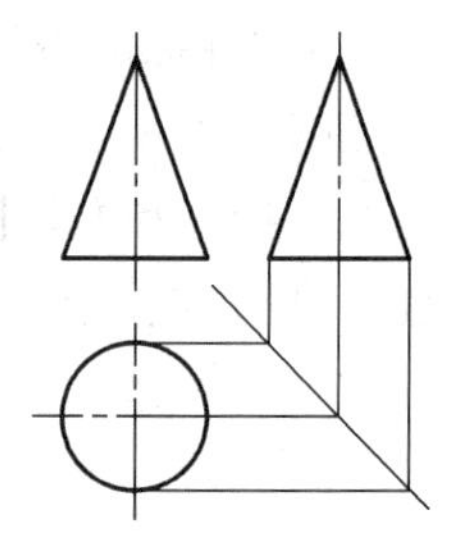

图 2.3.8　圆锥及其三视图

(2)圆锥体的三视图画法

先画出三视图的中心线,然后再画出俯视图上的底圆。根据锥高和俯视图,按照“长对正”原则画出主视图。根据主、俯视图,按照“高平齐”和“宽相等”原则画出左视图。

(3)求圆锥体表面上点的投影

例 2.7　如图 2.3.9 所示为一个圆锥体的三视图,其表面上有一点 *E* 且已知一个投影 e',求点 *E* 其余两个投影 *e* 和 e''。

求作圆锥表面上点的投影,可用下列两种方法:

①辅助线法。如图 2.3.9(a)所示,作图步骤如下:

a. 在 *V* 面上过 $s'e'$ 作辅助线交底圆,其交点的投影为 a';将 a' 向 *H* 面投影,得 *a* 点。

b. 连 *sa*,*sa* 为辅助线 *sa* 在 *H* 面上的投影。

c. 将 e' 向 *H* 面投影交 *sa* 于 *e*,*e* 即为所求。

d. 根据 e' 和 *e*,求出 e''。

②辅助面法。如图 2.3.9(b)所示,作图步骤如下:

a. 过 e' 作一垂直于轴线的辅助平面与圆锥相交,交线是一个水平圆,其在 *V* 面上的投影为

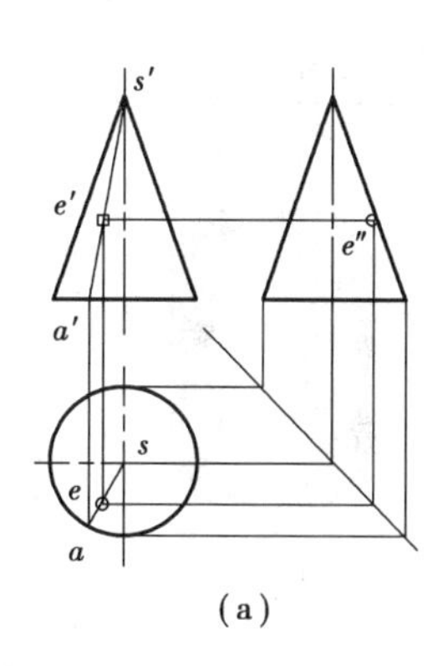

(a)

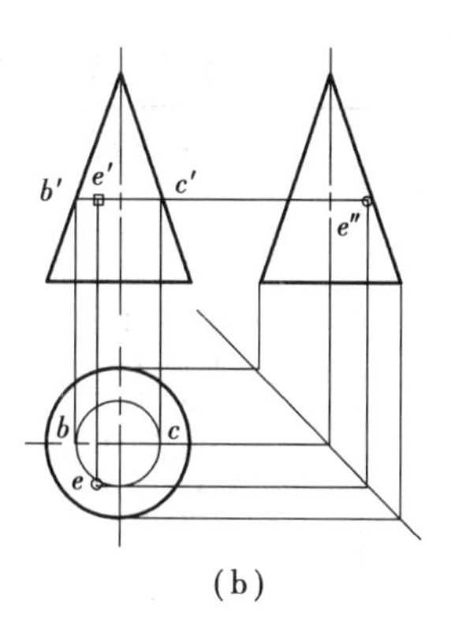

(b)

图2.3.9　求圆锥体表面上点的投影

过 e' 并且平行于底圆投影的直线($b'c'$)。

b. 以 $b'c'$ 为直径,作出水平圆的 H 面投影,投影 e 必定在该圆周上。

c. 将 e' 向 H 面作投影连线,根据投影关系可求出 e。

d. 由 e'、e 求出 e''。

5. 圆球

(1)圆球的投影分析

如图2.3.10(a)所示,圆球表面是个曲面,圆球属于曲面立体。投影作图时,得到圆球的三个视图均是等径的圆,只是方位不一样,读者可自行分析。

(2)圆球的三视图画法

先画出各视图圆的中心线,确定圆心。以圆球的半径画圆,即可作出三个视图。

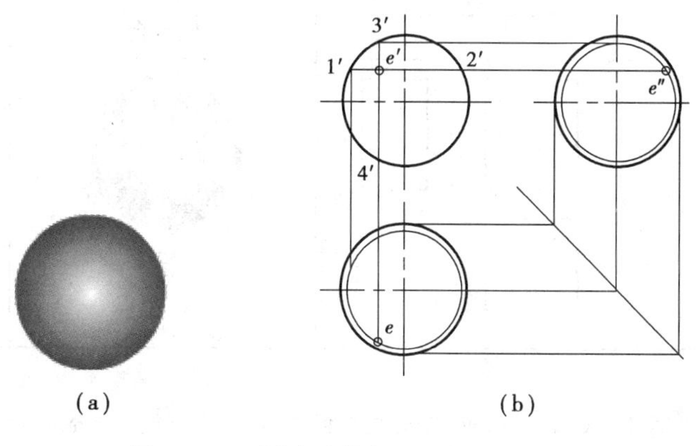

(a)　　　　(b)

图2.3.10　圆球及其表面上点的投影

(3)求圆球表面上点的投影

由于球体表面不具有积聚性,故不能采用积聚法来求得。同时球体表面也不存在直线,因而也不能采用辅助直线法。对于球体表面,常用辅助平面法来求点的投影。如图2.3.10(b)所示为一个圆球的三视图,其表面上有一点 E 且已知一个投影 e',求点 E 的其余两个投影 e 和 e'' 的作法如图2.3.10(b)所示。

6. 基本几何体的尺寸标注

任何物体都具有长、宽、高三个方向的尺寸。在视图上标注基本几何体的尺寸时,应将三个方向的尺寸标注齐全,既不能少,也不能重复和多余。常见基本几何体的尺寸标注如表2.3.1所示。

表 2.3.1　基本几何体的尺寸标注

立体图	三视图	立体图	三视图
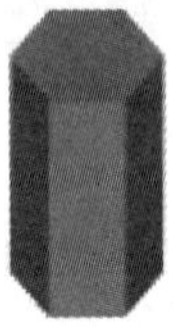 正六棱柱	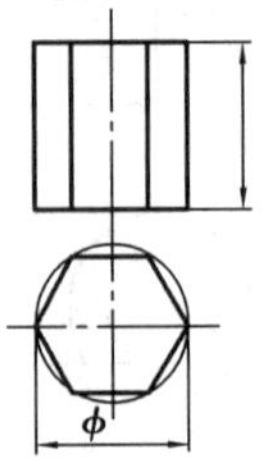 ϕ	 圆柱	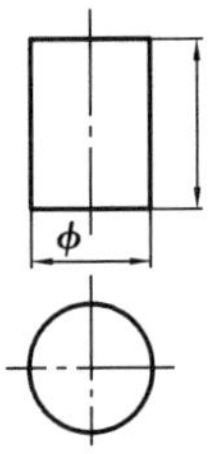 ϕ
 正三棱锥	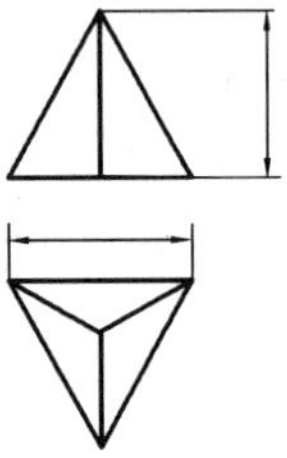	 圆锥	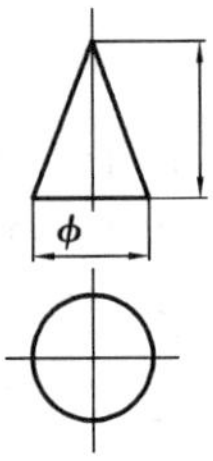 ϕ
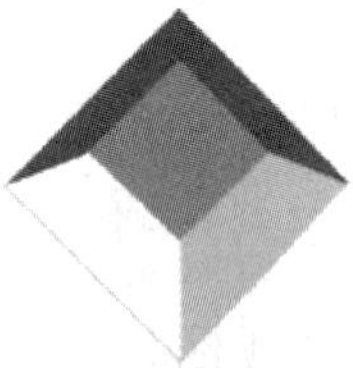 正四棱台	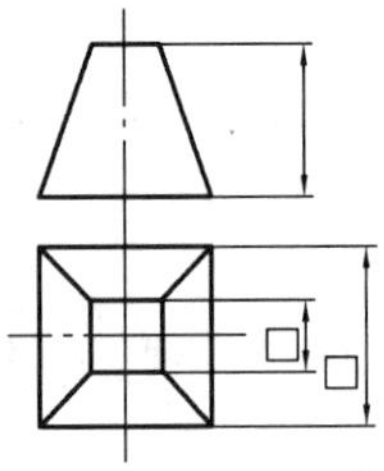 □ □	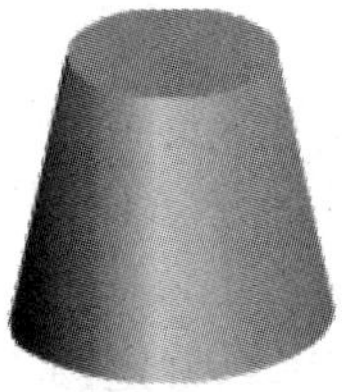 圆锥台	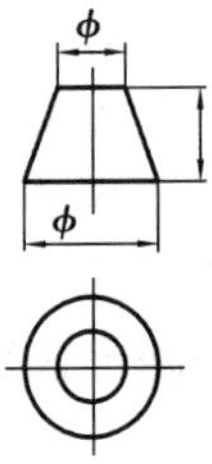 ϕ ϕ
 四棱柱	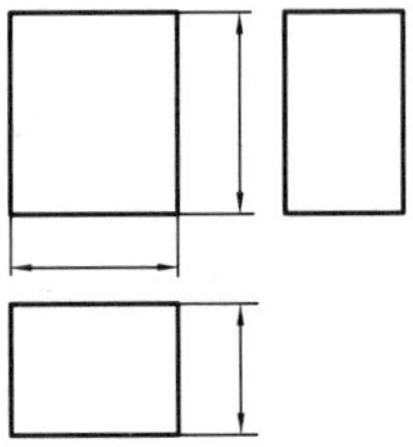	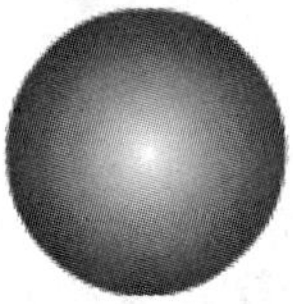 球	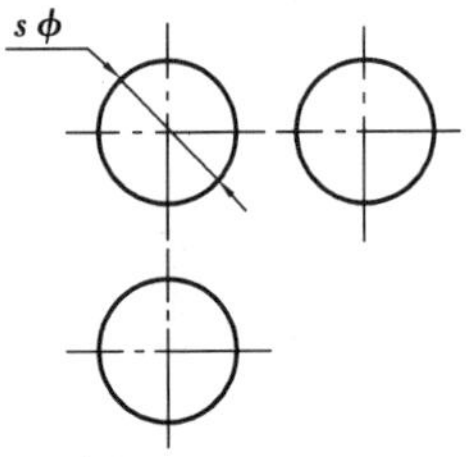 $s\phi$

小贴士：在三视图中，尺寸应尽量标注在反映基本形体形状特征的视图上，而圆的直径一般标注在投影为非圆的视图上。

二、带切口的几何体投影

1. 棱柱体型切口体

(1)切口体的投影分析

如图 2.3.11 所示切口体，可看成是由四棱柱通过切割而成。投影作图时，得到的俯视图为三个矩形线框，1、2、3 平面及零件的底面具有真实性，可反映实形，零件的四个侧面及两个槽壁具有积聚性。主视图为一“凹”形线框，零件的左(面 5)、右侧面具有积聚性，零件的前(面 6)、后侧面具有真实性，零件的顶面(面 1、3)、切槽部分和底面具有积聚性。其左视图为一矩形线框，由于切槽部分不可见，作图时应画成虚线，左（面5）、右侧面具有真实性，反映实形，前（面6）、后侧面及底面具有积聚性。

（2）切口体的三视图画法

画三视图之前应先确定主视图的方向。主视图的方向确定原则是：选出最能反映物体各部分形状特征和相对位置的方向作为主视图的投射方向。从图2.3.11所示方向看去，所得到的视图能满足所述的基本要求，可以作为主视图方向。主视图确定之后，俯视图和左视图也就随之确定了。先画出切口体的俯视图，再根据“长对正”原则画主视图，最后根据“高平齐”和“宽相等”原则画左视图，即完成切口体的三视图。

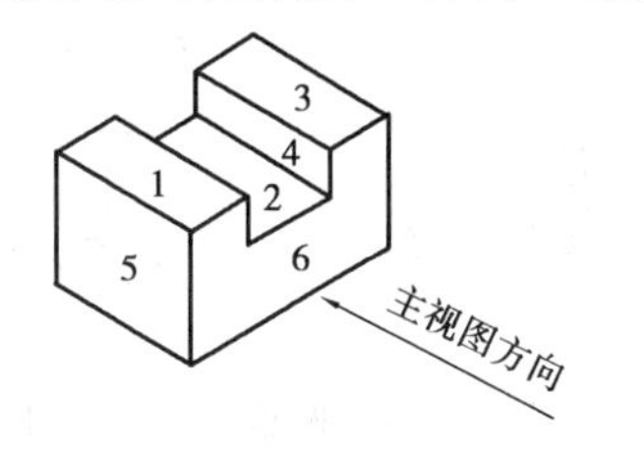

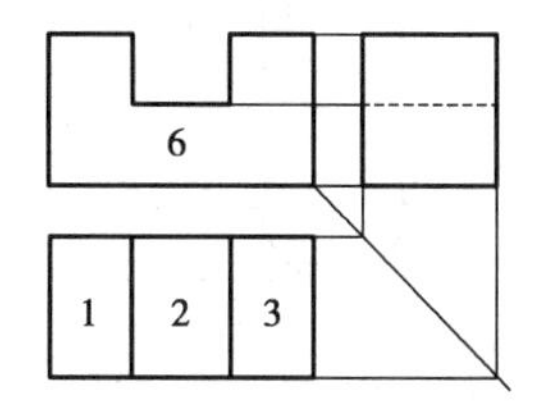

图2.3.11　棱柱体型切口体及其三视图

2. 棱锥体型切口体

（1）切口体的投影分析

如图2.3.12所示三棱台，可看成是由三棱锥通过切割而成。投影作图时，三棱锥被切割后的顶平面在俯视图上的投影具有真实性，反映实形。在主视图和左视图上的投影具有积聚性，积聚成一条直线。三视图的其他线框分析可参照前面三棱锥的线框分析。

（2）切口体的三视图画法

把如图2.3.12所示方向确定为主视图方向。首先画出俯视图，再按“长对正”原则画出主视图，最后根据“高平齐”和“宽相等”原则画左视图，即完成切口体的三视图。

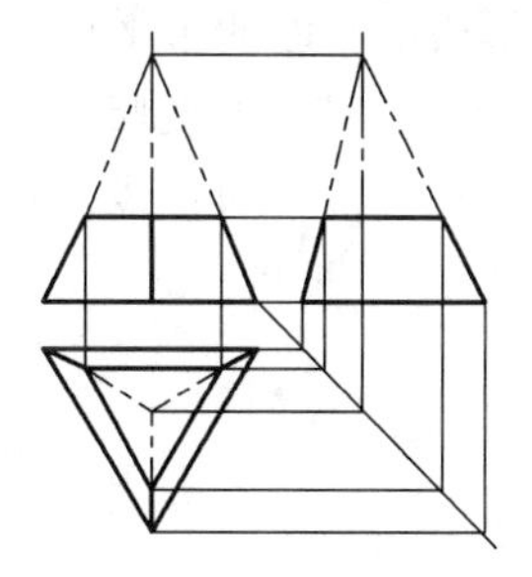

图2.3.12　棱锥体型切口体及其三视图

3. 圆柱体型切口体

（1）切口体的投影分析

如图2.3.13所示切口体，可看成是由圆柱体切割而成。切割形成的两个面：竖起的那个面在主视图中具有真实性，反映实形，在俯视图和左视图中具有积聚性，积聚为一条直线；水平的那个面在主视图和左视图中具有积聚性，积聚为一条直线，在俯视图中具有真实性，反映实形。其他线框分析同前面的圆柱体线框分析。

（2）切口体的三视图画法

先按圆柱体三视图的画法画出三视图线框，再画出切割部分的主视图，然后按“长对正”

原则画出切割部分的俯视图，最后根据“高平齐，宽相等”原则完成切割部分的左视图。

4. 圆锥体型切口体

(1)切口体的投影分析

如图2.3.14所示圆锥台，可看成是由圆锥切割而成。投影作图时，圆台的顶面在俯视图上的投影具有真实性，反映实形为一个圆；在主视图和侧视图上的投影具有积聚性，积聚成一条直线。圆台的其他部分可参照前面圆锥的线框分析。

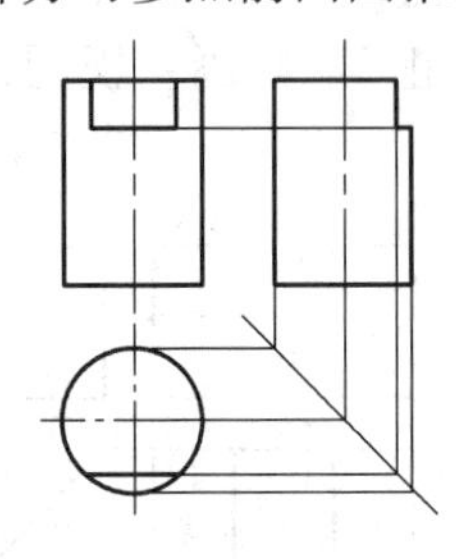

图2.3.13 圆柱体型切口体及其三视图

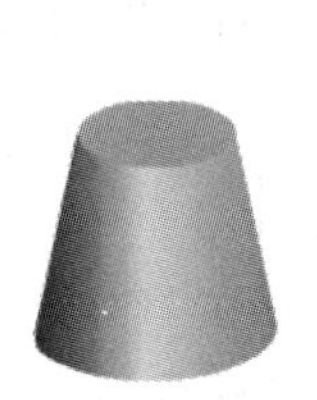
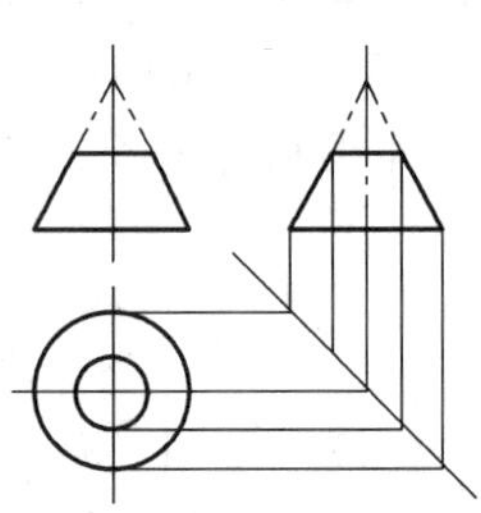

图2.3.14 圆锥体型切口体及其三视图

(2)切口体的三视图画法

先按圆锥体三视图的画法画出三视图线框，再画出切割部分的俯视图，然后按“长对正”原则画出切割部分的主视图，最后根据“高平齐，宽相等”原则完成切割部分的左视图。

5. 圆球型切口体

(1)切口体的投影分析

如图2.3.15所示半圆球被两个对称的竖平面和一个水平面切割，两个竖平面与半圆球表面的交线各为一段平行于侧面的圆弧(半径$R2$)，水平面与半圆球表面的交线为两段水平的圆弧(半径$R1$)。

(2)切口体的三视图画法

先画出主视图，槽口底面的水平投影由两段相同的圆弧和两段积聚性直线组成，圆弧半径为$R1$从主视图中量取。槽口的两竖平面侧面投影为圆弧，半径$R2$从主视图中量取。槽口的底面为水平面，侧面投影积聚为直线，中间部分不可见，画成细虚线。

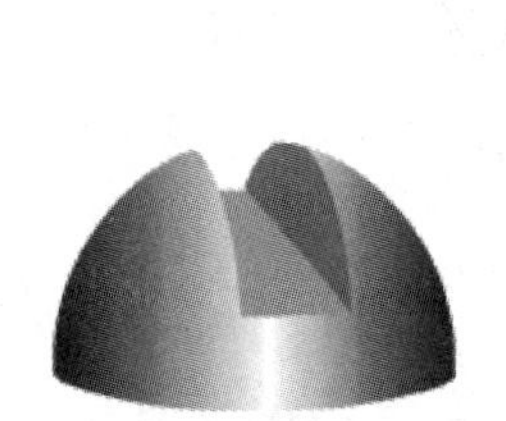
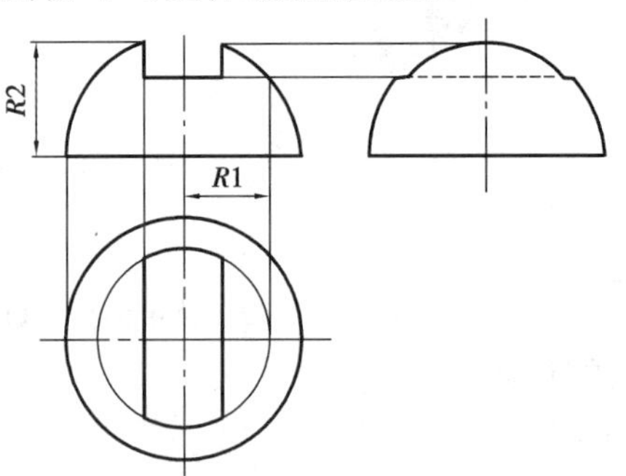

图2.3.15 圆球型切口体及其三视图

三、相贯体的投影

1. 相贯体及相贯线的概念

两立体相交，其表面就会产生交线。相交的立体称为相贯体，它们表面的交线称为相贯线。相贯线是相贯两立体表面的共有线，是无穷个点的集合。因此，求相贯线的投影就是求该线上共有点的投影。任何物体相交，其表面都要产生交线，这些交线都叫相贯线。

根据相贯体表面几何形状不同，可分为两平面立体相交、平面立体与曲面立体相交以及两曲面立体相交三种情况，如图2.3.16所示。

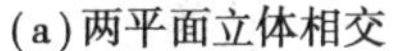

(a)两平面立体相交　(b)平面立体与曲面立体相交　(c)两曲面立体相交

图2.3.16　两立体相交

此处仅讨论两曲面立体相交的情况。

两曲面立体的相贯线有如下性质：

①相贯线一般是封闭的空间曲线，特殊情况下才可能是平面曲线或直线。

②相贯线是相交两立体表面的共有线，也是它们的分界线。相贯线可看作两立体表面上一系列共有点组成的。

因此，求相贯线实质上是求两立体表面的共有点的问题。

2. 画相贯线的方法

画相贯线的方法有：表面取点法、近似画法和简化画法。

(1)表面取点法

当相交的两曲面立体中有一个圆柱面，其轴线垂直于投影面时，则该圆柱面的投影为一个圆，且具有积聚性，即相贯线上的点在该投影面上的投影也一定积聚在该圆上，其他投影可根据表面上取点的方法作出。

例2.8　求两圆柱正交的相贯线。

分析　由图2.3.17所示两圆柱的轴线垂直相交，相贯线是封闭的空间曲线，且前后对称、左右对称。相贯线的水平投影与直立圆柱体柱面水平投影的圆重合，其侧面投影与水平圆柱体柱面侧面投影的一段圆弧重合。因此，需要求作的是相贯线的正面投影，故可用表面取点法作图。

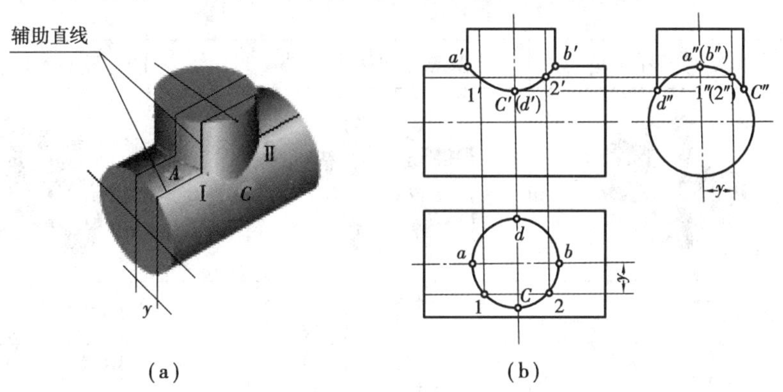

(a)　(b)

图2.3.17　求圆柱与圆柱正交的相贯线

①求特殊点(A、B、C、D)。

点 A、点 B 是铅垂圆柱上的最左、最右素线与水平圆柱的最上素线的交点,是相贯线上的最左、最右点,同时也是最高点。a'和 b'可根据 a、a''和 b、b''求得;C 点、D 点是铅垂圆柱的最前、最后素线与水平圆柱的交点,它们是最前点和最后点,也是最低点。由 c''、d''可直接对应求出 c、d 及 c'、d'。

②求一般点。

在铅垂圆柱的水平投影圆上取 1、2 点,它的侧面投影为 1″、2″,其正面投影 1′、2′可根据投影规律求出。为使相贯线更准确,可取一系列的一般点,顺次光滑地连接 a′、1′、c′、2′、b′等点即为相贯线的正面投影(双曲线)。

(2)相贯线的近似画法和简化画法

在绘制机件图样过程中,当两圆柱正交且直径相差较大,但对交线形状的准确度要求不高时,允许采用近似画法,即用大圆柱的半径作圆弧来代替相贯线,或用直线代替非圆曲线,如图 2.3.18 所示。

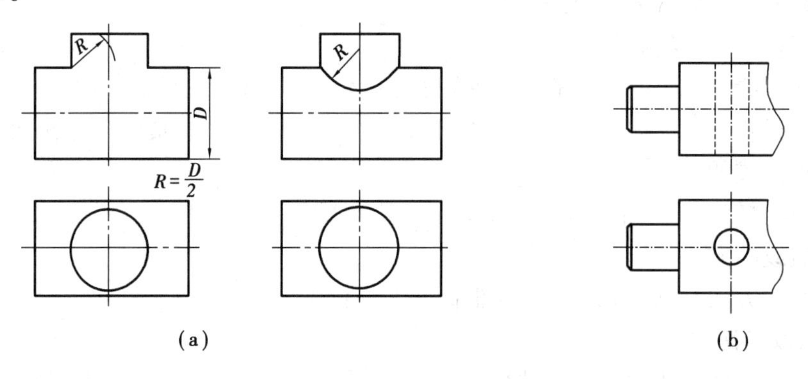

图 2.3.18　相贯线的近似画法

(3)相贯线的常见形式

在生产中常见一些相贯线的形式及画法如表 2.3.2 所示。

表 2.3.2　相贯线的常见形式

相交形式 \ 图形情况	圆柱与圆柱相交的三种情况		
	两实心圆柱相交	两等径圆柱相交	圆柱孔与圆柱孔相交
立体图			
投影图			

续表

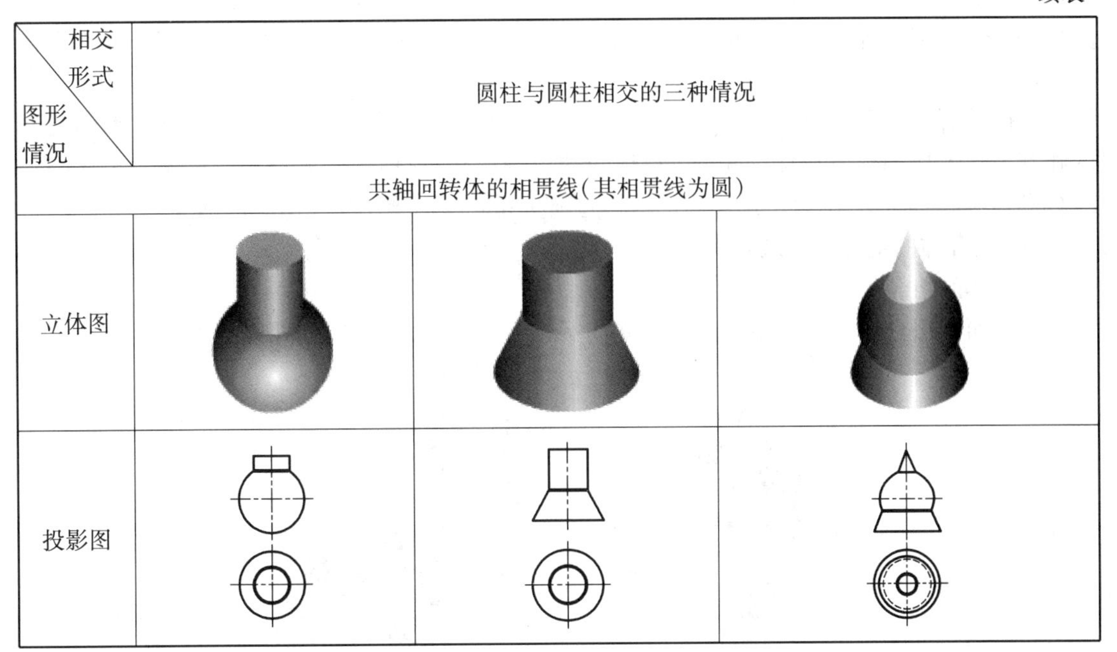

相交形式 图形情况	圆柱与圆柱相交的三种情况		
共轴回转体的相贯线(其相贯线为圆)			
立体图			
投影图			

四、组合体的三视图

1.组合体的组合形式和形体分析法

由两个或两个以上基本几何体所组成的物体,称为组合体。本部分重点讨论组合体三视图的画法、看图方法和尺寸标注,为学习零件图打下基础。

(1)形体分析法

任何复杂的物体,仔细分析起来,都可看成是由若干个基本几何体组合而成的。如图2.3.19(a)所示的轴承座,可看成是由两个尺寸不同的四棱柱和一个半圆柱叠加起来后,再切出一个圆柱体和两个小圆柱体而成的,如图2.3.19(b)、(c)所示。既然如此,画组合体的三视图时,就可采用"先分后合"的方法。就是说,先在想象中把组合体分解成若干个基本几何体,然后按其相对位置逐个画出各基本几何体的投影,综合起来即得到整个组合体的视图。这

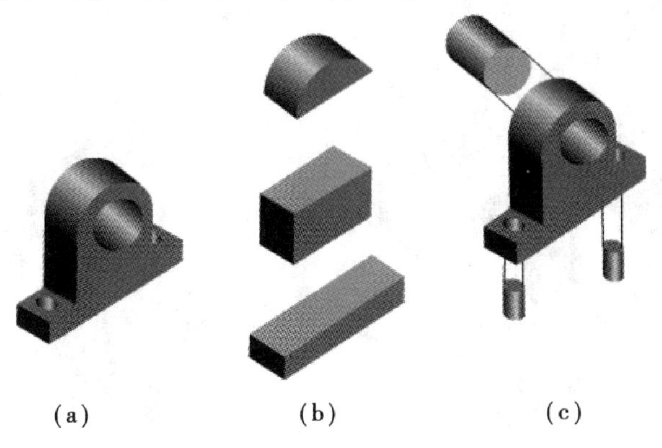

(a)　　(b)　　(c)

图2.3.19　轴承座的形体分析

样,就可把一个复杂的问题分解成几个简单的问题加以解决。这种为了便于画图和看图,通过分析将物体分解成若干个基本几何体,并搞清它们之间相对位置和组合形式的方法,叫做形体分析法。

形体分析法是一种分析复杂立体的方法,它是画图、看图最基本的方法。其中,形体之间的相互关系包括:形体间的相对位置;形体间的组合形式;形体间的表面过渡关系。形体间的组合形式:叠加、挖切、综合。形体间的表面过渡关系:共面(平齐)、相切和相交。

(2)组合体的组合形式及种类

组合体的组合形式按其形状特征,可以分为三类:

①叠加类组合体——由各种基本形体按不同形式叠加而形成,如图 2.3.20 所示。

图 2.3.20　叠加类组合体

②挖切类组合体——在一些基本形体(棱柱体、圆柱体等)上进行挖切(如钻孔、挖槽等)所得到的形体,如图 2.3.21 所示。

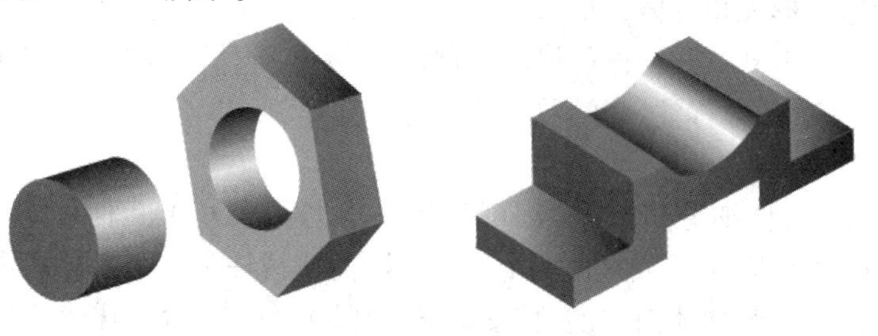

图 2.3.21　挖切类组合体

③综合类组合体——由若干个基本形体经叠加及挖切所得到的形体。它是组合体中最常见的类型,如图 2.3.22 所示。

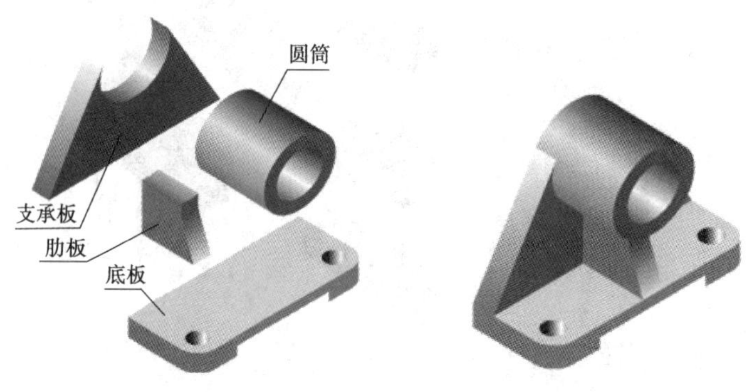

图 2.3.22　综合类组合体

(3)组合体各形体间表面连接关系及画法

组合体中,各基本形体相邻表面间的相互位置关系及画法分为不平齐、平齐、相切和相交四种情况。

①当两基本形体的表面不平齐时,在视图内中间应该有线隔开。如图2.3.23(a)所示的一组合体,它是由带半圆柱的棱柱和带凹槽的底板叠加而成,前后表面不平齐,其分界处应有线隔开。如果漏画线,就成为一个连续表面了,这是错误的,如图2.3.23(b)、(c)所示。

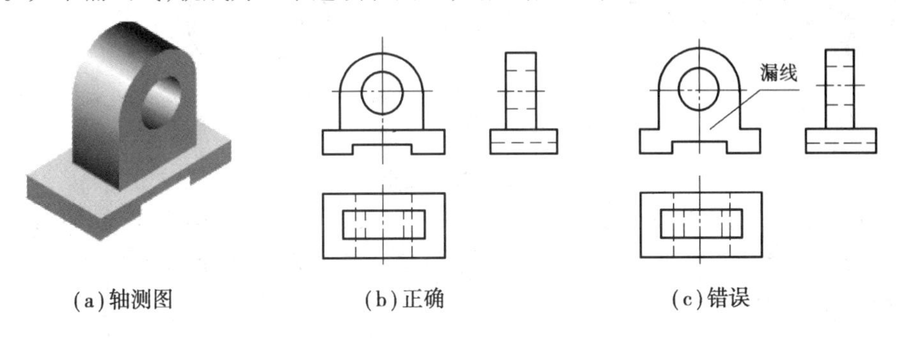

图2.3.23　不平齐

②当两基本形体的表面平齐时,在视图内中间不应有线隔开,如图2.3.24(a)所示。组合体两个形体的前后表面是平齐的,形成一个表面,分界线不存在了,如图2.3.24(b)所示。

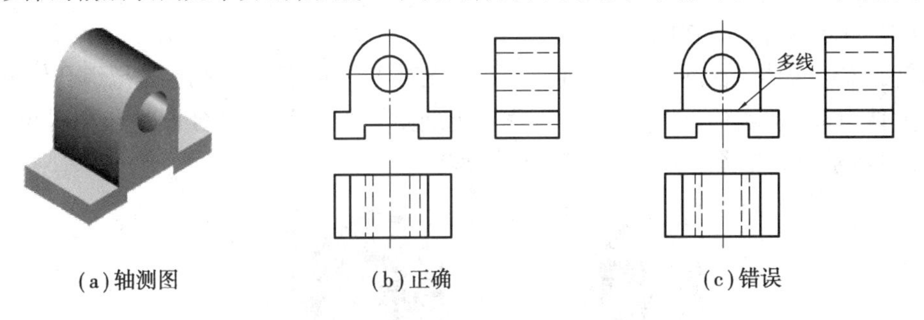

图2.3.24　平齐

③当两基本形体的表面相切时,在相切处不应画线。如图2.3.25(a)所示的物体,两形体侧表面相切,两表面连接处应光滑过渡,没有交线,在视图上相切处不应画线,但应特别注意它们相切处的投影关系,如图2.3.25(b)所示。图2.3.25(c)所示的画法是错误的,因相切处多画了线。

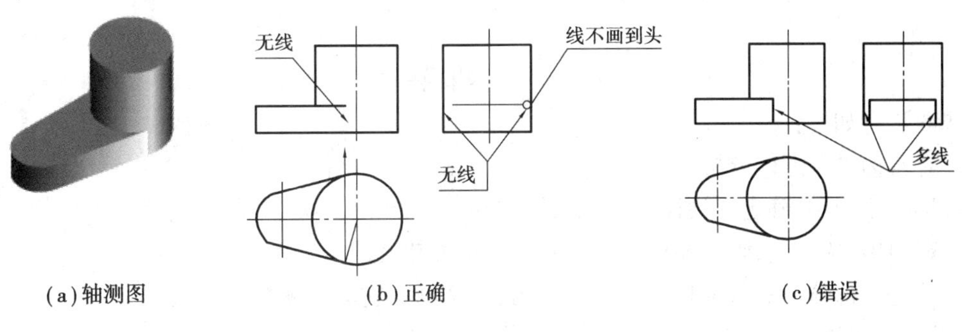

图2.3.25　相切

④当两基本形体的表面相交时，在相交处应画出交线。如图 2.3.26 所示，平面和曲面相交都会产生交线。

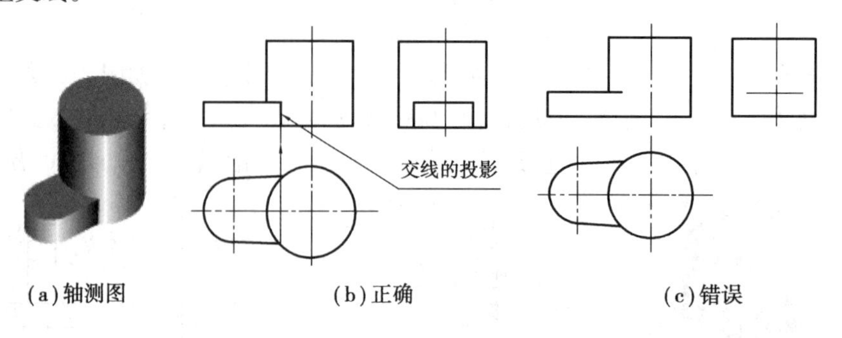

图 2.3.26　相交

小贴士：通过以上分析可知，应用形体分析法可以使复杂问题简单化，把我们感到陌生的组合体分解为较熟悉的基本形体。因此，熟练掌握这一基本方法后，能使我们正确、迅速地解决组合体的看图、画图问题。

2. 组合体的三视图

画组合体视图的方法和步骤对组合体视图的表达十分重要，怎样画组合体视图呢？在画图时，常采用形体分析法，首先将组合体分解成几个组成部分，明确组合形式，按组合形式的不同，有分析、有步骤地进行作图。

①叠加式组合体。由图 2.3.27(a) 所示，首先对实物进行形体分析，先把组合体分解为五个基本形体，即三个实体，两个虚体；然后分析确定它们之间的组合形式和相对位置，如图 2.3.27(b) 所示。其作图过程如图 2.3.28 所示。

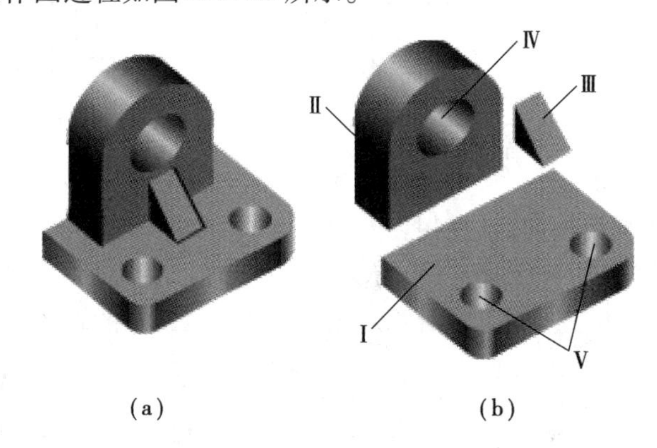

图 2.3.27　座体图形分析

作图步骤如下：

a. 对实物进行形体分析。

b. 选择主视图，确定主视图位置和投影方向。

c. 定图幅，选比例，画主要形体的中心线或主要轮廓线。

d. 从每一形体具有特征形状的视图开始，逐个画出它的三视图。

e. 检查、加深图形。

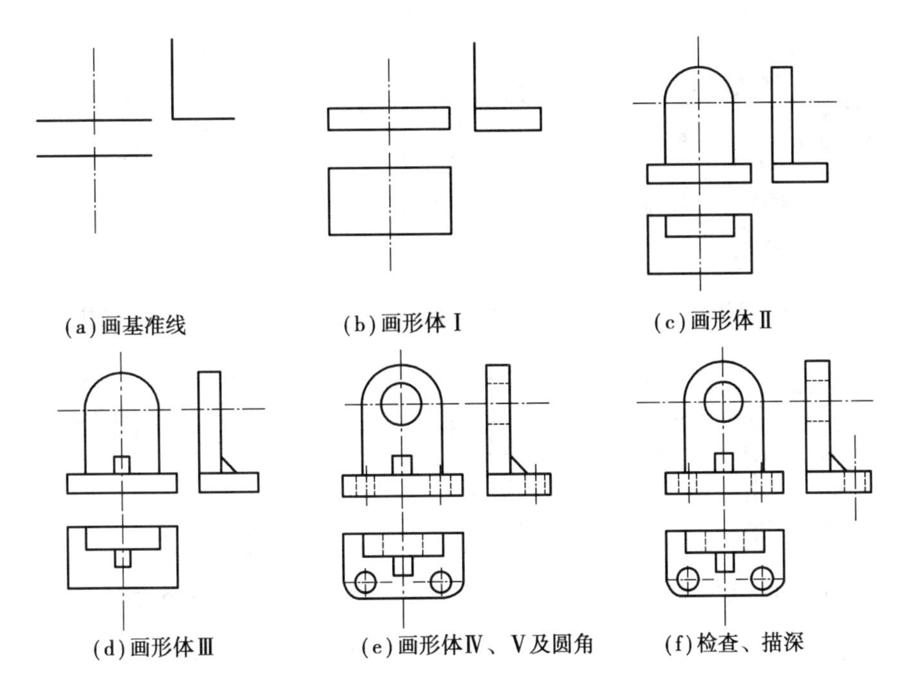

图2.3.28　组合体视图的画法

想一想:在画组合体视图时,各形体之间的相对位置在视图中应怎样反映?各形体之间的表面连接关系在视图中应该怎样反映?

小贴士:组合体三视图在画图时应遵循其对应关系:主、俯视图“长对正”;主、左视图“高平齐”;俯、左视图“宽相等”,且前后对应。

②挖切式组合体。

挖切式组合体可看作从一整体上挖切去几个基本几何体而成,如图2.3.29(a)所示。其作图过程如图2.3.29所示。

在画挖切类组合体时应注意:

a.画图之前,一定要对组合体的各部分形状及相互位置关系有明确的认识,画图时要保证这些关系表示得正确。

b.画各部分的三视图时,应从最能反映该形体特征形状的视图开始。

c.要细致地分析组合体各形体之间的表面连接关系。画图时注意不要漏线或多线。

挖切式组合体除了用形体分析法外,还要对一些斜面运用线面分析法。

线面分析法是在形体分析法的基础上,运用线、面的空间性质和投影规律,分析形体表面的投影,进行画图、看图的方法。

3.组合体的尺寸标注

(1)组合体尺寸标注的要求

组合体的形状和大小是由它的视图及其所注尺寸来反映的。在视图上标注尺寸有如下基本要求:

①正确。尺寸数值要正确无误,注法要符合国家标准的规定。

②完整。尺寸必须能唯一地确定立体的大小,不能遗漏和重复。

③清晰。尺寸的布局要整齐、清晰、恰当,便于看图。

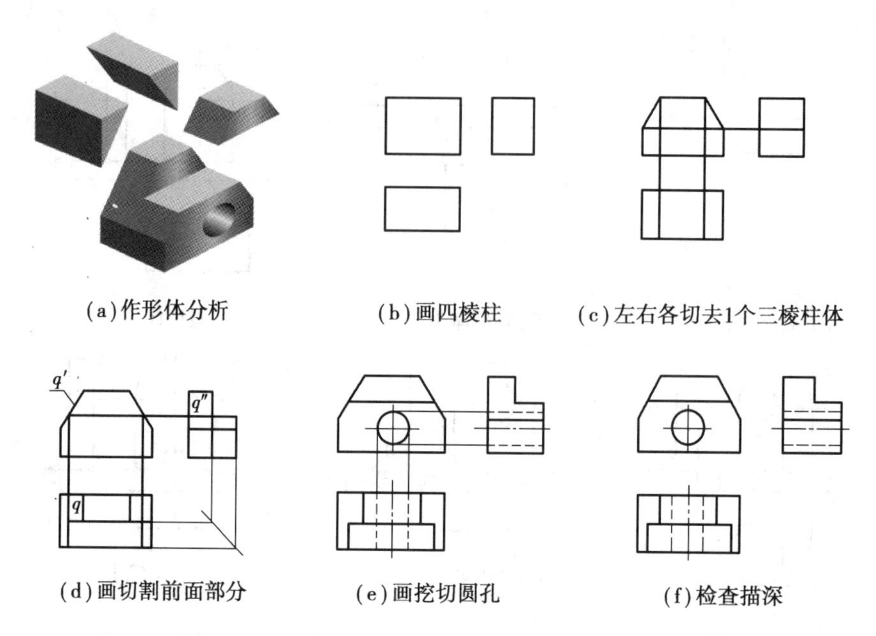

图2.3.29　组合体三视图的画法

④合理。尺寸标注要保证设计要求,便于加工和测量。

(2)组合体尺寸标注的种类和尺寸基准

若组合体要达到尺寸标注完整的要求,仍要应用形体分析法将组合体分解为若干基本形体,标注出各基本形体的大小和确定这些基本形体之间的相对位置尺寸,最后注出组合体的总体尺寸。

因此,组合体尺寸应包括下列三种:

①定形尺寸:确定组合体各基本形体的形状和大小的尺寸。

②定位尺寸:确定组合体各基本形体间相对位置的尺寸。

③总体尺寸:确定组合体总长、总宽、总高的尺寸。

在形体分析的基础上,先标注出组合体各基本形体的定形尺寸,如图2.3.30(a)所示。形体Ⅰ应标注4个尺寸:60、34、10和$R10$;形体Ⅱ标注3个尺寸:14、22和$R18$,其长度36不必标注;形体Ⅲ标注3个尺寸:8、13、10;形体Ⅳ与形体Ⅱ同宽,故标注1个尺寸$\phi20$;形体V与形体Ⅰ同高,标注1个尺寸$\phi10$。然后标注定位尺寸。标注组合体的定位尺寸时,应该选择好尺寸基准。

通常把标注和测量尺寸的起点称为尺寸基准。组合体有长、宽、高三个方向的尺寸,每个方向至少应该有一个尺寸基准,用来确定基本形体在该方向的相对位置。当某方向的尺寸基准多于一个时,其中有一个是主要基准,其余为辅助基准。

标注尺寸时,一般以组合体较大的平面(对称面、底面、端面)、直线(回转轴线、转向轮廓线)、点(球心)作为尺寸基准,曲面一般不能作尺寸基准。

如图2.3.30(b)所示,组合体高度方向的尺寸以底端面为尺寸基准,标注尺寸32,确定形体Ⅳ的中心位置;形体Ⅲ高度方向的定位尺寸由形体Ⅰ的定形尺寸10所代替。长度方向以组合体的对称平面为尺寸基准,标注尺寸40,确定形体Ⅴ的相对位置。宽度方向的尺寸以后端面为尺寸基准,标注尺寸24,确定形体Ⅴ的中心位置。

最后,调整出总体尺寸。如图2.3.30(c)所示,形体Ⅰ长、宽方向的定形尺寸即是组合体长、宽方向的总体尺寸。组合体的总高尺寸50与尺寸32、$R18$重复，为了加工时便于确定圆孔$\phi20$的中心位置，应直接标注出孔的中心高32，不注总高尺寸50，并减去定形尺寸22。

由此可见，当组合体的一端为回转体时，该方向的总体尺寸一般不标注，但必须标注出圆柱体中心的定位尺寸和半径（或直径）尺寸。因此，对某些组合体来讲，其总体尺寸不一定都要求标注完全。

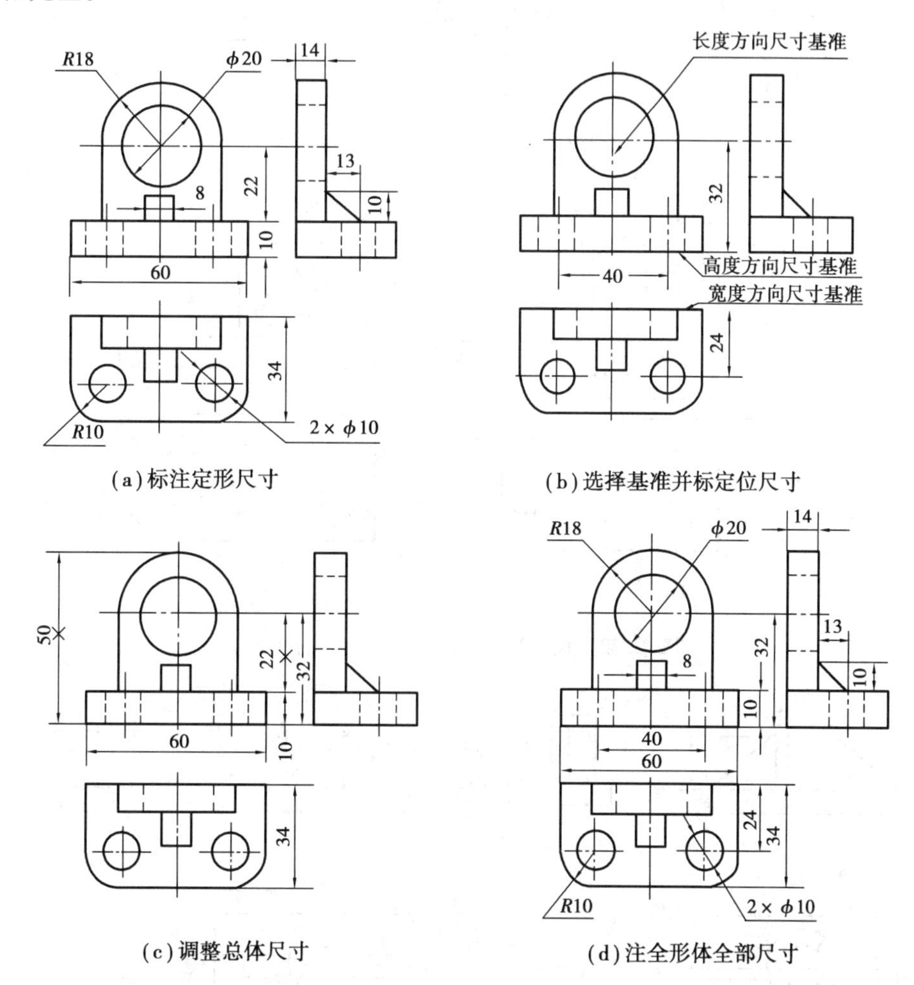

(a)标注定形尺寸　(b)选择基准并标定位尺寸

(c)调整总体尺寸　(d)注全形体全部尺寸

图2.3.30　组合体的尺寸标注

图2.3.30(d)是组合体应标注的全部尺寸。图2.3.31是不必标全总体尺寸的图例。

(3)组合体尺寸标注应注意的问题

①尺寸应尽可能标注在反映基本形体特征较明显、位置特征较清楚的视图上，且同一形体的相关尺寸尽量集中标注。如半径尺寸应标注在反映圆弧实形的视图上，且相同的圆角半径只注一次，不在符号“R”前注圆角数目，如图2.3.32所示。

②为保持图形清晰，虚线上应尽量不注尺寸，如图2.3.33所示。

③尺寸应尽量标注在视图外边，尺寸排列要整齐，且应“小尺寸在里（靠近图形）、大尺寸在外”，避免尺寸线和其他尺寸的尺寸界线相交，如图2.3.34所示。

④同轴回转体的各直径尺寸应尽量注在非圆（平行于回转轴）的视图上，如图2.3.35

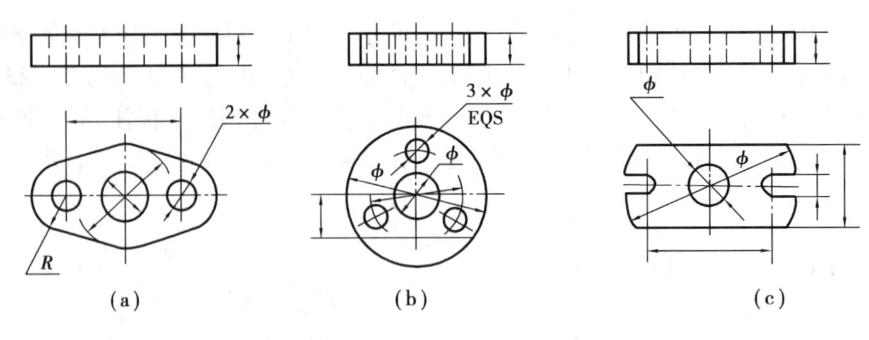

图 2.3.31　不必标全总体尺寸的图例

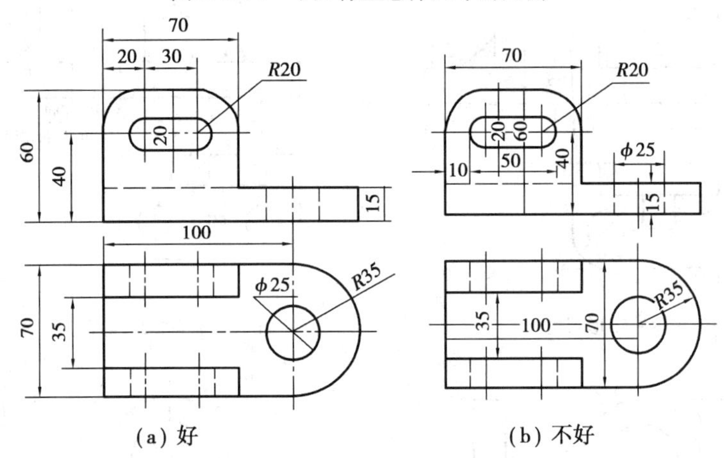

图 2.3.32　尺寸标注在形体特征明显的视图上

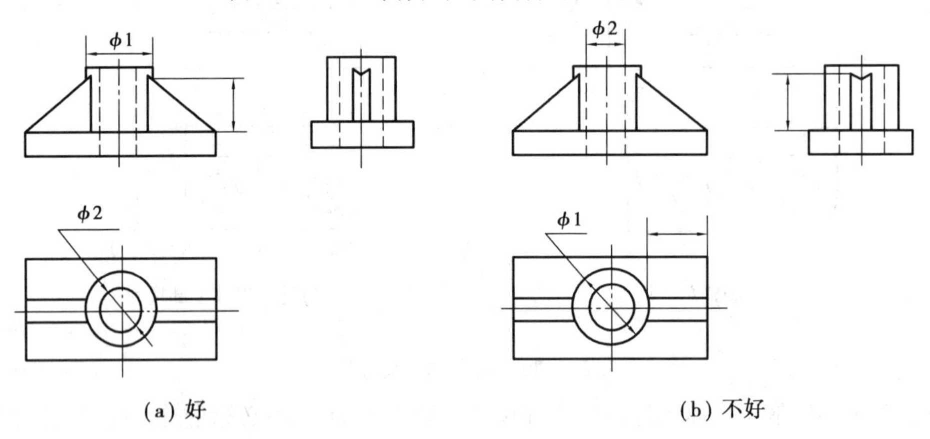

图 2.3.33　虚线上不注尺寸

所示。

⑤同一方向的尺寸线,在不重叠的情况下,应尽量布置在同一条直线上,如图 2.3.36 所示。

⑥尺寸不要直接标注在截交线和相贯线上。交线是组合体各基本形体间叠加(或挖切)相交时自然产生的,所以在交线上不应直接标注尺寸,如图 2.3.37 所示。

小贴士:在标注尺寸时,对于以上几点要求可能不能同时兼顾,应根据具体情况,统筹安

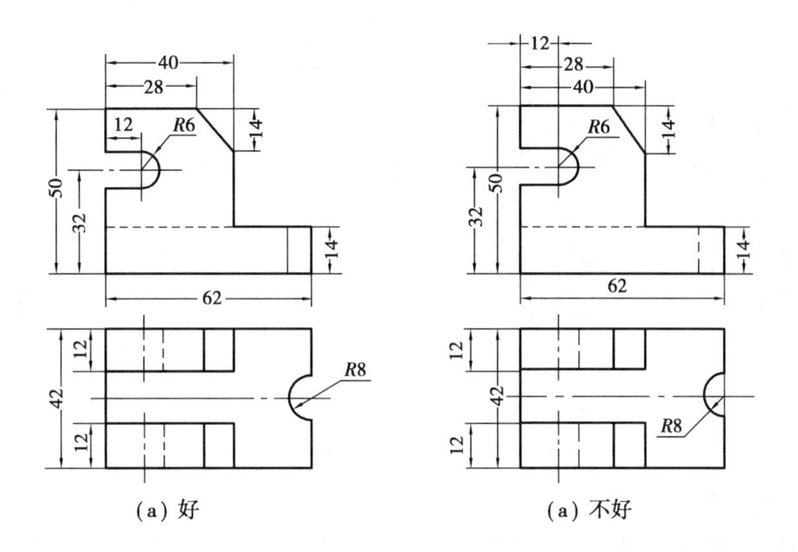

(a) 好　　　(a) 不好

图 2.3.34　尺寸尽量注在视图外边,且小尺寸在里,大尺寸在外

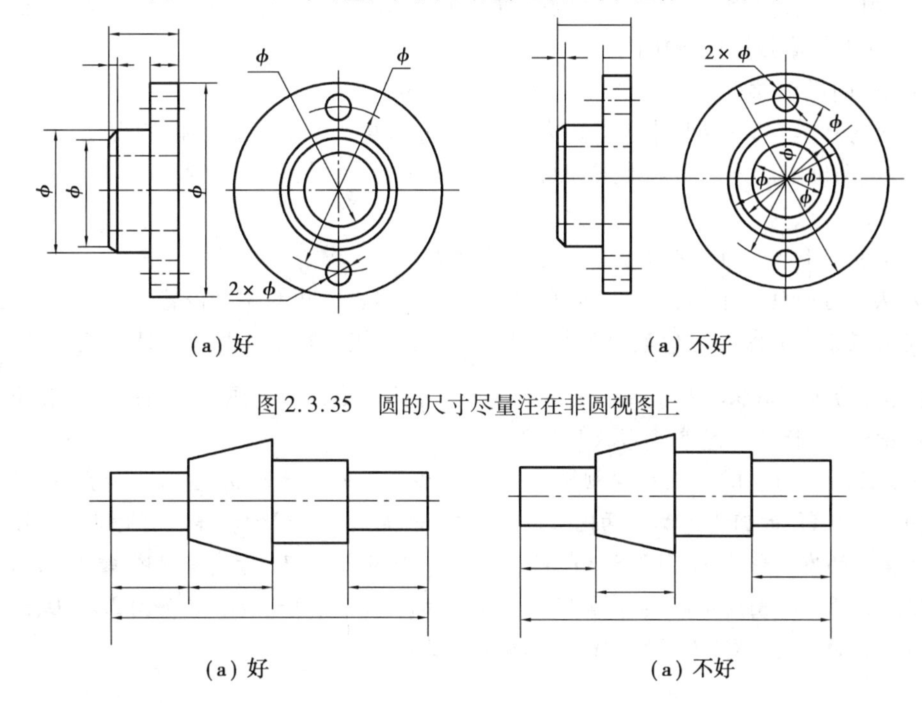

(a) 好　　　(a) 不好

图 2.3.35　圆的尺寸尽量注在非圆视图上

(a) 好　　　(a) 不好

图 2.3.36　同一方向的尺寸标注

排,合理布置。

(4)标注组合体尺寸的步骤

①进行形体分析。

②标注各形体的定形尺寸。

③确定长、高、宽三个方向的尺寸基准,标注形体间的定位尺寸。

④考虑总体尺寸标注,对已注的尺寸进行必要的调整。

⑤检查尺寸标注是否正确、完整,有无重复、遗漏等。

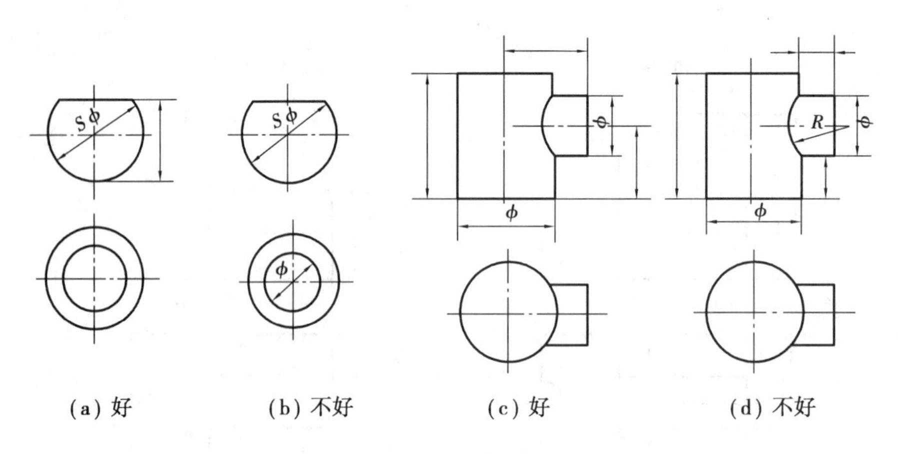

(a) 好　　(b) 不好　　(c) 好　　(d) 不好

图 2.3.37　交线上不应标注尺寸

4. 读组合体视图

画图是把空间的组合体用正投影法表示在平面上。读图是画图的逆过程，即根据已画出的视图，运用投影规律，想象出组合体的空间形状。画图是读图的基础，而读图既能提高空间想象能力，又能提高投影的分析能力。

(1) 读图时的注意点

①读图的基本方法：以形体分析法为主，线面分析法为辅。根据形体的视图，逐个识别出各个形体，进而确定形体的组合形式和每个形体间邻接表面的相互位置。

②读图的要点：

a. 要从反映形体特征的视图入手，几个视图联系起来看。

b. 要认真分析视图中的相邻线框，识别形体和形体表面间的相互位置。

c. 要把想象中的形体与给定视图反复对照，善于抓住形状特征和位置特征视图。

小贴士：物体的形状特征反映最充分的那个视图，就是特征视图。看图时必须善于找出反映特征的投影，这样便于想象其形状与位置。

例如，2.3.38(a)、(b)、(c)的主视图是一样的，但它们却表示形状完全不同的三种物体。图2.3.38(d)、(e)、(f)的俯视图都是两同心圆，但它们却是三种不同的物体。有时两个视图也不能确定空间物体的唯一形状，如图2.3.39(a)、(b)、(c)所示。若只看主、俯视图，物体的形状仍然不能确定。由于左视图的不同，物体就有可能是图示的几种空间形状。又如图2.3.40、图2.3.41所示，是由主、俯视图相同，不同的左视图所构成的物体。

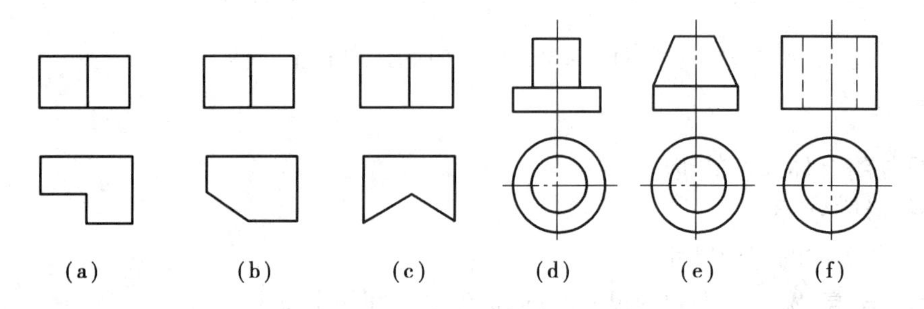
(a)　　(b)　　(c)　　(d)　　(e)　　(f)

图 2.3.38　两个视图联系起来看

小贴士：看图时，不能只看一个或两个视图就下结论，必须把已知所有的视图联系起来看，

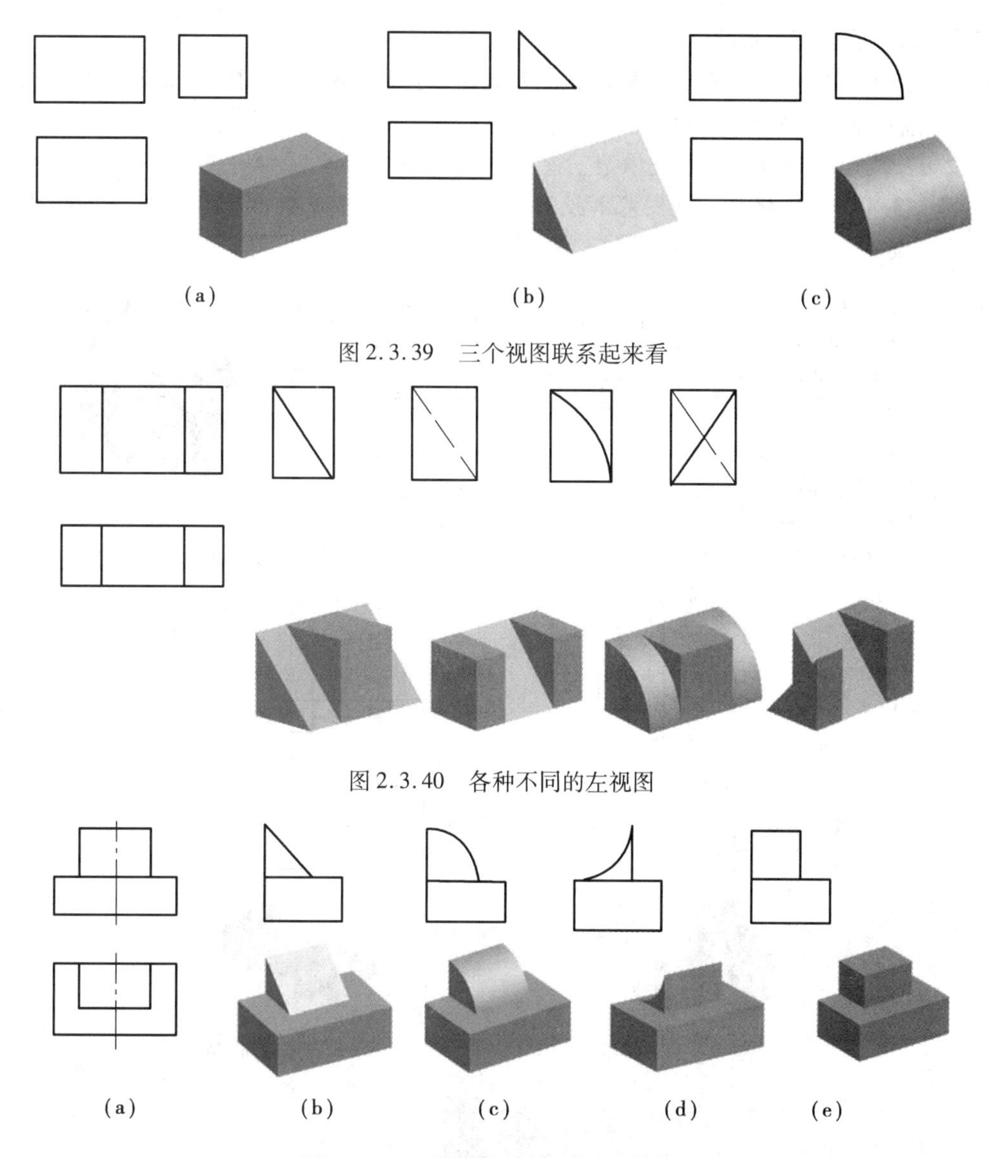

图2.3.39　三个视图联系起来看

图2.3.40　各种不同的左视图

图2.3.41　对应两视图的多种形体构思

进行分析、构思，才能想象出空间物体的确切形状。

(2)看组合体视图的基本方法

①形体分析法。根据组合体视图的特点，将其大致分成几个部分，然后逐个将每一部分的几个投影进行分析，想出其形状，最后想象出物体的整体结构形状，这种看图方法称为形体分析法。看图时应注意以下几点：

a.认识视图抓特征。抓特征，就是抓主要矛盾，弄清物体的形状特征和各部分形体之间的位置特征。最能反映物体特征形状的视图，称为物体的形状特征视图。最能反映相互位置关系的视图，称为物体的位置特征视图。

b.分析形体对投影。参照物体的特征视图，从图上对物体进行形体分析，按照每一个封闭线框代表一块形体轮廓投影的道理，把它分解成几部分。

一般顺序是：先看主要部分，后看次要部分；先看容易确定的部分，后看难于确定的部分；

先看整体形状，后看细节形状。

c.综合起来想整体。在看懂每块形状的基础上，再根据整体的三视图，想象它们的相互位置关系，逐渐形成一个整体的形象。

例 2.9 用形体分析法看懂支承架三视图。

由图 2.3.42 所示，根据三视图基本投影规律，从图上逐个识别出基本形体，再确定它们的组合形式及其相对位置，综合想象出组合体的形状。

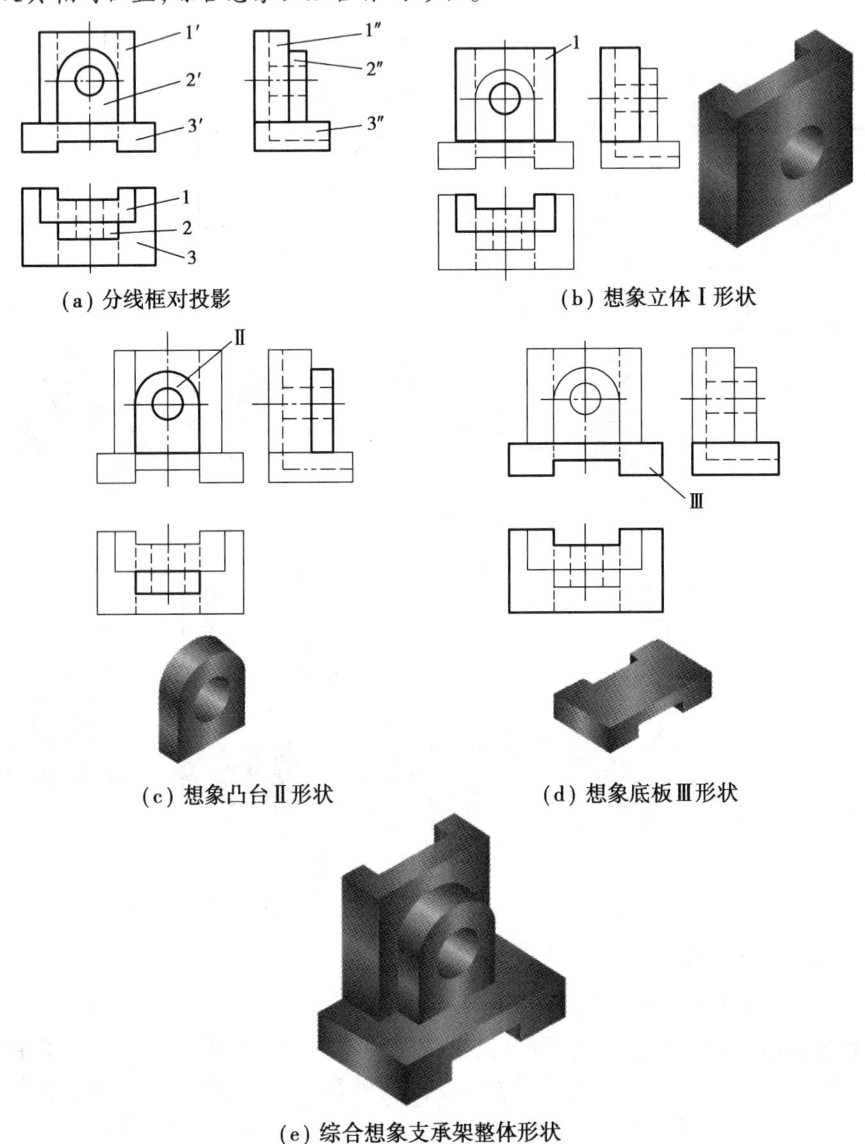

(a) 分线框对投影

(b) 想象立体Ⅰ形状

(c) 想象凸台Ⅱ形状

(d) 想象底板Ⅲ形状

(e) 综合想象支承架整体形状

图 2.3.42 用形体分析法看图(支承架)的方法步骤

看图的具体步骤：

a.分线框，对投影。

先看主视图，联系其他两视图，按投影规律找出基本形体投影的对应关系，想象出该组合体可分成三部分；立板Ⅰ、凸台Ⅱ、底板Ⅲ，如图 2.3.42(a)所示。

b. 识形体，定位置。

根据每一部分的三视图，逐个想象出各基本形体的形状和位置，如图 2.3.42(b) ~ (d) 所示。

c. 综合起来想整体。

每个基本形体的形状和位置确定后，整个组合体的形状也就确定了，如图 2.3.42(e) 所示。

小贴士：形体分析法的读图步骤是看视图、分线框；对投影、识形体；定位置、出整体。

在一般情况下，形体清晰的零件，用上述的形体分析方法看图就能解决了。然而有些零件较为复杂，完全用形体分析法还不够。因此，对于图纸上一些局部的复杂投影，有时需要应用另一种方法——线面分析法来进行分析。

②线面分析法。视图中的一个封闭线框代表空间的一个面的投影，不同的线框代表不同的面。利用这个规律去分析物体的表面性质和相对位置的方法，叫做线面分析法。这种方法主要用来分析视图中的局部复杂投影，对于切割式的零件用得较多。

形体分析法从“体”的角度去分析立体的形状，把复杂立体(组合体)假想成若干基本立体按照一定方式组合而成；线面分析法则是从“面”的角度去分析立体的形状，把复杂立体假想成由若干基本表面按照一定方式包围而成，确定了基本表面的形状以及基本表面间的关系，复杂立体的形状也就确定了。

例 2.10 如图 2.3.43(a)所示物体的主、左两视图，补画俯视图。

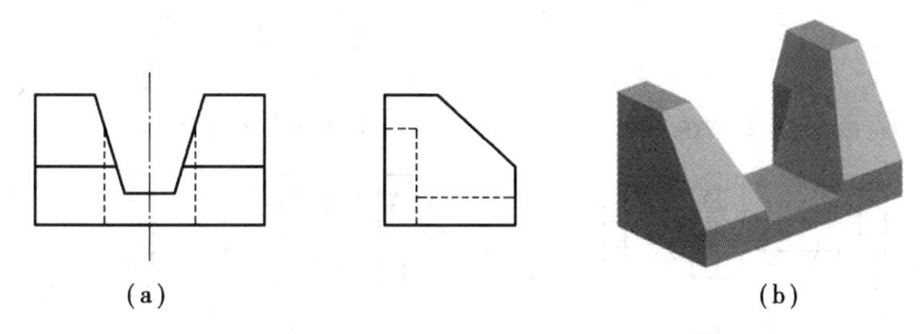

图 2.3.43 补画俯视图

由图 2.3.43(a)可知，该物体的基本形体是长方体，它的前部切去一个三棱柱，中部切掉一个前后方向的梯形四棱柱，且在后部中间切去一个上下方向的四棱柱槽，其形状如图 2.3.43(b) 所示。

作图步骤：

a. 画出长方体俯视图的轮廓，再画出前部切去三棱柱的俯视图，如图 2.3.44(a)所示。

b. 画出长方体中间切去梯形四棱柱的俯视图，如图 2.3.44(b)所示。

c. 画出后部切去四棱柱槽的俯视图，如图 2.3.44(c)所示。

d. 检查无误后，加深图线。

注意：梯形四棱柱槽的左、右对称两侧面 R 是正面的垂直平面。由正面投影 r' 可知侧面投影为缩小的类似七边形 r''，俯视图也应是类似的七边形。

小贴士：线面分析法的读图步骤是看视图、分线框；对投影、识面形；定位置、出整体。

在读图时，一般先用形体分析法作粗略的分析，对图中的难点再利用线面分析法作进一步的分析。即“形体分析看大概，线面分析看细节”。

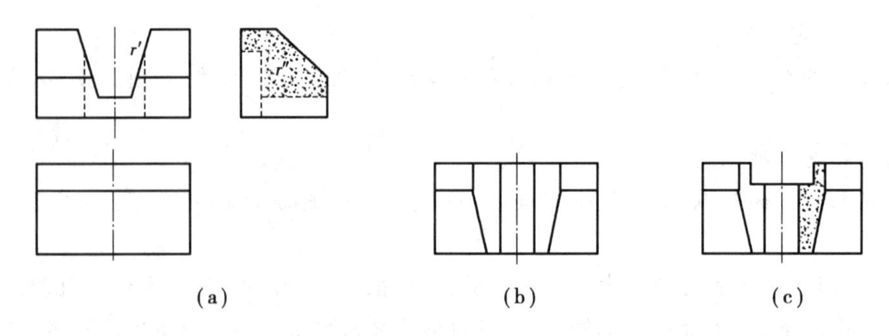

(a)　　(b)　　(c)

图 2.3.44　补画俯视图的步骤

(3)补视图、补漏线

补视图、补漏线是提高看图能力及空间想象能力的方法之一。补视图、补漏线是根据已知的完整视图或漏线的视图,通过分析作出判断,并经过试补、调整、验证想象,最后作出所求的视图或补出视图中的漏线。

例 2.11　看懂图 2.3.45(a)所示组合体的视图,并补画俯视图。

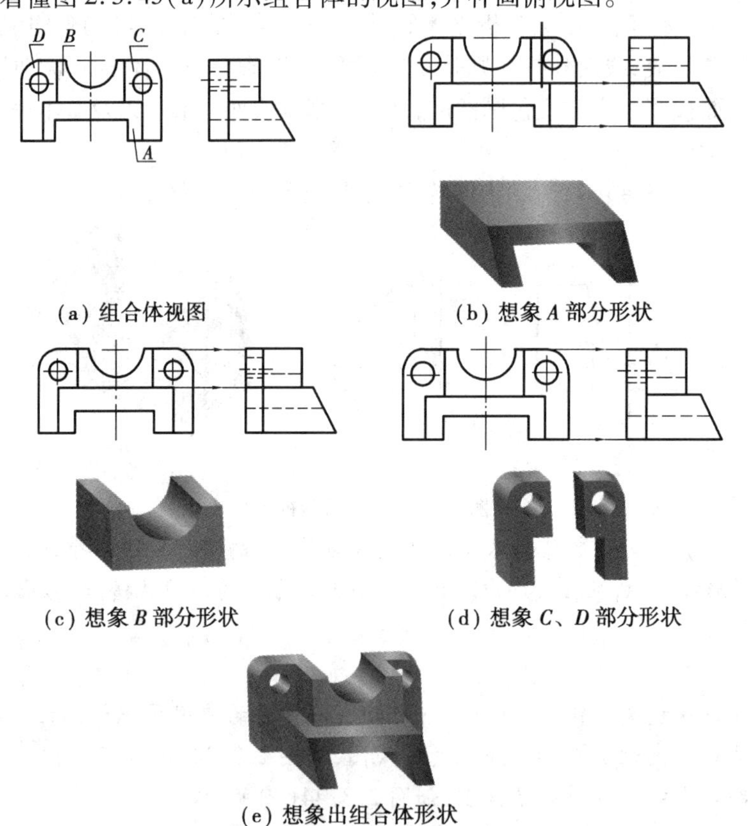

(a) 组合体视图　　(b) 想象 *A* 部分形状

(c) 想象 *B* 部分形状　　(d) 想象 *C*、*D* 部分形状

(e) 想象出组合体形状

图 2.3.45　用形体分析法看图

①看物体的主、左视图,想象出物体的空间形状,弄清主、左视图的关系。从主视图入手,可将主视图线框分为 *A*、*B*、*C*、*D* 四个部分,如图 2.3.45(a)所示。再由主、左视图的对应关系,想象出物体各部分形状,如图 2.3.45(b)、(c)、(d)所示。最后综合归纳,想象出组合体的整体形状,如图 2.3.45(e)所示。

②补画俯视图。在看懂视图、想象出物体形状的基础上，用形体分析法依次画出各形体的俯视图，如图 2.3.46(a)、(b)、(c)所示。再按照各形体之间表面连接关系经整理、检查后，绘出俯视图，如图 2.3.46(d)所示。

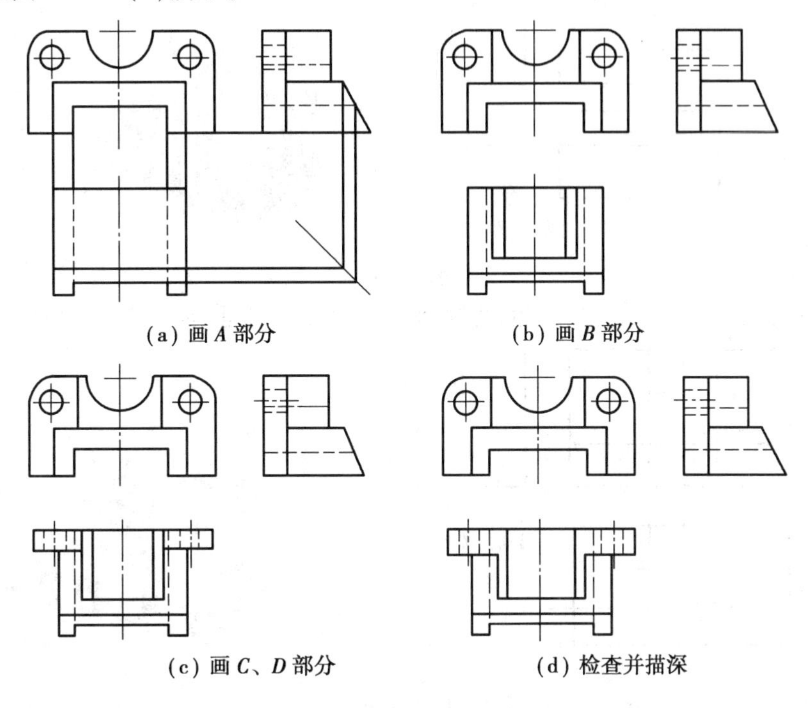

图 2.3.46　补画视图的方法

例 2.12　如图 2.3.47 所示，已知组合体主、左视图，补画其俯视图。

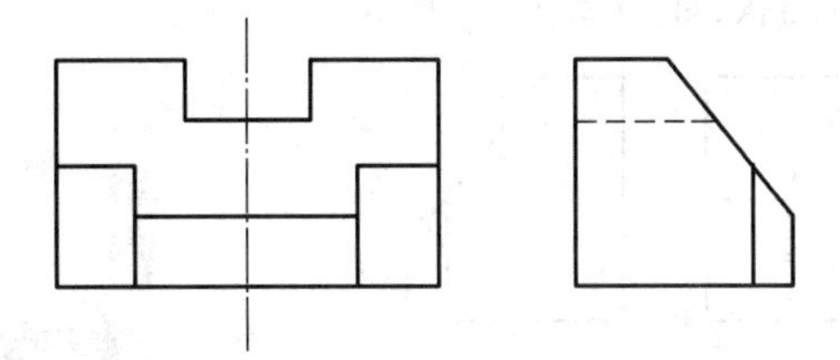

图 2.3.47　想象物体形状

①分析物体形状，思维方法采用形体切割法。假想补齐各视图缺角线，即为长方体，如图 2.3.48 所示。

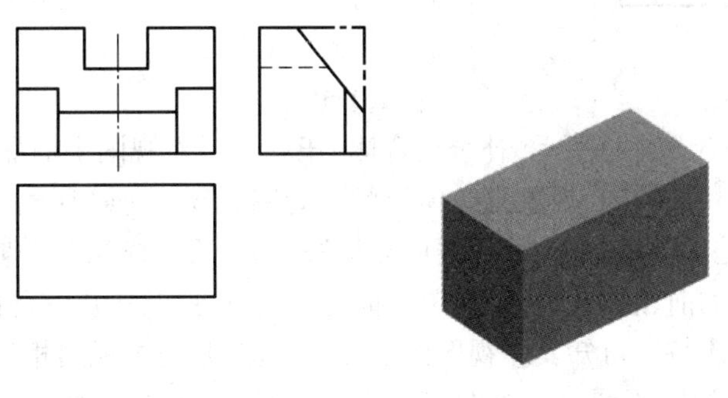

图 2.3.48

②从左视图的斜线出发，对应主视图线框，假想长方体切去一角，形成五边柱体，如图2.3.49所示。

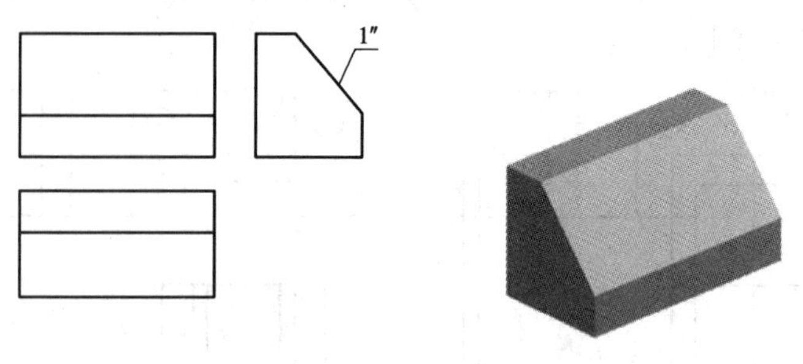

图2.3.49

③从主视图的切槽，对应左视图的线框，假想切去梯形体Ⅱ，如图2.3.50所示。

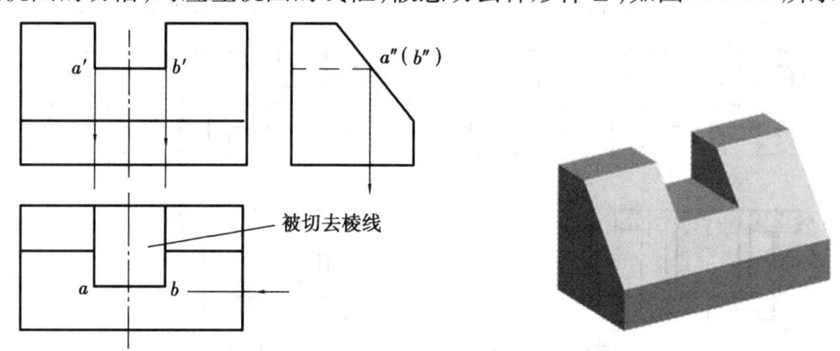

图2.3.50

④左视图的线框2″对应主视图的线段2′，线框4对应线段4″，假想左右切去直角三角柱Ⅲ，最后想象出物体的整体形状，如图2.3.51所示。

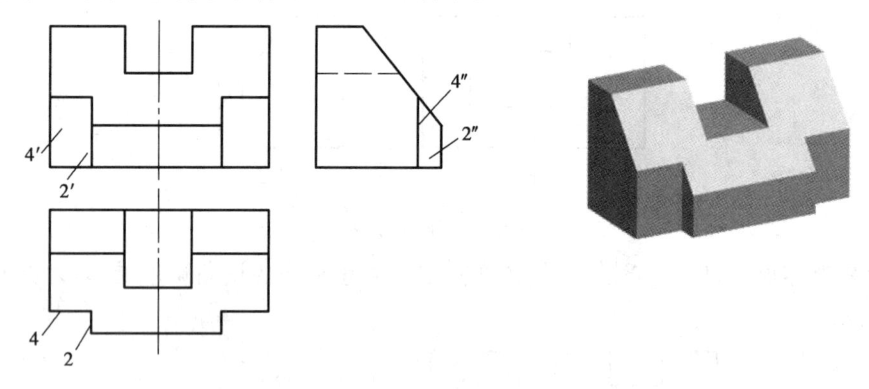

图2.3.51

例2.13 如图2.3.52(a)所示，补全组合体(压块)主、左视图中的漏线。

①看懂漏线的压块三视图，想象出整体形状。对图2.3.52(a)所给漏线的三视图进行投影分析，可知压块是挖切类组合体，可用线面分析法看图，从而查找出所漏的图线。

a. 由俯视图左部的前、后斜线与主视图线框对应关系可知，压块左部的前、后面与H面垂直。根据垂直面的投影特性可知其左视图的前、后部位应是与主视图相对应的类似图形。

b. 从俯视图上的两同心圆与左视图上对应的虚线可知，压块中部是一沉孔，从而判定主视图该孔所遗漏的虚线。

c. 把所漏图线考虑进来，便可想象出压块的形状，如图 2.3.52(b)所示。

②在想象出压块整体形状的基础上，依次补画出主、左视图中的漏线。作图过程如图 2.3.52(c)、(d)所示。

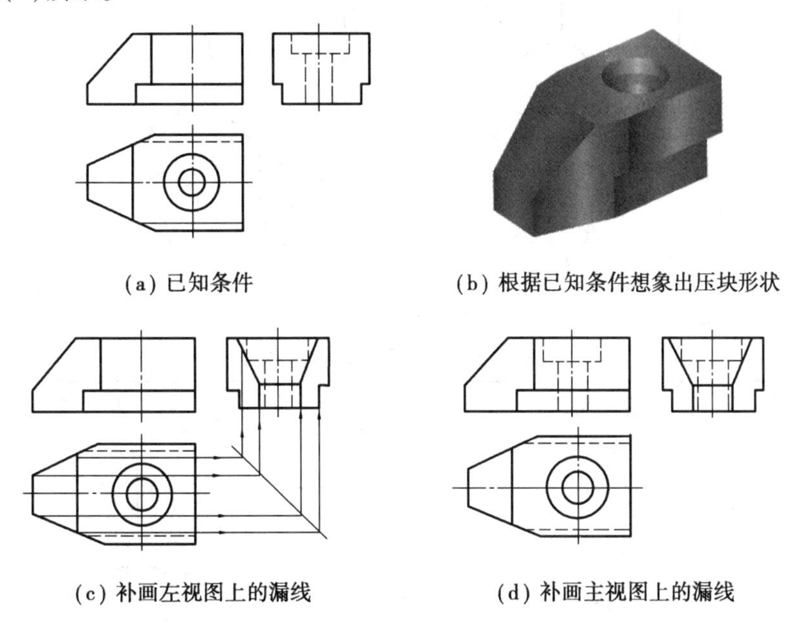

(a) 已知条件　(b) 根据已知条件想象出压块形状

(c) 补画左视图上的漏线　(d) 补画主视图上的漏线

图 2.3.52　补画视图中漏线的方法

五、轴测图画法

三面投影图在展开后，可以将较为简单的物体各部分形状完整、准确地表达出来，而且度量性好，作图方便，因而在工程上得到广泛应用。但这种图样缺乏立体感，直观性差。为了弥补不足，工程上有时也采用富有立体感的轴测图来表达设计意图。

1. 轴测图的形成

(1)定义

轴测投影是将物体连同直角坐标体系，沿不平行于任一坐标平面的方向，用平行投影法将其投射在单一投影面上所得到的图形，简称为轴测图。

(2)术语

①轴测投影的单一投影面称为轴测投影面，如图 2.3.53 中的 P 平面。

②轴测投影面上的坐标轴 OX、OY、OZ 称为轴测投影轴，简称轴测轴。

③轴测投影中，任两根轴测轴之间的夹角称为轴间角。

④轴测轴上的单位长度与相应直角坐标轴上的单位长度的比值称为轴向伸缩系数。OX、OY、OZ 轴上的轴向伸缩系数分别用 p_1、q_1、r_1 表示。

为了便于作图，绘制轴测图时，对轴向伸缩系数进行简化，以使其比值成为简单的数值。简化伸缩系数分别用 p、q、r 表示。常用轴测图的轴间角和简化伸缩系数见表 2.3.3。

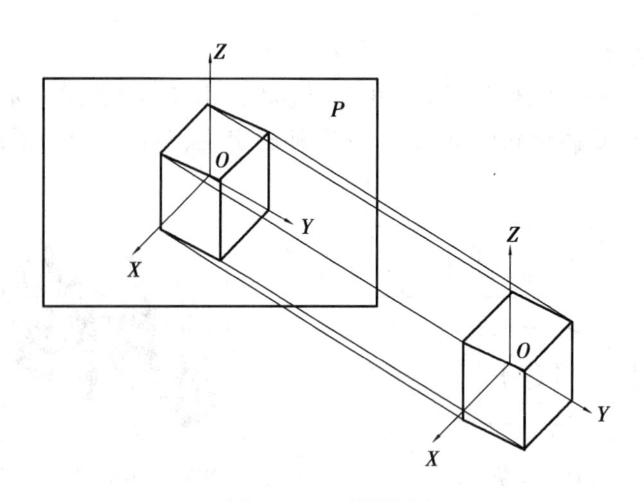

图 2.3.53　轴测图

表 2.3.3　常用的轴测投影

	正等测	斜二测
轴间角	Z 120°　O　120° X　120°　Y	Z 90°　135° X 135°　Y
轴向伸缩系数	$p_1 = q_1 = r_1 = 0.82$	$p_1 = r_1 = 1, q_1 = 0.5$
简化伸缩系数	$p = q = r = 1$	无
图例		

2. 正等轴测图及其画法

正等轴测图的轴间角$\angle XOY = \angle XOZ = \angle YOZ = 120°$。画图时,一般使 OZ 轴处于垂直位置,OX、OY 轴与水平成30°。可利用30°的三角板与丁字尺方便地画出三根轴测轴,见表2.3.3。

例 2.14　画出图 2.3.54 所示凹形槽的正等轴测图。

图 2.3.54 为一长方体上面的中间截去一个小长方体而制成。只要画出长方体后,再用截割法即可得凹形槽的正等轴测图。

作图步骤:

①用 30°的三角板画出 OX、OY、OZ 轴,从物体的后面、右面、下面开始画起,用尺寸 28 和 40 作出物体的底平面(为一平行四边形)。

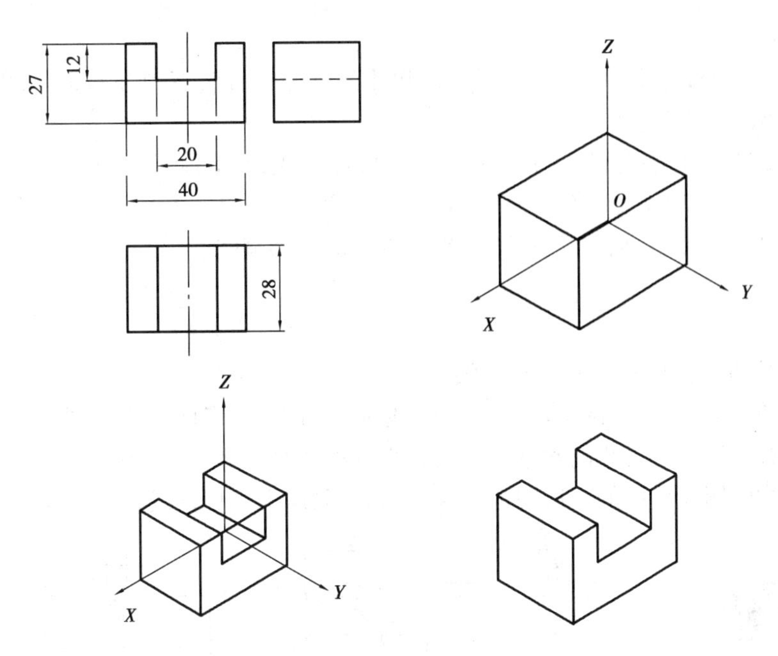

图2.3.54　凹形槽正等轴测图

②用尺寸27过底平面平行四边形的4个角点分别往上画，再连接顶面四点，即得大长方体的正等轴测图。

③根据三视图中的凹槽尺寸，在大长方体的相应部分画出被截去的小长方体。

④擦去不必要的线条，加深轮廓线，即得凹形槽的正等轴测图。

3. 斜二轴测图及其画法

斜二轴测图的轴间角$\angle XOZ=90°$，$\angle XOY=\angle YOZ=135°$，可利用45°的三角板与丁字尺画出。在绘制斜二轴测图时，沿轴测轴 *OX* 和 *OZ* 方向的尺寸可按实际尺寸选取比例度量，沿 *OY* 方向的尺寸则要缩短一半度量。

斜二轴测图能反映物体正面的实形且画圆方便，适用于画正面有较多圆的机件轴测图。

例2.15　画出图2.3.55所示零件的斜二轴测图。

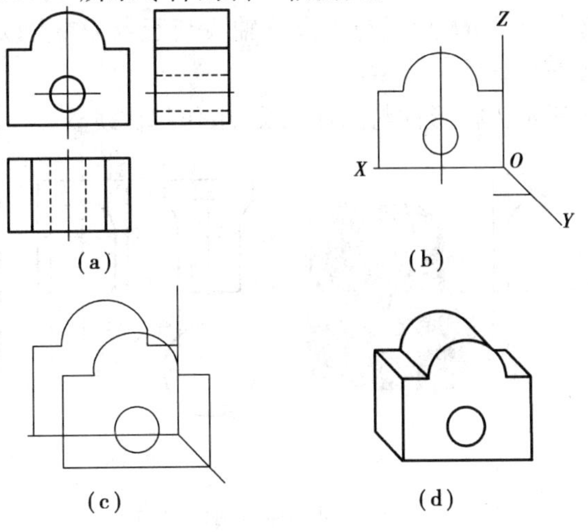

图2.3.55　斜二轴测图画法

作图步骤：

①用45°的三角板画出 OX、OY、OZ 轴，从物体的后面、右面、下面开始画起，把主视图“复制”到图2.3.55(b)所示位置。

②把图2.3.55(a)俯视图宽度尺寸取一半量在图2.3.55(b)所示位置。

③把主视图再一次“复制”到图2.3.55(c)所示位置。

④擦去不必要的线条，加深轮廓线，即得零件的斜二轴测图。

任务拓展

例2.16 用近似法画三通管的相贯线。

分析 如图2.3.56所示两空心圆柱的轴线垂直相交，其表面的相贯线是封闭的空间曲线，且前后、左右对称。相贯线的水平投影与直立圆柱体柱面水平投影的圆重合，其侧面投影与水平圆柱体柱面侧面投影的一段圆弧重合。因此，只需求作相贯线的正面投影。

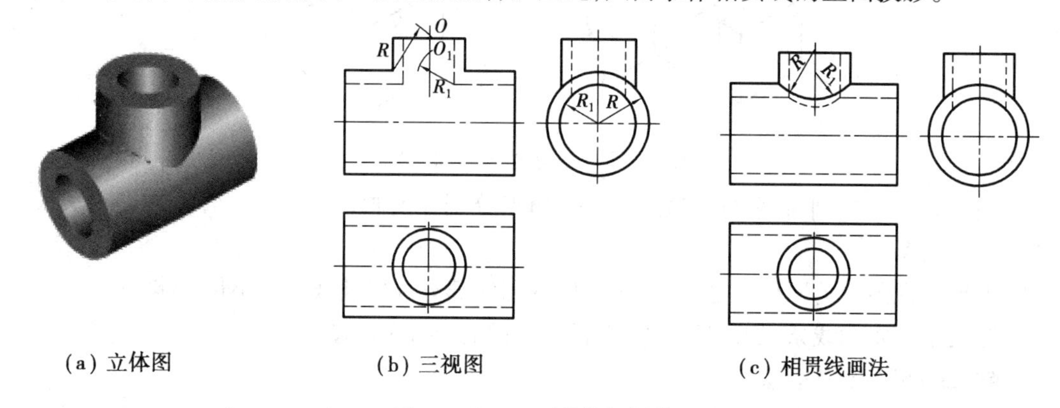

(a) 立体图　(b) 三视图　(c) 相贯线画法

图2.3.56 三通管的相贯线

①画外表面的相贯线。以大圆管外表面最上边的素线与小圆管外表面最左、最右边素线的交点为圆心，取大圆管外半径 R 画弧与小圆管轴线交于点 O，再以点 O 为圆心、R 为半径画弧，即得外表面相贯线。

②画内表面的相贯线。以大圆管内表面最上边的素线与小圆管内表面最左、最右边素线的交点为圆心，取大圆管内半径 $R1$ 画弧与小圆管轴线交于点 O_1，再以点 O_1 为圆心、R_1 为半径画(虚线)弧，即得内表面相贯线。

例2.17 图2.3.57所示为拱形柱与圆柱相贯，求作相贯线。

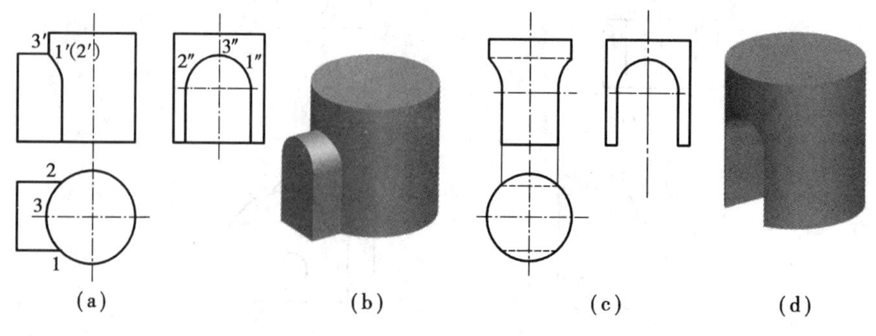

(a)　(b)　(c)　(d)

图2.3.57 拱形柱与圆柱相交

分析:从图 2.3.53 (b)可知,该相贯体可分解为半圆柱与圆柱、长方体与圆柱相交,相贯线由直线和空间曲线所组成。由于相贯线俯、左视图已知,只需求作主视图,如图 2.3.57(a)所示。

又由图 2.3.57(d)所示,在圆柱上从左往右切拱形通槽,相贯线的形状和投影与图2.3.57(a)相同,但主、俯视图应画虚线以表示拱形槽的不可见轮廓线。

例 2.18　组合体三视图如图 2.3.58 所示,绘制正等轴测图。

用切割方式绘制正等轴测图步骤如图 2.3.59 所示。

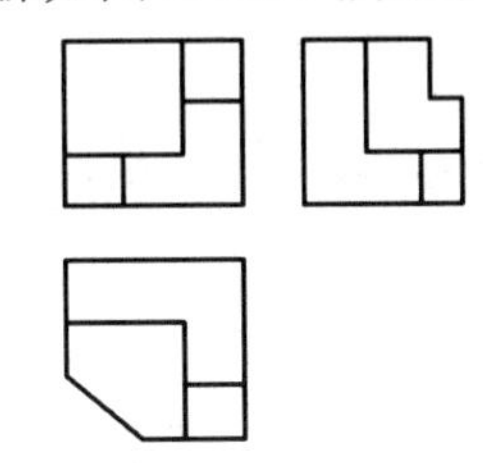

图 2.3.58

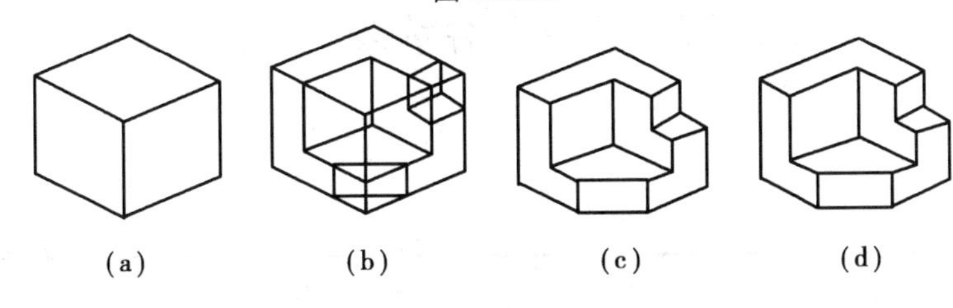

图 2.3.59　画正等轴测图

教师评估

序号	优　点	存在问题	解决方案
1			
2			
3			
4			
5			
教师签字:			

模块 3

机械制图方法

任务 1　机械零件的表达方法

任务目标

目标类型	目标要求
知识目标	1. 认知各种视图。 2. 认知剖视图和断面图。 3. 认知机件的简化画法。
能力目标	1. 能够绘制简单机件的基本视图、向视图、斜视图、局部视图，能识读中等复杂程度的各种视图。 2. 能够绘制简单机件的剖视图和断面图，并能识读中等复杂程度的剖视图和带简化画法的视图。
情感目标	1. 养成耐心细致的绘图习惯。 2. 养成相互交流沟通与合作的习惯。

任务内容

读一读：视图、剖视图、断面图、局部放大图与简化画法。

想一想：1. 基本视图与向视图有何区别？

2. 局部视图与局部剖视图有什么不同？

3. 剖视图与断面图有何区别？

任务实施

一、视图

1. 基本视图

基本投影面是指正六面体的6个面:前表面、后表面、上表面、下表面、左表面和右表面。

基本视图是指机件向基本投影面投射所得的视图。如图3.1.1(a)所示,将机件放到由6个基本投影面构成的投影体系中,分别向6个基本投影面投射所得到的6个视图,如图3.1.1(b)所示。

(1)6个基本视图的名称和投射方向

①主视图:由前向后投射所得的视图;

②俯视图:由上向下投射所得的视图;

③左视图:由左向右投射所得的视图;

④右视图:由右向左投射所得的视图;

⑤仰视图:由下向上投射所得的视图;

⑥后视图:由后向前投射所得的视图。

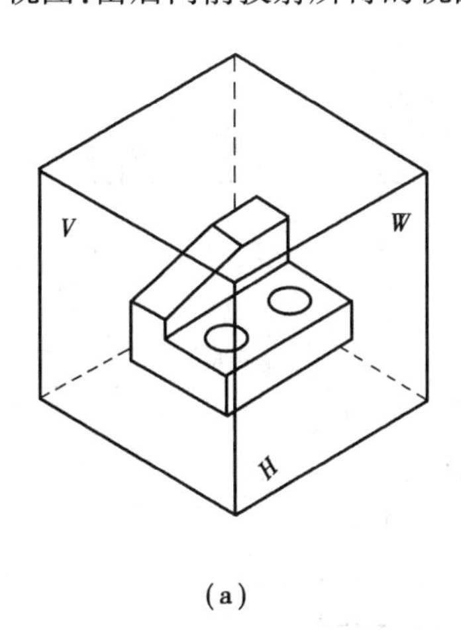

(a)

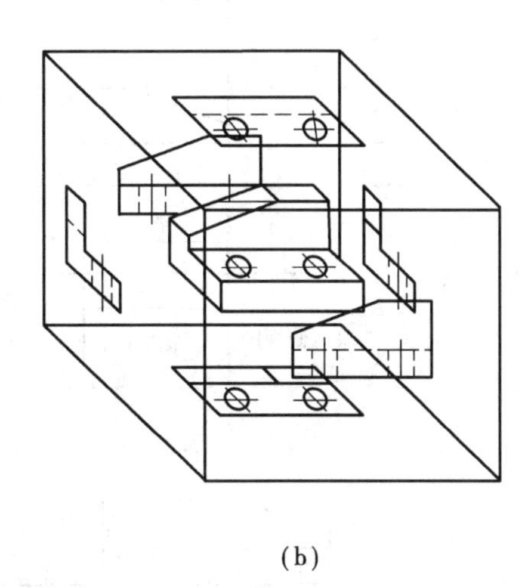

(b)

图3.1.1　基本视图的形成

(2)展开规则

投影后将空间6个基本投影面展开,展开的规则是:正面固定不动,其余5个投影面按下图中箭头所示方向旋转,直至与正面共面,如图3.1.2所示。

在机械图样中,6个基本视图的名称和配置关系如图3.1.3所示。符合图3.1.3的配置规定时,图样中一律不需加任何标注;6个基本视图仍保持“长对正、高平齐、宽相等”的三等关系。

实际画图时,无需将6个基本视图全部画出,应根据机件的复杂程度和表达需要,选用其中必要的几个基本视图。若无特殊情况,优先选用主、俯、左视图。

2. 向视图

向视图是可以自由配置的基本视图。当基本视图不能按规定位置配置时,可画成向视图,如图3.1.4所示的向视图 A、向视图 B 和向视图 C。

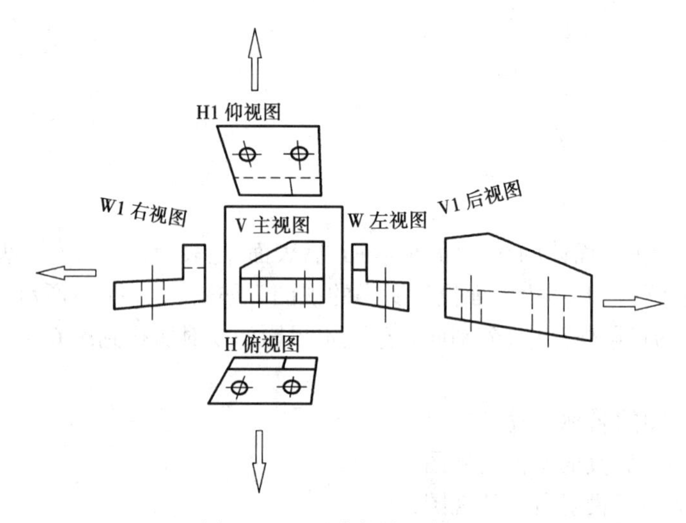

图 3.1.2　基本投影面的展开

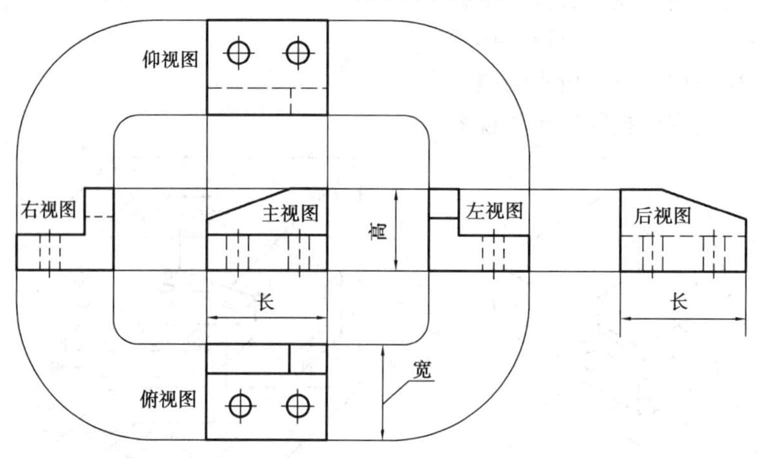

图 3.1.3　基本视图的配置

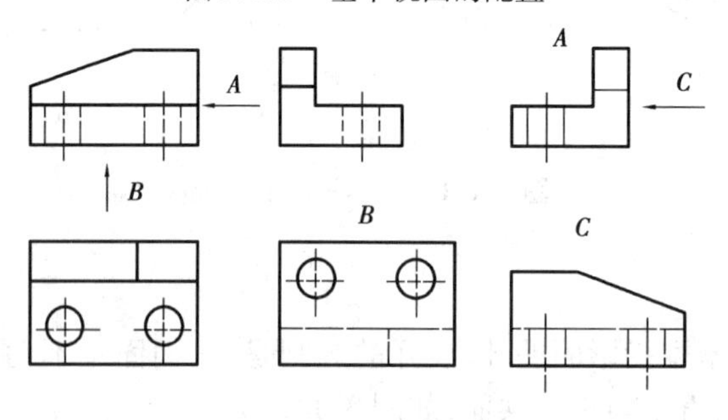

图 3.1.4　向视图及其标注

向视图应在向视图上方用大写拉丁字母标注视图的名称“×”,如“*A*”“*B*”等,并在相应的视图附近用箭头指明投射方向,并注上相同的字母。

3. 局部视图

局部视图是将机件的某一部分(即局部)向基本投影面投射所得的视图,如图 3.1.5 所示。

识读局部视图应注意:

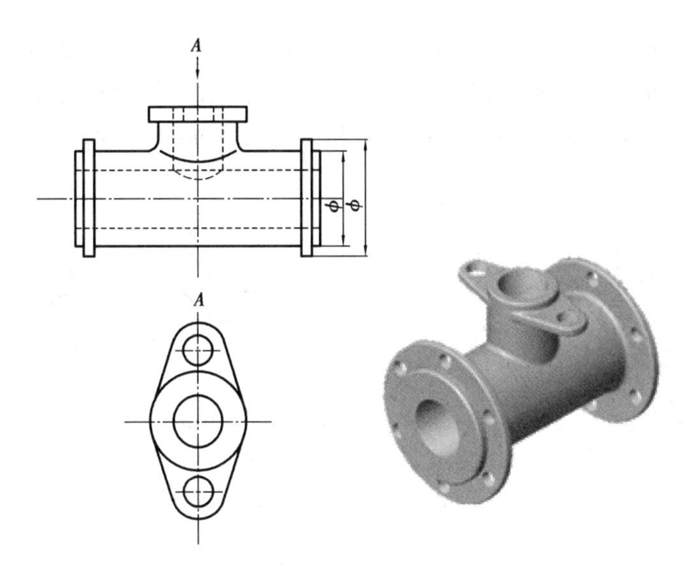

图3.1.5　局部视图

①画局部视图时,一般应在局部视图上方标注视图的名称“×”,“×”为大写拉丁字母,并在相应的视图附近用箭头指明投影方向,注上相同的拉丁字母,如图3.1.6所示。

②局部视图可按基本视图的位置配置,如图3.1.5所示。当局部视图按投影关系配置,中间有其他视图隔开时必须标注,如图3.1.6中的*B*局部视图。也可按向视图的配置形式配置,如图3.1.6中的*C*局部视图。

③局部视图的表达部分和被省略部分的断裂处一般应用波浪线表示,如图3.1.6中的*B*局部视图。但是当所表达部分的结构是完整的,其图形的外轮廓线又成封闭时,波浪线可省略不画,如图3.1.5和图3.1.6中的*C*局部视图。

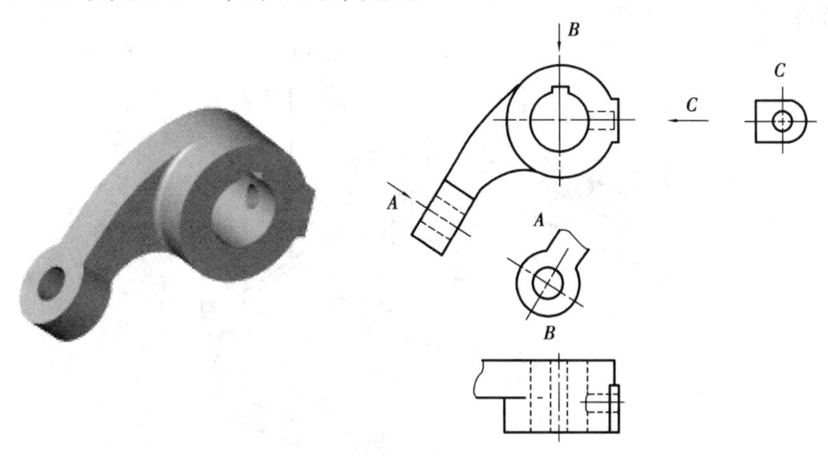

图3.1.6　局部视图

4. **斜视图**

斜视图是指机件向不平行于任何基本投影面(但垂直于某一基本投影面)的平面投射所得的视图。

斜视图只反映机件上倾斜结构的实形,其余部分省略不画。斜视图的断裂边界可用波浪线或双折线表示。

斜视图通常用带大写拉丁字母的箭头指明表达部位和投射方向。斜视图上方应注明斜视图的名称“×”;若将斜视图旋转配置时,应加注旋转符号,表示斜视图名称的大写拉丁字母应靠近旋转符号的箭头端,必要时,也允许将旋转角度注在字母之后,如图3.1.7所示。

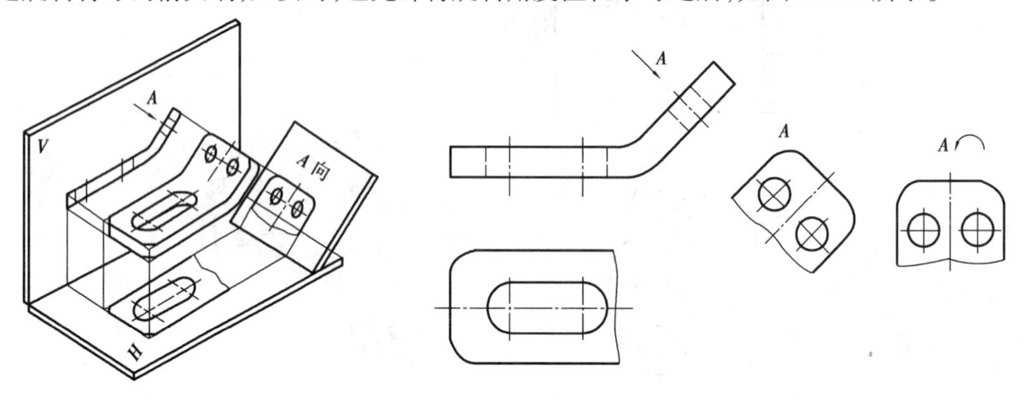

图3.1.7　斜视图

二、剖视图

1.剖视图的形成及画法

(1)剖视图的形成

假想用剖切面剖开机件,将处在观察者和剖切面之间的部分移去,而将其余部分全部向投影面投射所得的图形称为剖视图,简称剖视。

如图3.1.8所示,假想用一个剖切面(正平面)通过机件的前后对称平面进行剖切,这时机件被分为前后两部分。将观察者和剖切面之间的部分(前半部分)移去,而将其余部分向投影面投射,就得到如图3.1.8所示的剖视图。

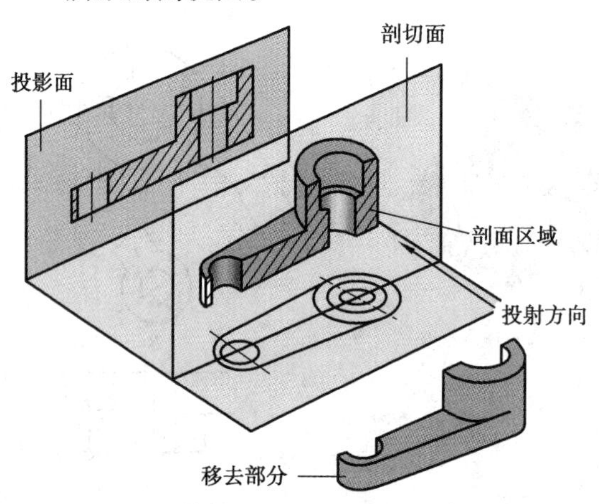

图3.1.8　剖视图的形成

(2)剖面符号

在剖视图中,剖切平面与机件接触的部分称为剖面区域。在剖面区域内应画上剖面符号。不同的材料有不同的剖面符号,有关剖面符号的规定见表1.2.4。

在绘制机械图样时,用得最多的是金属材料的剖面符号,其画法如图1.2.9所示。在同一张图纸上同一零件的剖面线方向、间隔应相同,如图3.1.9所示。

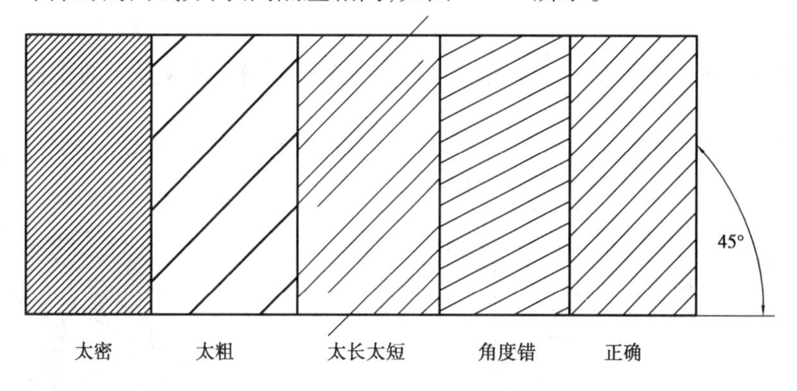

图3.1.9　剖面线绘制示例

小贴士:画剖视图的注意事项

①在剖切面后方的可见部分应全部画出,不能遗漏,也不能多画,如图3.1.10所示。

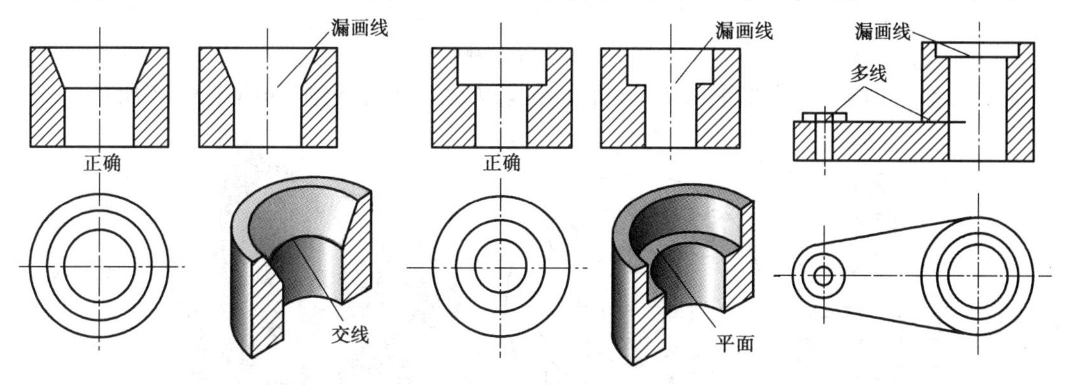

图3.1.10　漏线、多线示例

②剖视图是假想将机件剖开后得到的视图,故当机件的一个视图画成剖视后,其他视图仍应将机件完整地画出。

③剖视图中的虚线一般可省略不画。但如果画了少量虚线就可以减少视图数量而又不影响剖视的清晰时,也可画出必要的虚线,如图3.1.11所示。

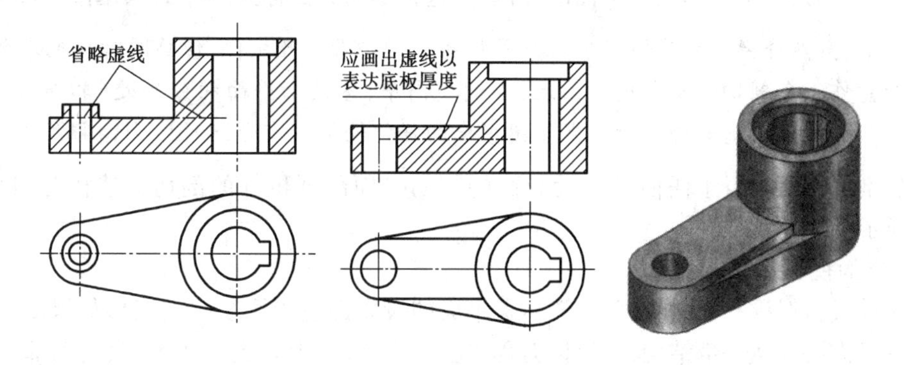

图3.1.11　剖视图中的虚线示例

2. 剖视图的种类

采用不同剖切面剖开机件时,得到的剖视图有全剖视图(旋转剖、阶梯剖、斜剖等)、半剖视图和局部剖视图三种。

(1)全剖视图

用剖切平面(一个或几个)完全地剖开机件所得的剖视图称为全剖视图,如图 3.1.12 所示。

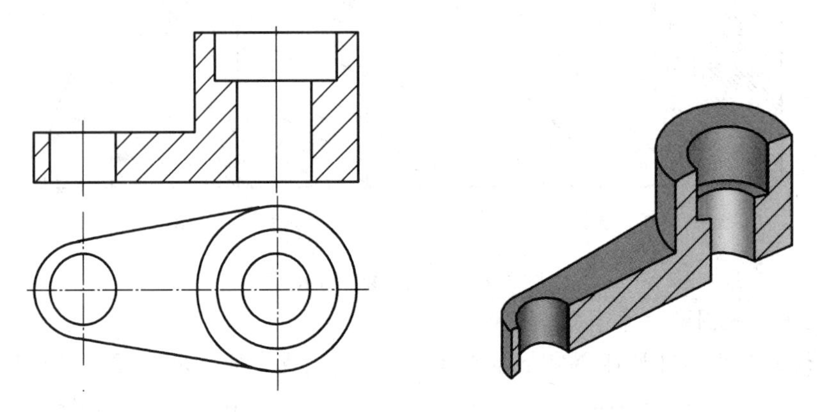

图 3.1.12　全剖视图

①旋转剖。用两相交剖切平面剖开机件的剖切方法称为旋转剖,如图 3.1.13 所示。

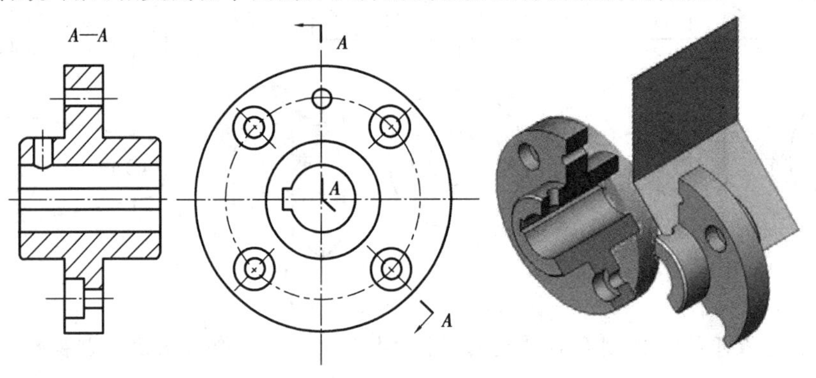

图 3.1.13　旋转剖

②阶梯剖。如果机件的内部结构较多,又不处于同一平面内,并且被表达结构无明显的回转中心时,可用几个平行的剖切平面剖开机件,这种剖切方法称为阶梯剖,如图 3.1.14 所示。

小贴士:虽然阶梯剖视是假想用几个平行的剖切平面剖开机件,但画图时应把几个平行的剖切平面看作一个剖切平面考虑。因此,在剖视图中,各剖切平面的分界处(转折处)不必用图线表示。并且应注意剖切符号不得与图形中的任何轮廓线重合,如图 3.1.14 所示。

③斜剖。用不平行于任何基本投影面的剖切平面剖开机件的剖切方法称为斜剖,如图 3.1.15所示。

(2)半剖视图

当机件具有对称平面时,在垂直于对称平面的投影面上投影所得的图形如果既需要表达内部结构又需要表达外部结构,可以以对称中心线为界,一半画成剖视图(表达内部结构),另一半画成视图(表达外部结构),这种组合的图形称为半剖视图,如图 3.1.16 所示。

画半剖视图时应注意以下几点:

①半个视图与半个剖视图的分界线用细点画线表示,而不能画成粗实线。

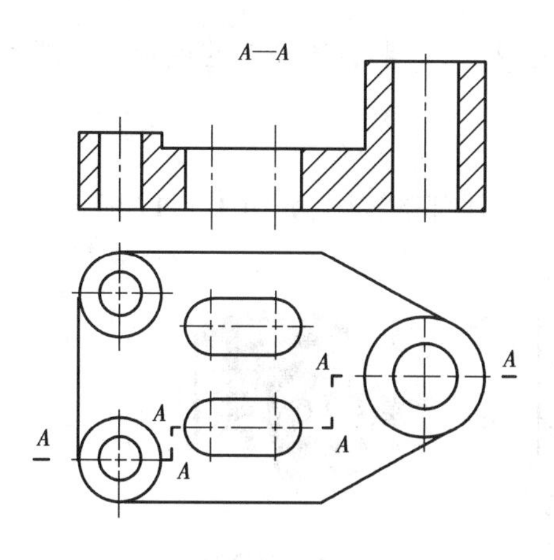

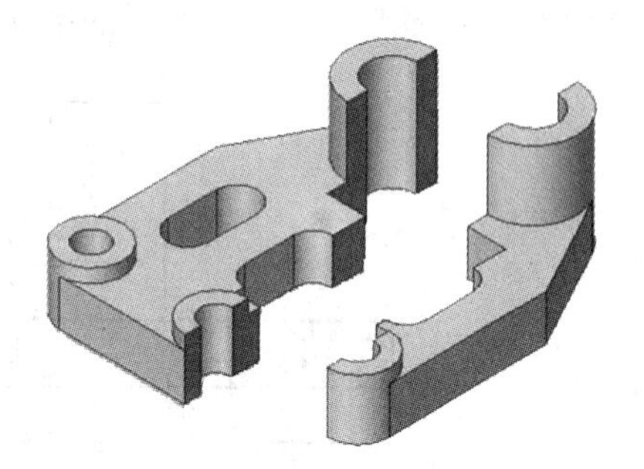

图3.1.14　阶梯剖

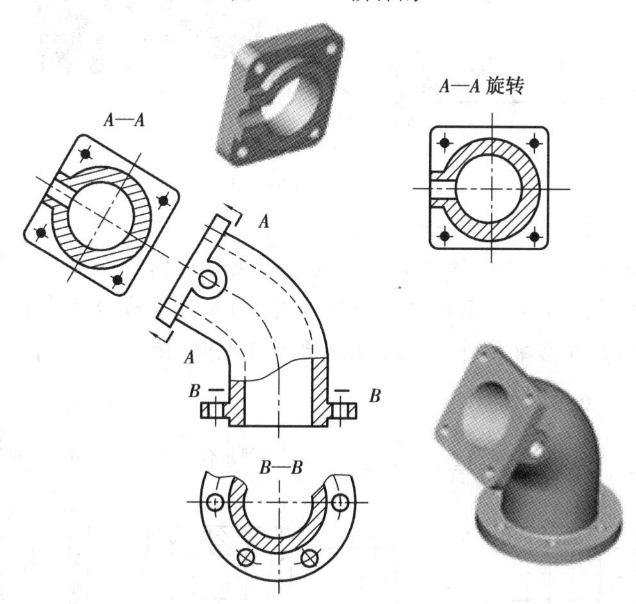

图3.1.15　斜剖

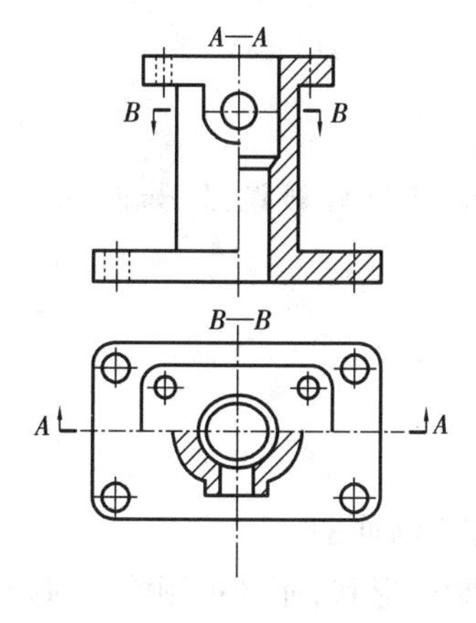

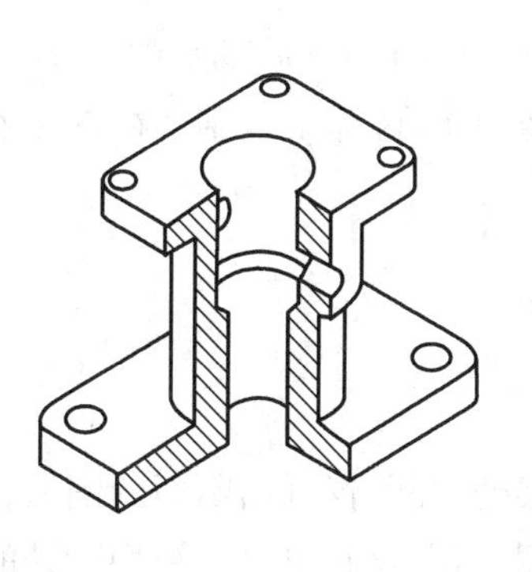

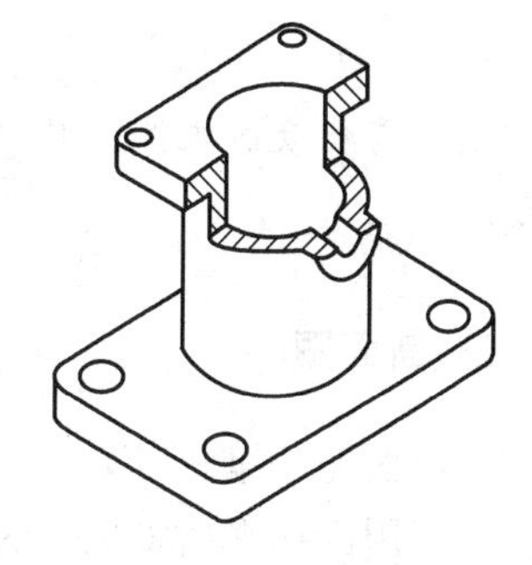

图3.1.16　半剖视图

②机件的内部形状已在半剖视图中表达清楚,在另一半表达外形的视图中一般不再画出细虚线。

(3)局部剖视图

用剖切平面局部地剖开机件所得的剖视图称为局部剖视图,如图 3.1.17 所示。

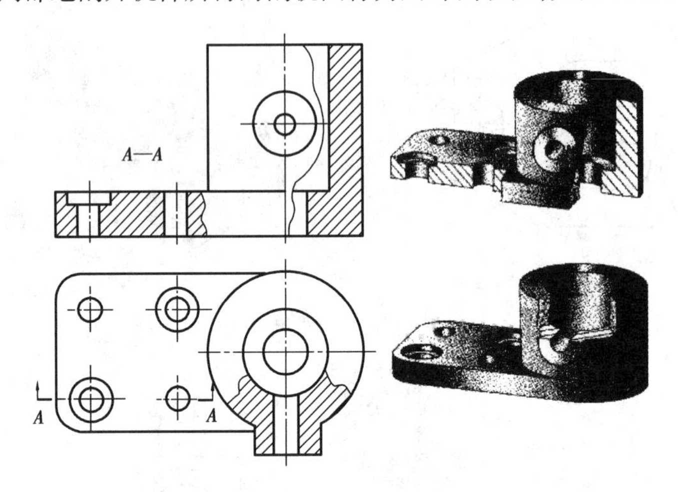

图 3.1.17　局部剖视图(一)

小贴士:画局部剖视图的注意事项如下:

①画局部剖视图时,剖切平面的位置与范围应根据机件需要而决定,剖开部分与视图之间的分界线用波浪线表示。波浪线表示机件断裂痕迹,因此波浪线应画在机件的实体部分,不能超出视图之外,不允许用轮廓线来代替,也不允许和图样上的其他图线重合,如图 3.1.18 所示。

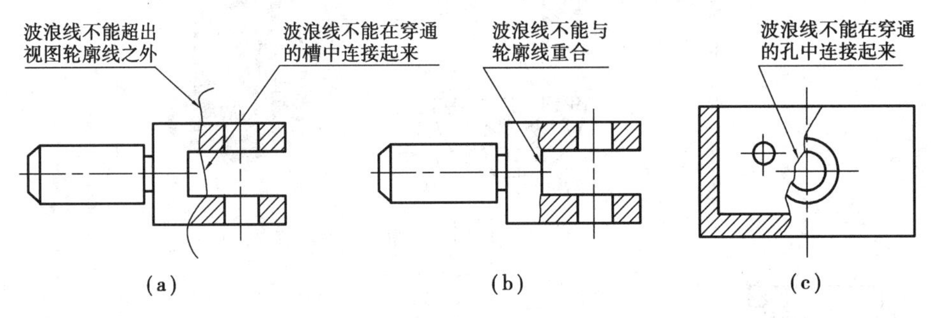

图 3.1.18　局部剖视图(二)

②只需要表达机件上局部结构的内部形状时,不必或不宜采用全剖视图,如图 3.1.19 所示。

三、断面图

1. 断面图的概念

假想用剖切平面将机件的某处切断,仅画出断面的图形,称为断面图。

断面图与剖视图的区别是:断面图仅画出机件被切断处的断面形状,而剖视图除了画出断面形状外,还要画出断面后的可见轮廓线,如图 3.1.20 所示。

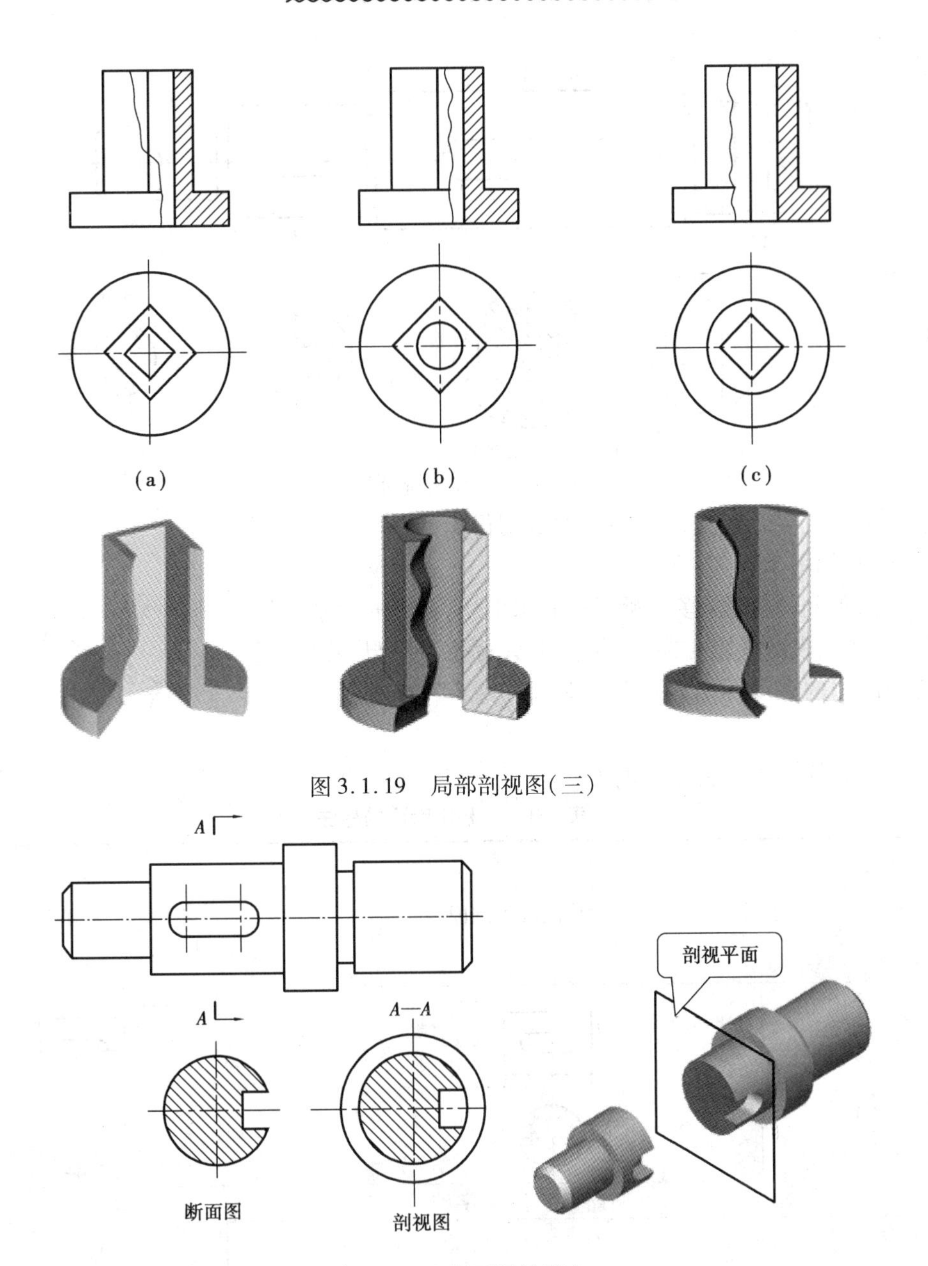

图 3.1.19　局部剖视图(三)

图 3.1.20　断面图的概念

2. 断面图的分类及其画法

(1)移出断面图

断面图配置在视图轮廓线之外,称为移出断面。移出断面的轮廓线规定用粗实线绘制,并尽量配置在剖切符号的延长线上,也可画在其他适当位置,如图 3.1.21 所示。

画移出断面图时,应注意以下几点:

①当剖切平面通过由回转面形成的孔或凹坑的轴线时,断面图形应画成封闭图形,如图 3.1.21 中 *A*—*A*,*B*—*B*。

②当剖切平面通过非圆孔,会导致出现完全分离的两个断面时,则这些结构应按剖视绘制,如图 3.1.21 第三个断面图所示。

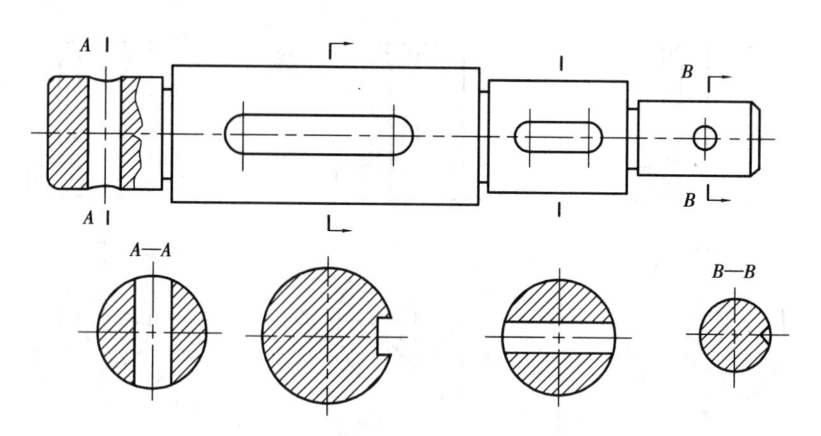

图 3.1.21　移出断面图(一)

③由两个或多个相交的剖切平面剖切得出的移出断面，中间一般应断开，如图 3.1.22 所示。

图 3.1.22　移出断面图(二)

④移出断面的标注：移出断面一般用剖切符号表示剖切的起止位置，用箭头表示投影方向，并标注上大写拉丁字母，在断面图的上方用同样的字母标出相应的名称"×—×"，如图 3.1.21 中 B—B。

移出断面的标注方法详见表 3.1.1。

表 3.1.1　移出断面的标注

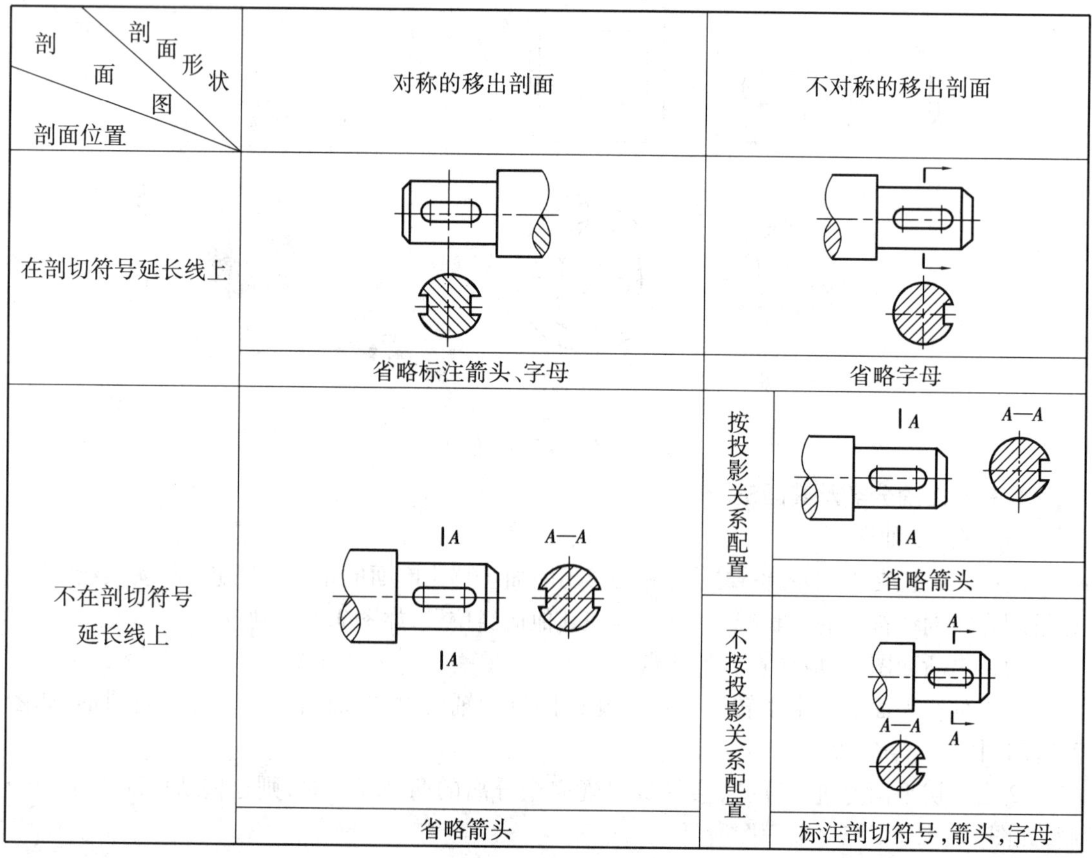

剖面图 剖面形状 / 剖面位置	对称的移出剖面		不对称的移出剖面
在剖切符号延长线上	省略标注箭头、字母		省略字母
不在剖切符号延长线上	省略箭头	按投影关系配置	省略箭头
		不按投影关系配置	标注剖切符号，箭头，字母

(2)重合断面

画在视图轮廓线之内的断面图称作重合断面图。由于重合断面与原视图重叠,所以只有在所画断面图形简单、不影响视图清晰的前提下才宜采用。

重合断面图的轮廓线用细实线绘制,当视图中的轮廓线与重合断面的图形重叠时,视图中的轮廓线仍需完整、连续地画出,不可间断,如图 3.1.23 所示。配置在剖切符号上的不对称重合断面应用箭头表示投影方向,如图 3.1.23(a)所示。对称的重合断面图不必标注,如图 3.1.23(b)所示。

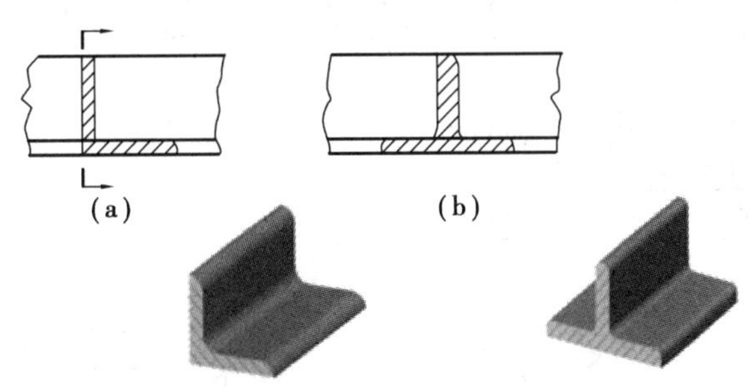

图 3.1.23 重合断面图

四、局部放大图和简化画法

1. 局部放大图

将机件的部分结构用大于原图形所采用的比例画出的图形称为局部放大图。它用于机件上较小结构的形状表达和尺寸标注,如图 3.1.24 所示。局部放大图可以画成视图、剖视、断面的形式,与被放大部位的表达形式无关。图形所用的放大比例应根据结构需要而选定,与原图形所采用的比例无关。

局部放大图的标注方式:在被放大部位用细实线圈出,用指引线依次注上罗马数字,在局部放大图的上方用分数形式标注相应的罗马数字和所采用的比例,如图 3.1.24 所示。当机件上被放大的部分仅一个时,只需在局部放大图的上方注明所采用的比例。

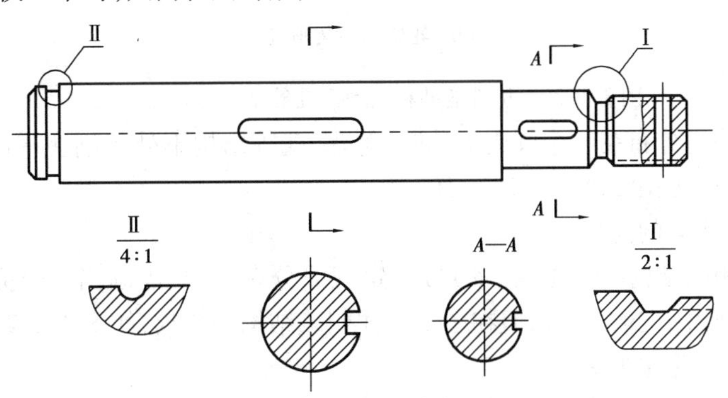

图 3.1.24 局部放大图

2. 简化画法

(1)剖视图中的简化画法

①对于机件的肋、轮辐、薄壁等实心圆杆状及板状结构,如按纵向剖切(即剖切平面与肋、

轮辐或薄壁厚度方向的对称平面重合或平行)，这些结构不画剖面符号，而用粗实线将它与其邻近部分分开，如图 3.1.25 所示。

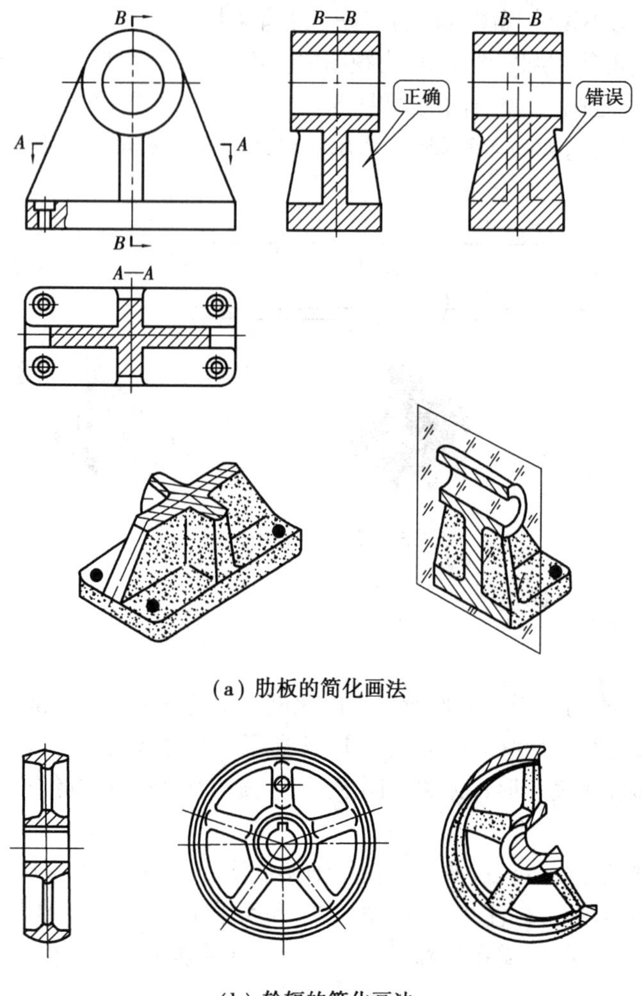

(a) 肋板的简化画法

(b) 轮辐的简化画法

图 3.1.25　机件的肋板、轮辐、孔等结构的画法(一)

②当机件上均匀分布在一个圆周上的肋、轮辐、孔等结构不处于剖切平面上时，可将这结构旋转到剖切平面上画出，如图 3.1.26 所示。

(2)相同结构要素的简化画法

机件上若干相同结构(齿、槽、孔等)按一定规律分布时，只需画出几个完整的结构，其余用细实线连接或画出中心线位置，但在图上应注明该结构的总数，如图 3.1.27 所示。

(3)较小结构的简化画法

对于机件上较小结构，如已有其他图形表示清楚，且又不影响读图时，可不按投影而按简化画法画出或省略。如图 3.1.28(a)所示的斜度不大时可按小端画出。图 3.1.28(b)中主视图所示为较小结构相贯线的简化画法，用直线代替了曲线；俯视图中锥孔的投影按照投影规律应有四条曲线，这里简化为只画出大、小端两条曲线的近似投影。图 3.1.28(c)所示为与投影面倾斜角度小于或等于 30°的斜面上的圆或圆弧，其投影可以用圆或圆弧代替等。

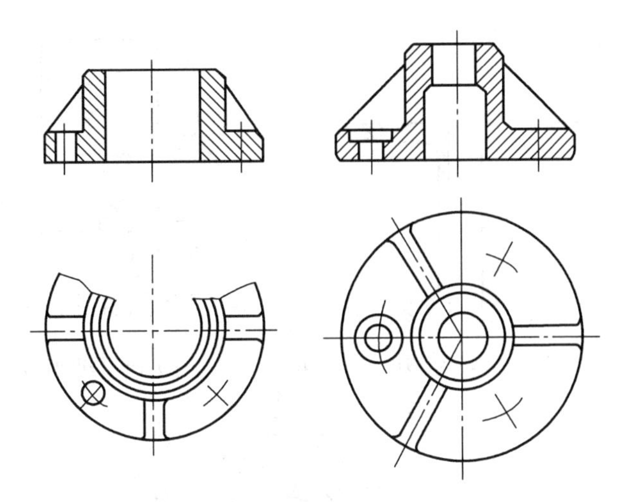

图3.1.26　机件的肋板、轮辐、孔等结构的画法(二)

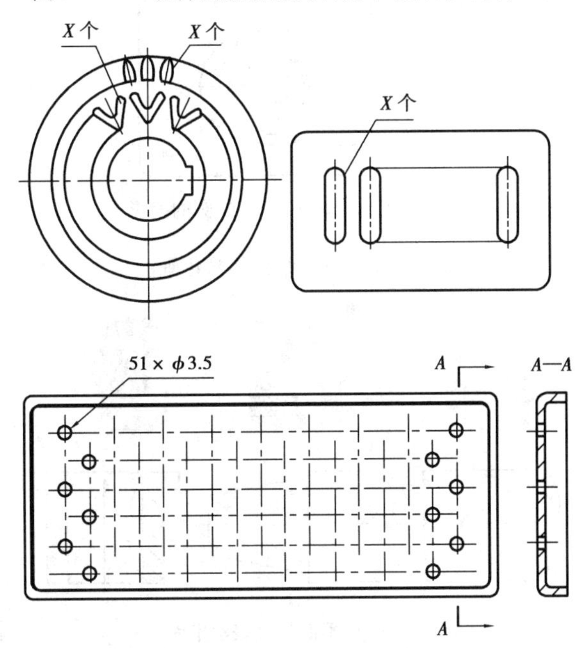

图3.1.27　按规律分布的等直径孔

(4)平面及网纹画法

当图形不能充分表示平面时,可用平面符号(相交细实线)表示,如图3.1.29(a)所示。机件上的滚花部分可在轮廓线附近用细实线示意画出,如图3.1.29(b)所示。

(5)对称机件的简化画法

在不致引起误解时,对于对称机件的视图可只画一半或四分之一,并在图形对称中心线的两端分别画两条与其垂直的平行细实线(细短画),如图3.1.30(a)、(b)、(c)所示。也可画出略大于一半并以波浪线为界线的圆,如图3.1.30(d)所示。

(6)断裂画法

对于较长的机件,沿长度方向的形状若按一定规律变化时,可断开后缩短绘制,如图3.1.31所示。但要注意,采用这种画法时,尺寸应按实际长度数值标注。

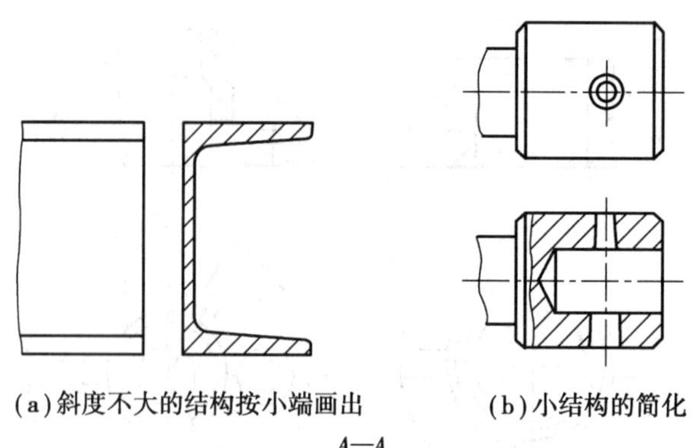

(a)斜度不大的结构按小端画出　　(b)小结构的简化

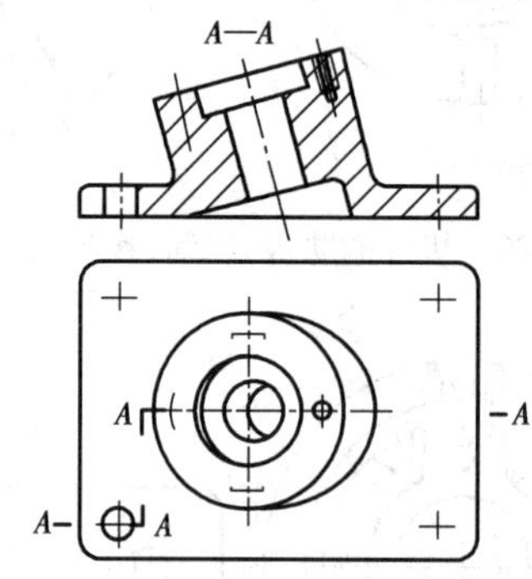

(c)小于或等于30°的圆的投影

图 3.1.28　较小结构的简化画法

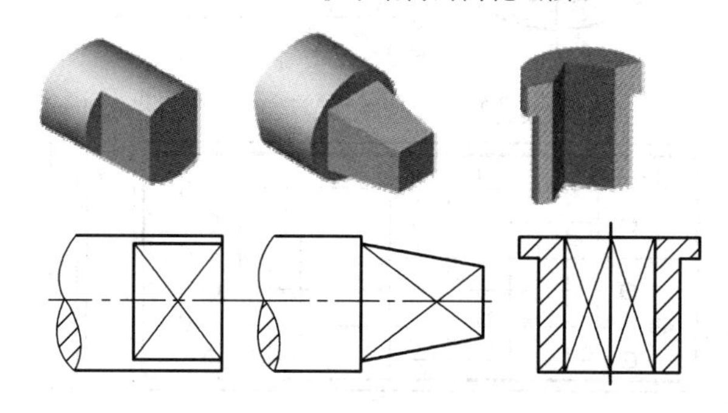

(a)用平面符号表示平面

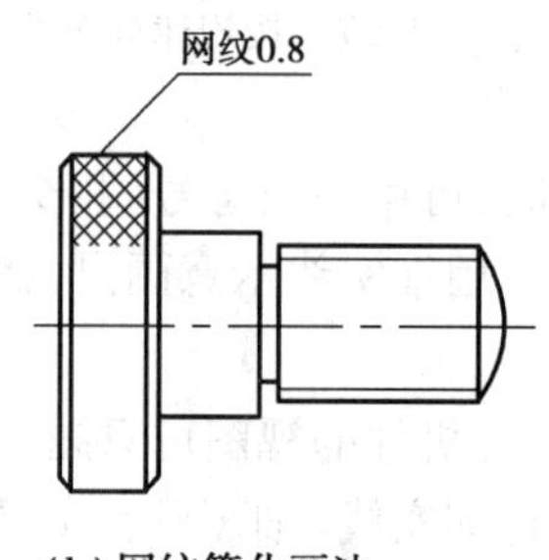

(b)网纹简化画法

图 3.1.29　平面及网纹简化画法

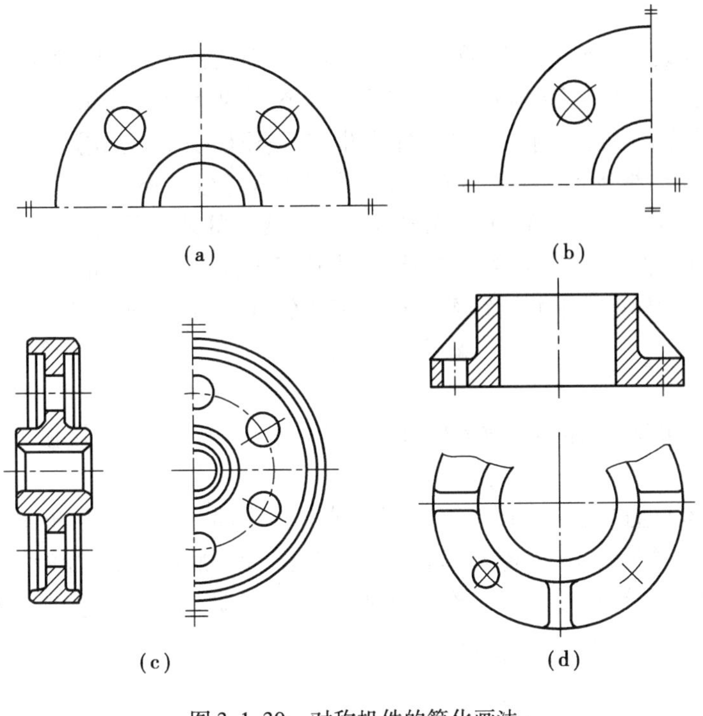

图3.1.30　对称机件的简化画法

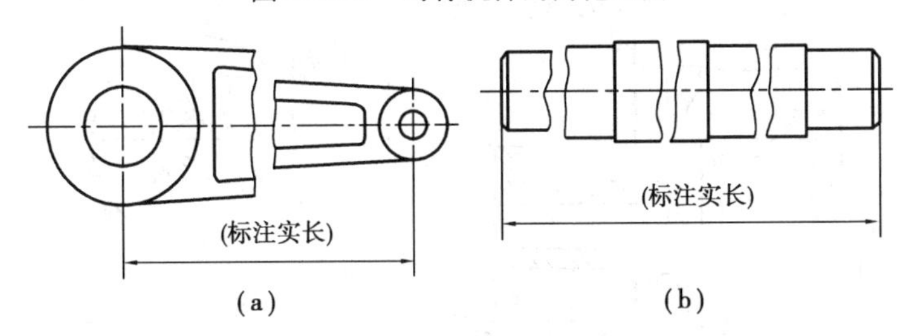

图3.1.31　长机件的简化画法

五、表达方法综合应用举例

以图3.1.32阀体为例,说明表达方法的综合运用。

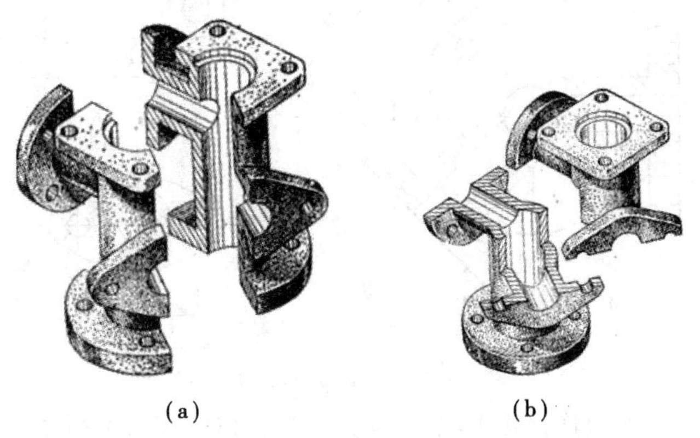

图3.1.32　阀体

1. **图形分析**

阀体的表达方案共有 5 个图形：两个基本视图（全剖主视图 *B—B*、全剖俯视图 *A—A*）、一个局部视图（*D* 向）、一个局部剖视图（*C—C*）和一个斜剖的全剖视图（*E—E* 旋转）。

B—B 主视图是采用旋转剖画出的全剖视图，表达阀体的内部结构形状；*A—A* 俯视图是采用阶梯剖画出的全剖视图，着重表达左、右管道的相对位置，还表达了下连接板的外形及 $4\times\phi5$小孔的位置。*C—C* 局部剖视图，表达左端管连接板的外形及其上 $4\times\phi4$ 孔的大小和相对位置。*D* 向局部视图，相当于俯视图的补充，表达了上连接板的外形及其上 $4\times\phi6$ 孔的大小和位置。因右端管与正投影面倾斜 45°，所以采用斜剖画出 *E—E* 全剖视图，以表达右连接板的形状。

2. **形体分析**

由图形分析中可见，阀体的构成大体可分为管体、上连接板、下连接板、左连接板、右连接板 5 个部分。

管体的内外形状通过主、俯视图已表达清楚，它是由中间一个外径为 36、内径为 24 的竖管，左边一个距底面 54、外径为 24、内径为 12 的横管，右边一个距底面 30、外径为 24、内径为 12、向前方倾斜 45°的横管三部分组合而成。3 段管子的内径互相连通，形成有 4 个通口的管件。

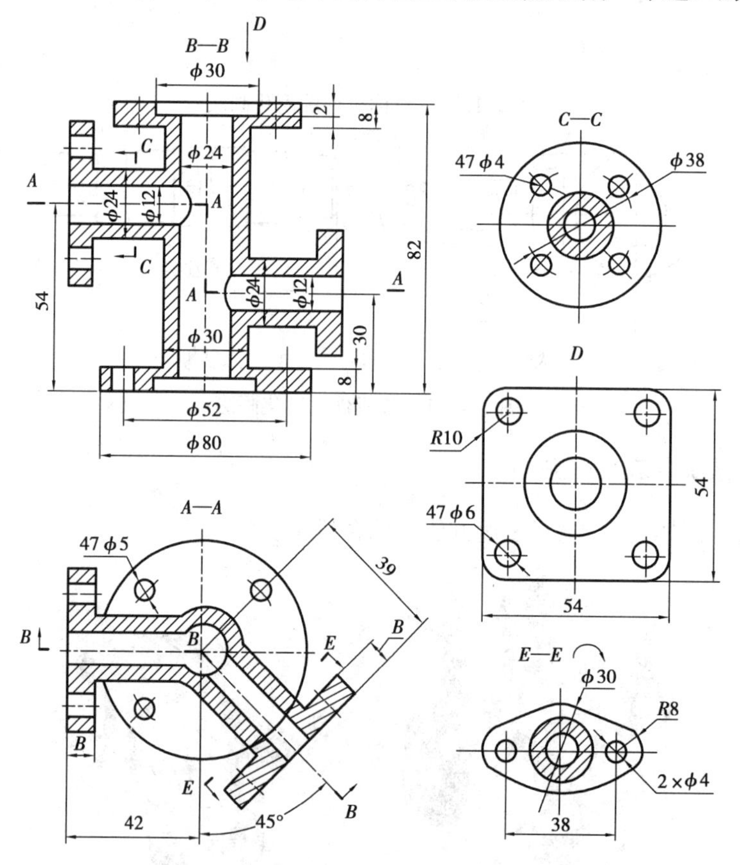

图 3.1.33　阀体的表达

阀体的上、下、左、右 4 块连接板形状大小各异，这可以分别由主视图以外的 4 个图形看清它们的轮廓，它们的厚度为 8 。

通过分析形体，想象出各部分的空间形状，再按它们之间的相对位置组合起来，便可想象出阀体的整体形状。

教师评估

序号	优　点	存在问题	解决方案
1			
2			
3			
教师签字：			

任务2　标准件和常用件的特殊表示方法

任务目标

目标类型	目标要求
知识目标	1. 认知常见的标准件、常用件。 2. 认知常见的标准件、常用件的绘图方法。
能力目标	1. 能正确绘制常见的标准件、常用件。 2. 会查相关国家标准表。
情感目标	1. 懂得标准件是各种机械设备通用的零件，使用标准件可以大幅降低成本。 2. 培养学生树立耐心细致的画图习惯和严肃认真的工作作风。

任务内容

读一读：标准件是国家制定了相关规定，对其形状、尺寸、标记和画法都作了统一规定的零件，如螺钉、螺栓、双头螺柱、螺母、垫圈、键、销和滚动轴承等。其零件图一般不需要绘制，只在装配图中按规定画法绘制即可。

常用件是机械设备中常用的零件，如齿轮、弹簧等。它们的部分结构已标准化、系列化，如齿轮的轮齿部分。其零件图仍需画出，其标准部分按规定画法绘制。

非标准件是根据机械设备专门需要而设计的零件，需要准确绘制其零件图。

想一想：生活中哪些地方用到了螺钉、螺母、齿轮等。

做一做：到五金商店，能否买到生活中用到的螺钉、螺母等。问一问老板，有没有直径为 7 mm、11 mm、13 mm 的螺栓、螺母等。为什么？

任务实施

一、螺纹及螺纹连接

1. 螺纹

(1)概念

螺纹是指在圆柱或圆锥表面上,沿着螺旋线所形成的具有相同剖面(如三角形、梯形等)的连续凸起和沟槽。在圆柱或圆锥外表面上形成的螺纹称外螺纹,如图 3.2.1(a)所示;在圆柱或圆锥内表面上形成的螺纹称内螺纹,如图 3.2.1(b)所示。

(2)作用

螺纹用于连接零件或传递动力。

(3)类型

螺纹有连接螺纹、管螺纹和传动螺纹。

(4)基本要素

螺纹各部分名称如图 3.2.1 所示。

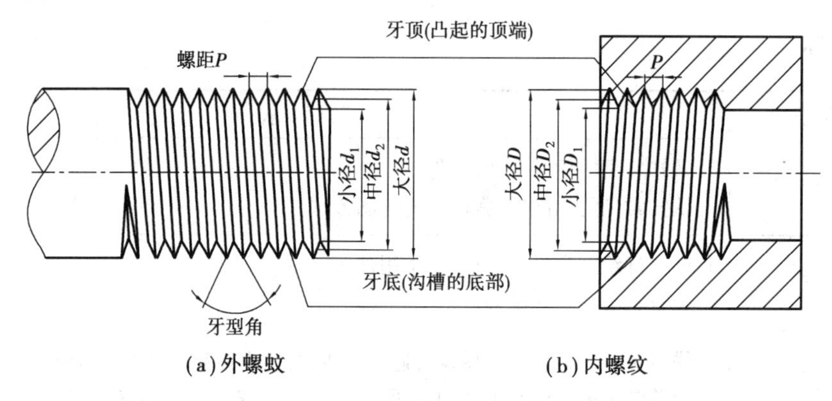

图 3.2.1　螺纹各部分名称

螺纹的基本要素有:牙型、螺纹直径、螺距、螺纹线数和旋向。内外螺纹配合时,两者的五要素必须相同。

①牙型。通过螺纹轴线的剖面上,螺纹的轮廓形状称为牙型。常见的牙型有三角形(见图 3.2.1)、梯形、锯齿形等。

②螺纹直径。螺纹的直径有大径(d、D)、中径(d_2、D_2)和小径(d_1、D_1),如图 3.2.1 所示。

小贴士:大写字母是内螺纹的代号,小写字母是外螺纹的代号。

大径是指与外螺纹牙顶或内螺纹牙底相切的假想圆柱或圆锥的直径,也称螺纹的公称直径。

小径是指与外螺纹牙底或内螺纹牙顶相切的假想圆柱或圆锥的直径。

中径是指通过牙型上沟槽和凸起宽度相等处的一个假想圆柱的直径。

③螺纹线数(n)。螺纹的线数是指在同一段回转体上所加工出的螺纹的条数。

螺纹有单线和多线之分,沿一条螺旋线形成的螺纹称为单线螺纹;沿两条或两条以上螺旋线形成的螺纹称为多线螺纹。

④螺距(P)和导程(P_h)

螺纹相邻两牙在中径线上对应两点间的轴向距离称为螺距;同一条螺旋线上的相邻两牙在中径线上对应两点间的轴向距离称为导程,如图3.2.2所示。单线螺纹的导程等于螺距;多线螺纹的导程等于线数乘螺距。即:$P_h = P \times n$

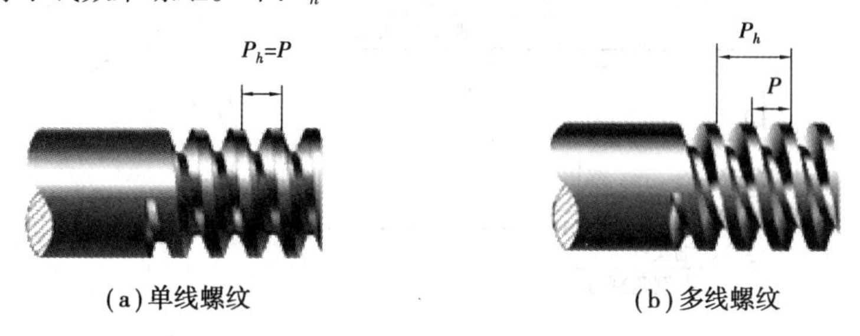

(a)单线螺纹　(b)多线螺纹

图3.2.2　螺距与导程

⑤螺纹旋向。螺纹按旋进的方向不同,可分为右旋和左旋两种。沿轴线方向看,顺时针方向旋入的螺纹为右旋螺纹,逆时针方向旋入的螺纹为左旋螺纹。

判别螺纹旋向方法:可将外螺纹轴线垂直放置,若螺纹螺旋线右高左低则为右旋螺纹,左高右低则为左旋螺纹,如图3.2.3所示。

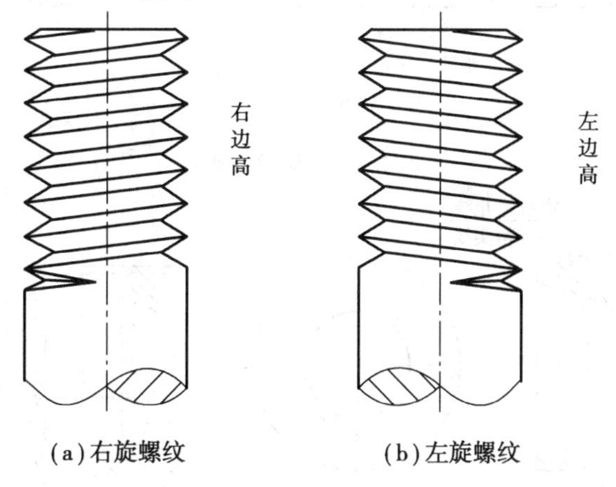

(a)右旋螺纹　(b)左旋螺纹

图3.2.3　螺纹的旋向

小贴士:右旋螺纹为常用的螺纹。

(5)螺纹的规定画法

螺纹的表面是不易画出的曲面,而螺纹的形状、大小取决于螺纹的要素,所以在实际生产中不必画出螺纹的真实投影图。为了简化作图,机械制图国家标准规定了螺纹的画法。

①外螺纹的画法。螺纹的牙顶(大径)和螺纹终止线用粗实线表示;牙底(小径)用细实线表示(小径近似等于大径0.85倍),螺杆的倒角或倒圆部分也应画出。在垂直于螺纹轴线的投影面的视图中,表示牙底圆(小径)的细实线圆只画约3/4圈(推荐空出左下方1/4圈),此时螺杆上的倒角投影省略不画,如图3.2.4所示。

②内螺纹的画法。内螺纹常用剖视图表示。在剖视图或断面图中,螺纹牙顶(小径)和螺纹终止线用粗实线表示;牙底(大径)用细实线表示,剖面线画到粗实线处。在垂直于螺孔轴线的投影面的视图中,牙顶圆(小径)用粗实线表示,牙底圆(大径)的细实线圆只画约3/4圈,此时孔口的倒角省略不画,如图3.2.5(a)所示。绘制不穿孔的螺孔时,一般应将钻孔深度与

螺纹部分的深度分别画出，底部的锥顶角应按 120°画出，如图 3.2.5(b)所示。不可见螺纹的所有图线用虚线绘制，如图 3.2.5(c)所示。当需要表示螺纹牙型时，可采用剖视或局部放大图画出几个牙型，如图 3.2.5(d)所示。

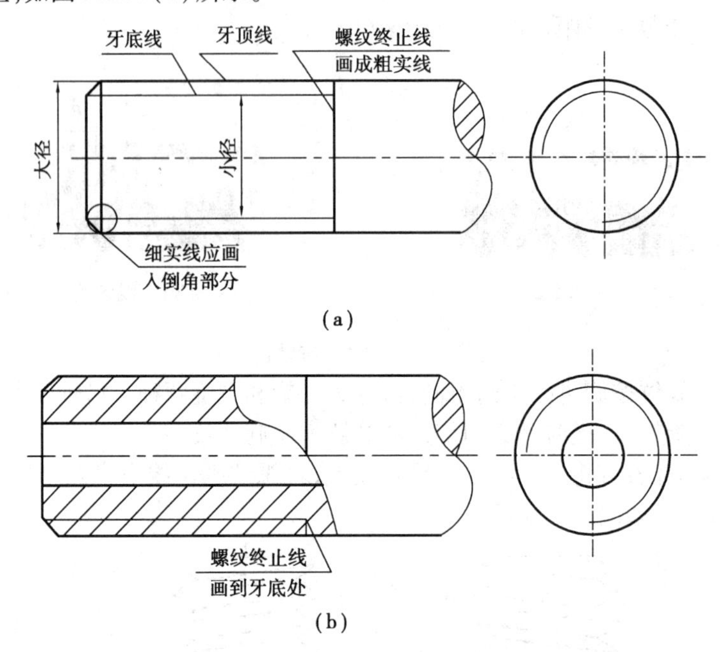

图 3.2.4　外螺纹的画法

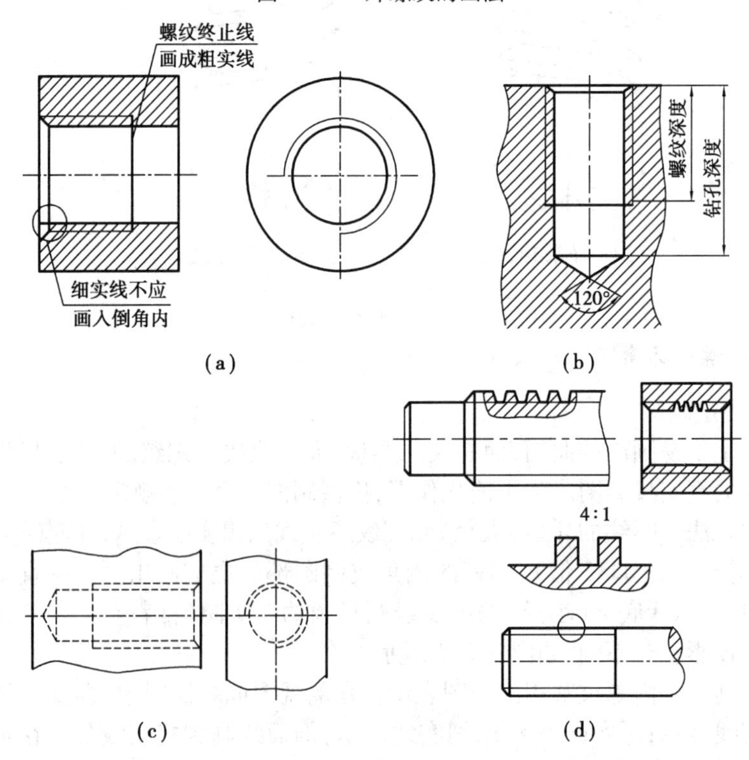

图 3.2.5　内螺纹的画法

③内外螺纹连接(配合)的画法。以剖视表示内、外螺纹的连接时,其旋合部分应按外螺纹的画法绘制,其余部分仍按各自的画法表示,表示内、外螺纹的粗实线与细实线应分别对齐,如图3.2.6所示。

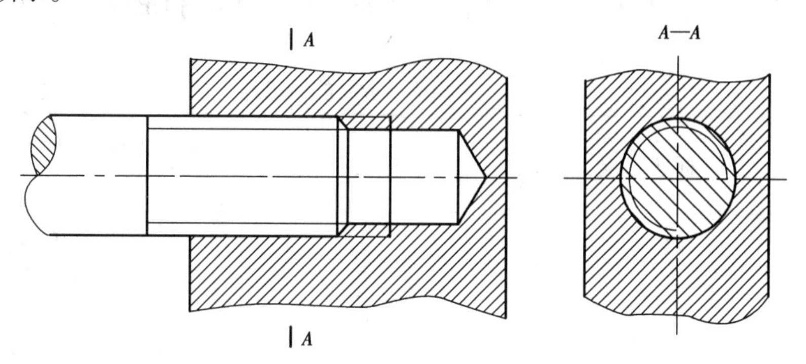

图3.2.6　螺纹连接的画法

(6)螺纹的标注规定

绘制螺纹图样时,必须按照国家标准所规定的标记进行标注。

常用螺纹的标注规定:普通螺纹应用最广泛,它的标记由三部分组成,即螺纹代号、公差带代号和旋合长度代号,每部分用横线隔开。其中,螺纹代号又包括特征代号(见表3.2.1)、公称直径、螺距和旋向。

其标记格式为:

[螺纹特征代号] [公称直径] × [螺距] [旋向—中径公差带代号] [顶径公差带代号]—[旋合长度代号]

例3.1　标记M20×1.5LH-5g6g-S,其含义为:

M——普通三角形外螺纹。

20——公称直径为20 mm 。

1.5——细牙螺距1.5 mm。

LH——左旋。

5g——中径公差带代号。

6g——顶径公差带代号。

S——短旋合长度。

小贴士:从"5g6g"中的小写字母"g"就可判断该螺纹是外螺纹。如果是大写字母,则为内螺纹。

当遇到有以下情况时,其标注可以简化:

①普通螺纹的螺距有粗牙和细牙之分,粗牙螺距不注,细牙必须注出螺距。(粗牙与细牙,可根据公称直径查附表1可知)

②右旋螺纹不注旋向,左旋螺纹用"LH"注出(所有螺纹旋向的标记均与此相同)。

③中、顶径公差带代号分别由公差等级数字和基本偏差字母组成(如6g、6H),当中径、顶径公差带代号相同时,则只标注一个代号。

④内、外螺纹装配在一起时,其公差带代号用斜线隔开,左边为内螺纹、右边为外螺纹的公差带代号。

⑤旋合长度分为短(S)、中(N)、长(L)三种,传动螺纹分为中(N)、长(L)两种。若采用中

等旋合长度,N 可省略不注。特殊需要时可注明旋合长度的数值。

各种常用的螺纹标记见表 3.2.1。

读一读:标准螺纹的上述标记,在图样上进行标注时必须遵循 GB/T 4459.1 的规定,其标注方法见表 3.2.2。

表 3.2.1 常用标准螺纹的标记方法

螺纹类别	标准编号	特征代号	标记示例	螺纹副标记示例	说 明
普通螺纹	GB/T 197-2003	M	M8 × 1-LH M16 × P_h6P2-5g6g-L	M20-6H/5g6g	粗牙不注螺距,左旋时尾加“-LH”; 中等公差精度(如6H、6g)不注公差带代号; 中等旋合长度不注N(下同); 多线时注出 P_h(导程)、P(螺距)。
小螺纹	GB/T 5054.4-1994	S	S0.8-4H5 S1.2LH-5h3	S0.9-4H5/5h3	标记中末位的 5 和 3 为顶径公差等级,顶径公差带位置仅有一种,故只注等级,不注位置。
梯形螺纹	GB/T 3796.4-2005	Tr	Tr40 × 7-7h Tr40 × 14(P7)LH-7e	Tr36 × 6-7H/7c	公称直径一律用外螺纹的基本大径表示;仅需给出中径公差带代号;无短旋合长度。
锯齿形螺纹	GB/T 13576-1992	B	B40 × 7-7a B40 × 14(P7)LH-8c-L	B40 × 7-7A/7c	
55°非密封管螺纹	GB/T 7307-2001	G	G1$^1/_2$A G1/2-LH	G1$^1/_2$A	外螺纹需注出公差等级 A 或 B;内螺纹公差等级只有一种,故不注;表示螺纹副时,仅需标注外螺纹的标记。

续表

螺纹类别		标准编号	特征代号	标记示例	螺纹副标记示例	说　明
55°密封管螺纹	圆锥外螺纹	GB/T 7306.1-2000	R_1	R_13	R_P/R_13	内、外螺纹均只有一种公差带，故不注；表示螺纹副时，尺寸代号只注写一次。
	圆柱内螺纹		R_P	$R_P1/2$		
	圆锥外螺纹	GB/T 7306.2-2000	R_2	$R_23/4$	$R_C/R_23/4$	
	圆锥内螺纹		R_C	$R_C1^1/_2$-LH		

表 3.2.2　螺纹的标注方法

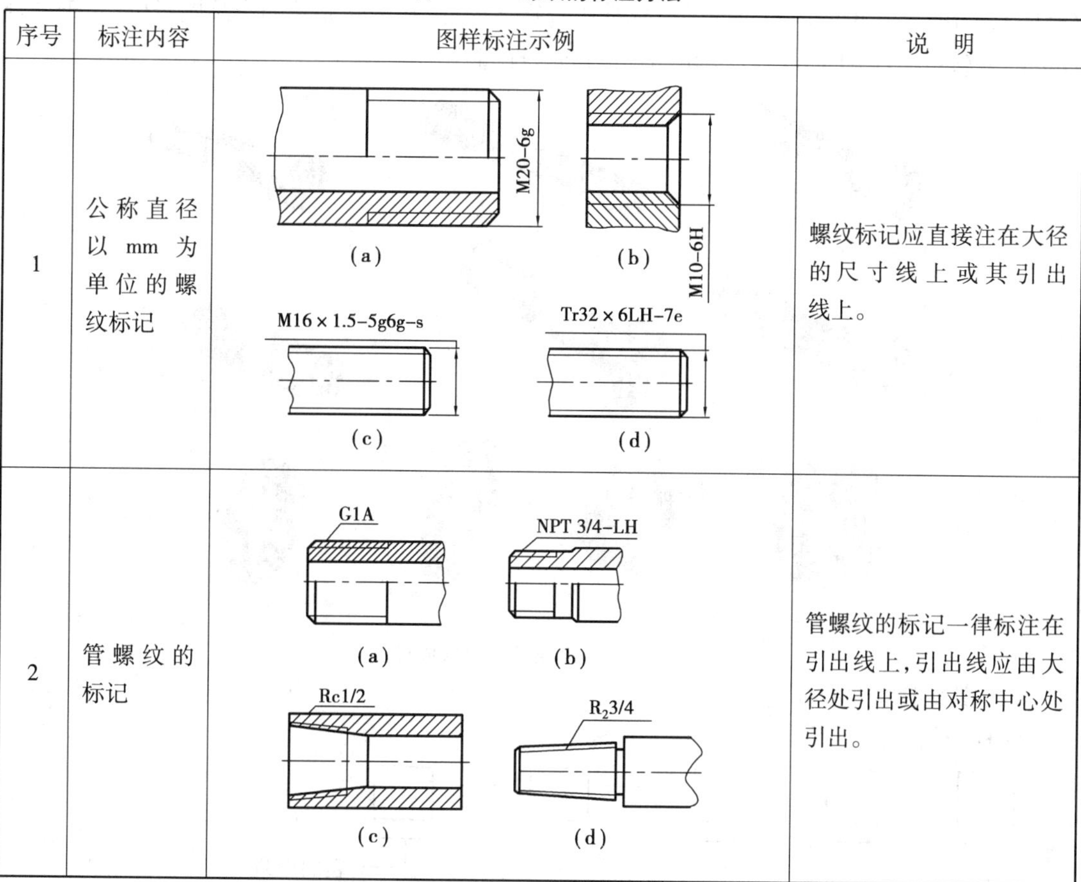

序号	标注内容	图样标注示例	说　明
1	公称直径以 mm 为单位的螺纹标记	M20-6g (a) M10-6H (b) M16×1.5-5g6g-s (c) Tr32×6LH-7e (d)	螺纹标记应直接注在大径的尺寸线上或其引出线上。
2	管螺纹的标记	G1A (a) NPT 3/4-LH (b) Rc1/2 (c) $R_23/4$ (d)	管螺纹的标记一律标注在引出线上，引出线应由大径处引出或由对称中心处引出。

续表

序号	标注内容	图样标注示例	说　明
3	螺纹长度		图样中标注的螺纹长度，均指不包括螺尾在内的有效螺纹长度，否则应另加说明或按实际需要标注。

2. **螺纹紧固件及其连接画法**

常用的螺纹紧固件有螺栓、双头螺柱、螺钉、螺母、垫圈等，如图 3.2.7 所示。它们均为标准件，其结构、尺寸可以从相应的国家标准中查得。因此，在一套完整的产品图样中，对于符合标准的螺纹紧固件，不需要再详细画出它们的零件图。

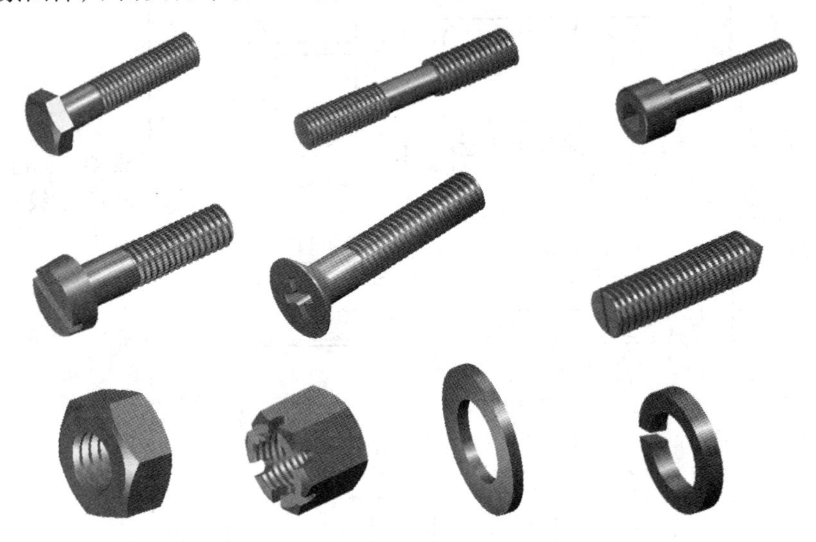

图 3.2.7　常用的螺纹紧固件

(1)螺纹紧固件的标记

①标记格式如下所示

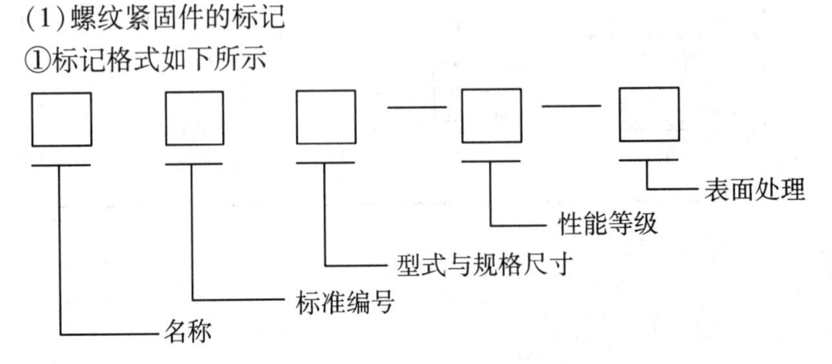

②标记示例见表3.2.3。

(2)螺纹紧固件的连接画法

螺纹紧固件的连接是指用螺纹紧固件将被连接的两个零件连接在一起。规定:连接图中,当剖切平面通孔螺栓、螺柱、螺钉、垫圈、螺母等轴线时,这些紧固件按不剖绘制(画外形)。两个零件的接触面只画一条线,两表面不接触应画两条线。相邻两零件的剖面线方向相反或方向一致,间隔不等。

常见的连接形式有:螺栓连接、双头螺柱连接和螺钉连接。

①螺栓连接。螺栓连接用于连接两个厚度不大并钻成通孔的零件。连接时,螺栓穿入孔中,套上垫圈,拧紧螺母,如图3.2.8所示。

表3.2.3　常用螺纹紧固件标记示例

名称及标准号	图例及规格尺寸	标记示例
六角头螺栓-A级和B级 GB/T 5782	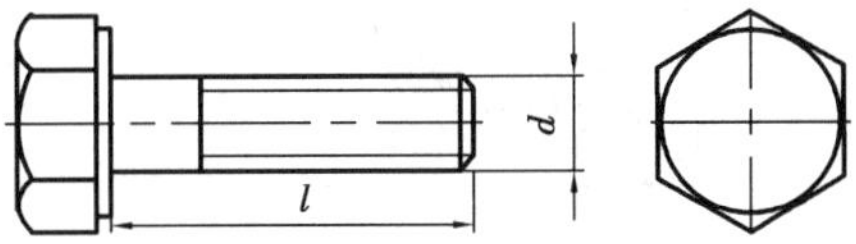 d　l	螺栓 GB/T 5782 M8×40 表示螺纹规格 d=M8、公称长度 l=40、性能等级为8.8级、表面氧化、A级的六角头螺栓
双头螺栓-A级和B级 GB/T 897　GB/T 898 GB/T 899　GB/T 900	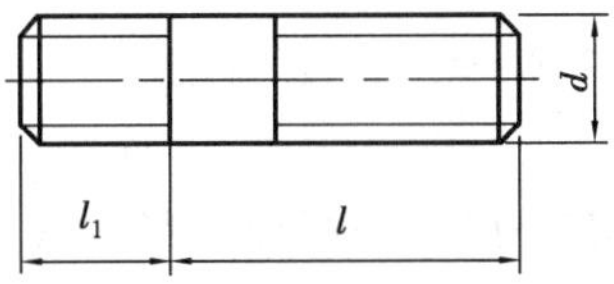 d　l_1　l	螺柱 GB/T 897 M8×35 表示两端均为粗牙普通螺纹、d=M8、l=40、性能等级为4.8级、不经表面处理、B型、b_m=ld的双头螺柱
开槽沉头螺钉	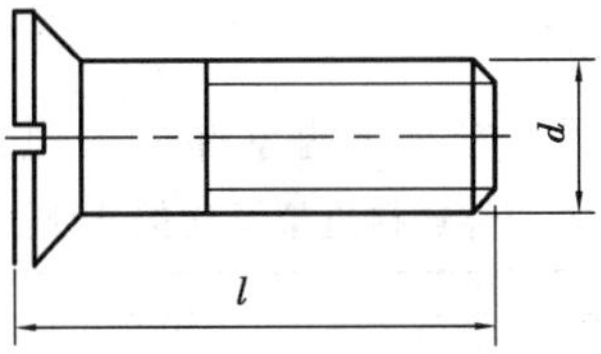 d　l	螺钉 GB/T 68 M8×30 表示螺纹规格 d=M8、公称尺寸 l=30、性能等级为4.8级、不经表面处理的开槽沉头螺钉
I型六角头螺母-A级和 B级 GB/T 6170	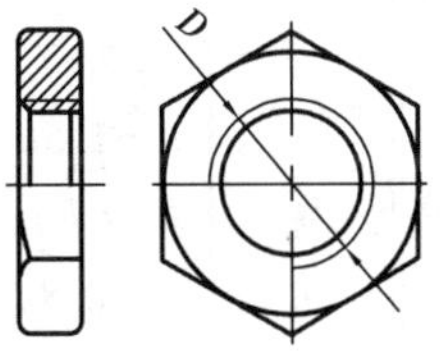 D	螺母 GB/T 6170 M8 表示螺纹规格 D=M8、性能等级为10级、不经表面处理、A级的I型六角头螺母
平垫圈-A级 GB/T97.1	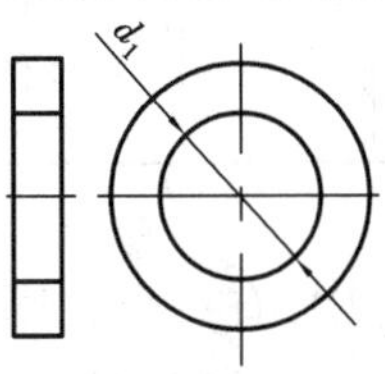 d_1	垫圈 GB/T 97.1 8 140 HV 表示标准系列、公称尺寸 d=8、性能等级为140HV级、不经表面处理的平垫圈
标准弹簧垫圈 GB/T93	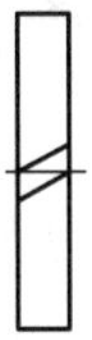	垫圈 GB/T 938 表示规格为8 mm、材料为65 Mn、表面氧化的标准弹簧垫圈

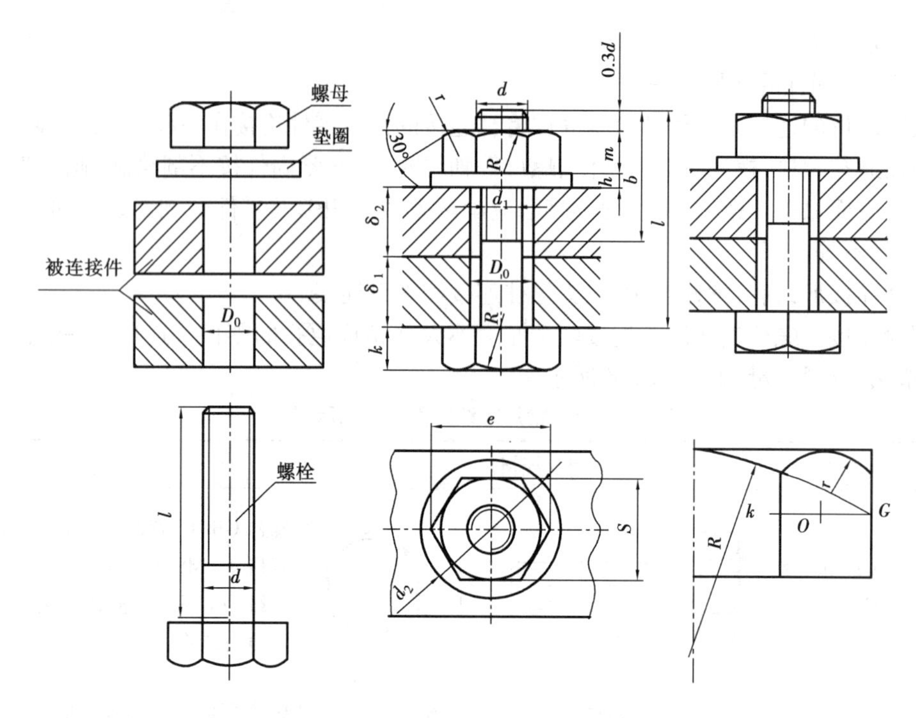

图 3.2.8　螺栓连接的画法

画螺栓连接图应注意几点：

a. 螺栓连接图可采用近似画法，各部分尺寸与螺栓大径 d 成一定的比例，其数值大小参见表 3.2.4。

b. 螺栓长度 $l=\delta_1+\delta_2+h+m+0.3d$。

c. 螺栓的螺纹终止线应画在垫圈之下，被连接两零件接触面之上，保证螺母拧紧。

表 3.2.4　螺纹紧固件连接近似画法的比例关系

名　称	尺寸比例	名　称	尺寸比例	名　称	尺寸比例	名　称	尺寸比例
螺栓	$b=2d$ $k=0.7d$ $R=1.5$ded $R_1=d$ $e=2d$ $d_1=0.85d$	螺栓	$c=0.15d$ s 由作图决定	螺母	$e=2d$ $R=1.5d$ $R_1=d$ $m=0.8d$ r 由作图决定 s 由作图决定	垫圈	$h=0.15d$ $d_2=2.2d$
		双头螺柱	b_m 由材料定 $b=2d$ $l_2=b_m+0.3d$ $l_3=b_m+0.6d$			弹簧垫圈	$s=0.25d$ $D=1.3d$
						被连接件	$D_0=1.1d$

②双头螺柱连接。当两个被连接的零件中，有一个较厚不宜钻通孔时（为螺孔），可采用双头螺柱连接。连接时，将双头螺柱一端旋入较厚零件的螺孔中（旋入端），另一端穿过较薄零件上的通孔（紧固端），套上弹簧垫圈，拧紧螺母，如图 3.2.9 所示。

画双头螺柱连接图应注意几点：

a. 双头螺柱连接图可采用近似画法，各部分尺寸的比例参见表 3.2.4，旋入端长度 b_m 与螺孔的材料有关，即：

钢或青铜　　$b_m = d$　（d 为螺孔大径）
铸铁　　$b_m = 1.25d$
合金铝制件　　$b_m = 1.5d$
纯铝或非金属　　$b_m = 2d$

b. 弹簧垫圈开口与水平成60°角并向左倾斜，用约 $2d$（d 为粗实线）粗线绘制。

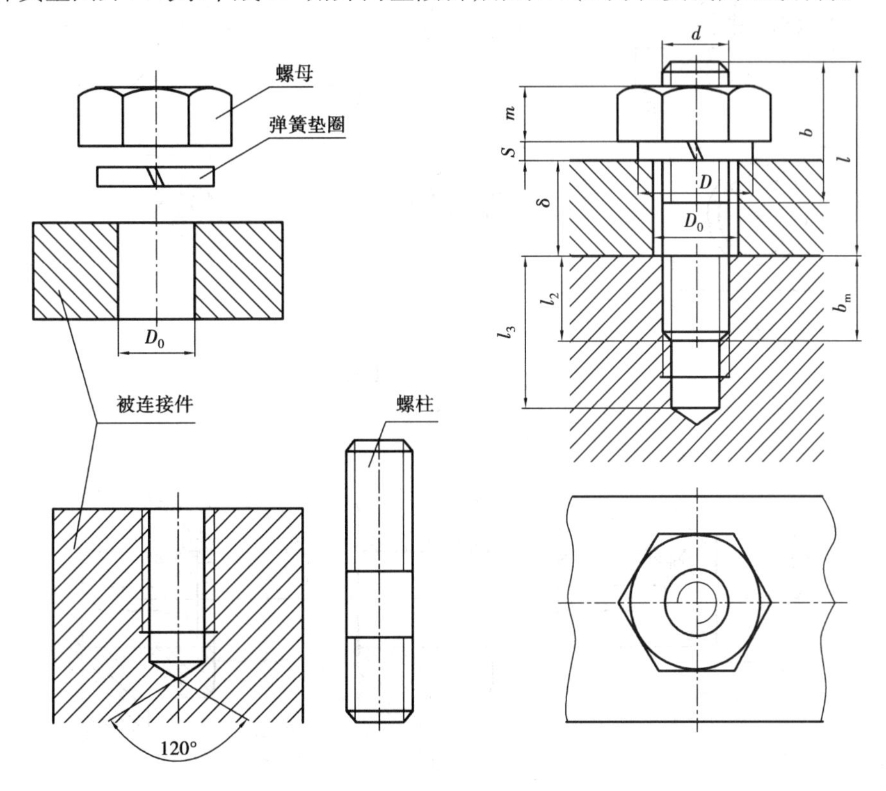

图3.2.9　双头螺柱连接的画法

c. 旋入端的螺纹终止线应与被连接两零件的接触面平齐，以示拧紧。其他部位的画法参照螺栓连接的画法。

③螺钉连接。当被连接件之一较厚，且连接时受轴向力又不大，可采用螺钉连接。连接时，螺钉穿过较薄零件的通孔后，旋入较厚零件的螺孔内，靠螺钉头部和螺钉与零件上的螺孔旋紧连接，如图3.2.10（a）、（b）、（c）所示。

画螺钉连接图应注意几点：

a. 沉头螺钉、圆柱头螺钉和圆柱头内六角螺钉的连接图可采用图3.2.10的近似画法绘制（图上尺寸 t 查标准），其中螺钉头各部尺寸如图3.2.11所示。

b. 螺钉的螺纹终止端应画在螺纹孔口之上，如图3.2.10（b）所示，螺纹终止端也可简化按图3.2.10（a）、（c）方法绘制。

c. 螺钉头部的"一"字槽在垂直于螺钉轴线的投影面上，用约 $2d$（d 粗实线的宽度）粗线画成与水平成45°的右倾斜线；在平行轴线的投影面上，按槽与投影面垂直画出。对连接件上的不通孔，允许不画出钻孔深度（简化），仅按螺纹部分（不包括螺尾）的深度画出，如图3.2.10（a）、（c）所示。

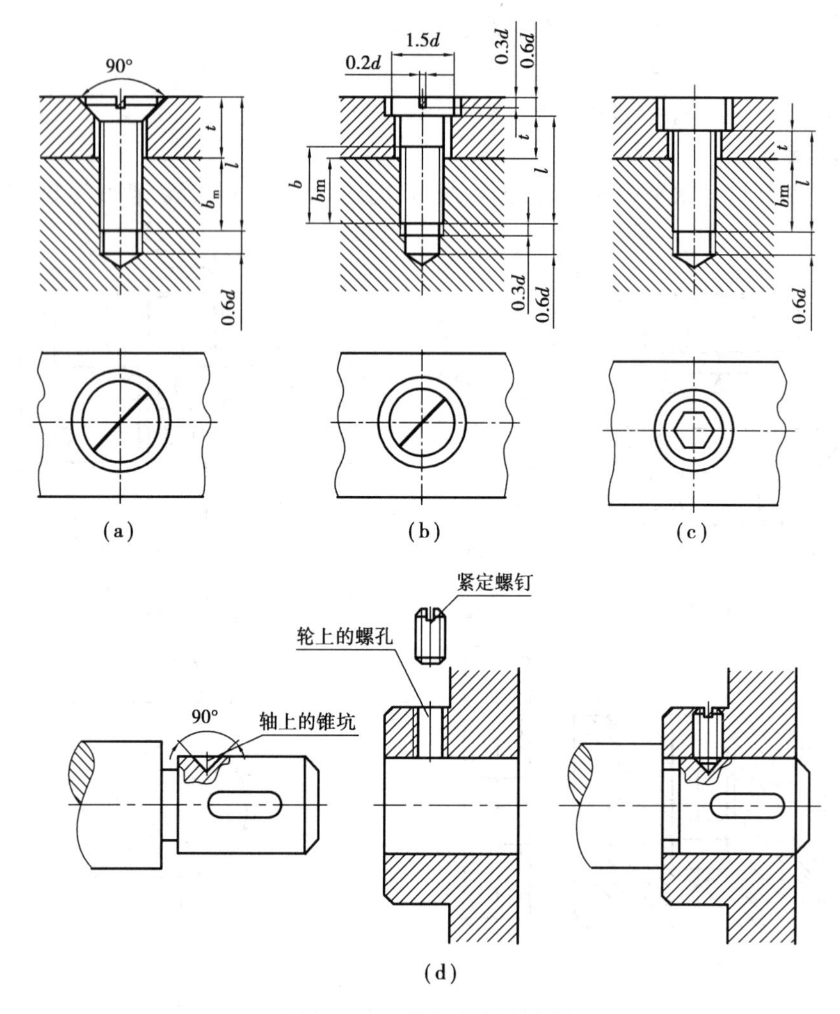

(a) (b) (c)

(d)

图 3.2.10　螺钉连接的画法

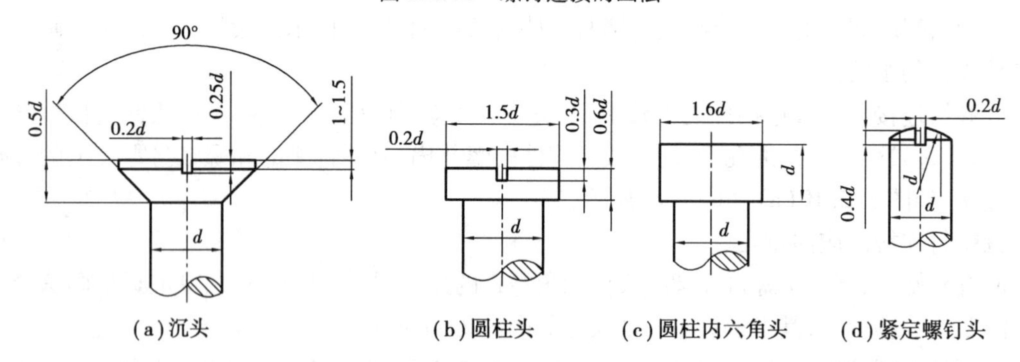

(a)沉头　(b)圆柱头　(c)圆柱内六角头　(d)紧定螺钉头

图 3.2.11　螺钉头部近似画法

d. 螺钉螺纹旋入部分的画法与双头螺柱基本相同。

e. 在装配图中,锥端紧定螺钉的连接画法如图 3.2.10(d)所示。在装配图中,螺栓头部及螺母等可根据情况采用简化画法来绘制,如图 3.2.12 所示。

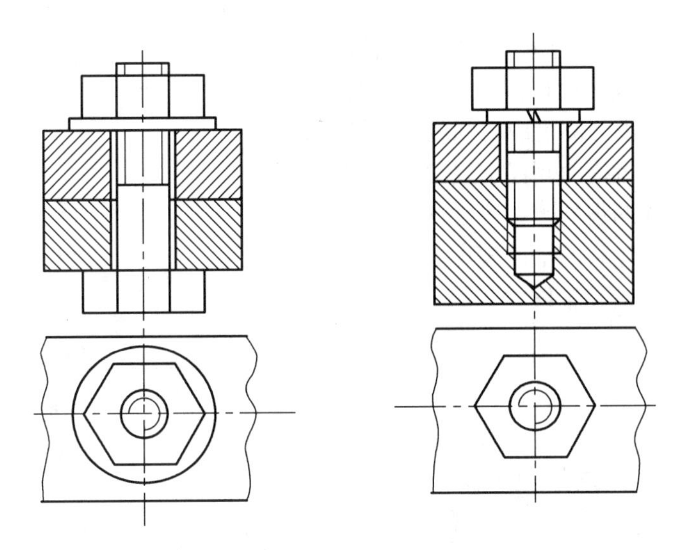

图 3.2.12　螺纹连接的简化画法

二、齿轮

齿轮是机械设备中广泛应用的一种常用传动零件,成对啮合使用,其作用是传递动力、改变转速和旋转方向等。

圆柱齿轮一般用于两平行轴之间的传动,其齿轮有直齿、斜齿和人字齿等,如图 3.2.13(a)所示。

圆锥齿轮用于两相交轴(常为垂直相交)之间的传动,其齿轮有直齿、斜齿和弧形齿,如图 3.2.13(b)所示。

蜗轮蜗杆用于两交叉轴之间的传动,如图 3.2.13(c)所示。

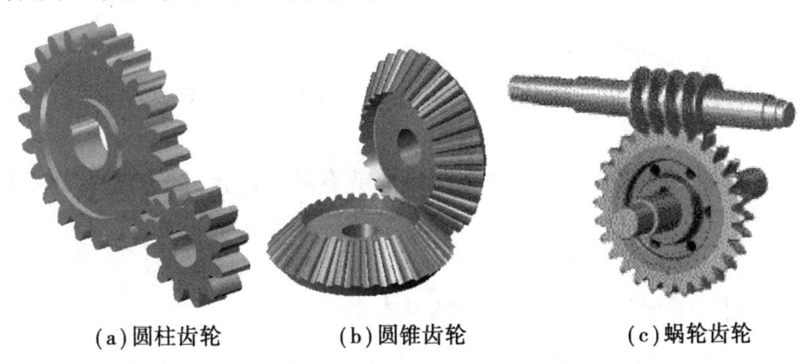

(a)圆柱齿轮　　(b)圆锥齿轮　　(c)蜗轮齿轮

图 3.2.13　齿轮传动

圆柱齿轮是应用最多的一种齿轮,因此,本节主要介绍圆柱齿轮的基本参数和规定画法。

1. 直齿圆柱齿轮各部分名称及代号(见图 3.2.14)

①齿顶圆(d_a):通过齿轮轮齿顶部的圆。

②齿根圆(d_f):通过齿轮轮齿根部的圆。

③分度圆(d):具有标准模数和标准压力角的圆,在齿顶圆和齿根圆之间。对于标准齿轮,在此圆上的齿厚 S 与槽宽 e 相等。

④齿顶高(h_a):齿顶圆与分度圆之间的径向距离。

⑤齿根高(h_f):齿根圆与分度圆之间的径向距离。

⑥齿高(h):齿顶圆与齿根圆之间的径向距离。

⑦齿厚(s):一个齿两侧齿廓之间的分度圆弧长。

⑧槽宽(e):一个齿槽两侧齿廓之间的分度圆弧长。

⑨齿距(p):相邻两齿同侧齿廓之间的分度圆弧长。

⑩齿宽(b):齿轮轮齿的轴向宽度。

⑪中心距(a):两齿轮轴线之间的垂直距离。

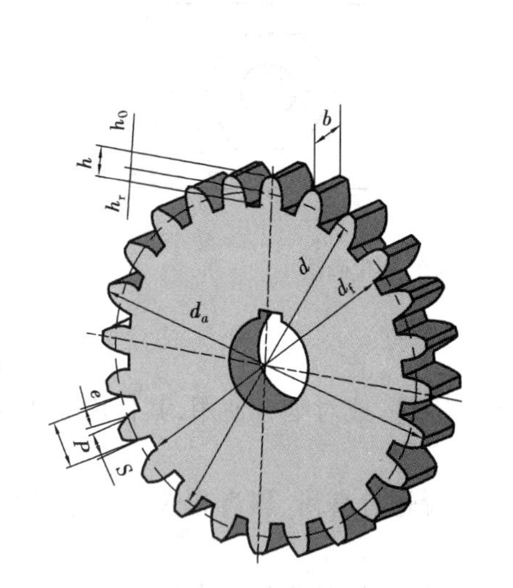

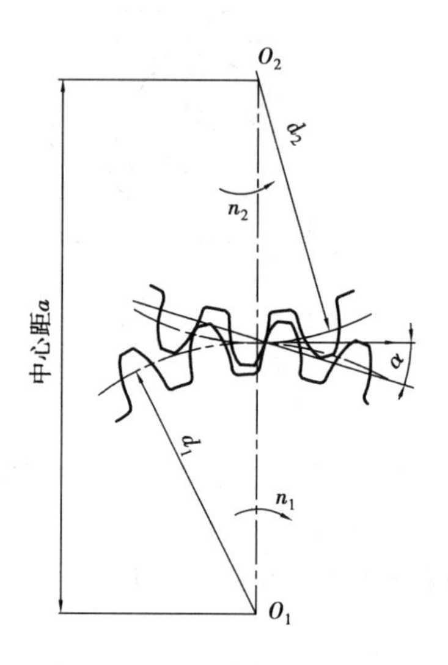

图 3.2.14　齿轮各部分名称及代号

2. 直齿圆柱齿轮的基本参数与轮齿各部分的尺寸关系

(1)齿轮的基本参数

①齿数(z):一个齿轮的轮齿总数。

②齿形角(α):齿廓曲线与分度圆的交点处的径向直径与齿廓在该点处的切线所夹的锐角。

③模数(m)。齿轮有多少个齿,在分度圆周上就有多少齿距,即分度圆周长为:

$$\pi d = zp \qquad 得 \quad d = zp/\pi$$

令　$p/\pi = m$　　则　$d = mz$

m 称为模数,单位为毫米。模数是齿轮的基本参数。

小贴士:模数 m 愈大,轮齿就愈大;模数 m 愈小,轮齿就愈小。互相啮合的两齿轮,它们的模数和齿形角都必须相等。

为了便于设计和制造,模数已经标准化,国标中规定的标准模数见表 3.2.5。

表 3.2.5　标准模数系列

圆柱齿轮 m	第一系列	1, 1.25, 1.5, 2, 2.5, 3, 4, 5, 6, 8, 10, 12, 16, 20, 25, 32, 40
	第二系列	0.9,1.75, 2.25, 2.75, (3.25), 3.5, (3.75), 4.5, 5, 7, 9, 14, 18 22

注:选用圆柱齿轮模数时,应优先选用第一系列,其次选用第二系列,括号内的模数尽可能不用。

④传到比(i)。传到比为主传动齿轮的转速 n_1(r/min)与从动齿轮的转速 n_2(r/min)之比,即 n_1/n_2。由 $n_1z_1=n_2z_2$,可得:$i=n_1/n_2=z_2/z_1$。

(2)轮齿各部分的尺寸关系

由齿轮的模数 m 及齿数 z,可算出直齿圆柱齿轮轮齿各部分的尺寸,计算公式见表3.2.6所示。

表3.2.6　直齿圆柱齿轮轮齿各部分的尺寸关系

名称及代号	计算公式	名称及代号	计算公式
模数 m	$m=d/z$(按表3.2.4取标准值)	分度圆直径 d	$d=mz$
齿顶高 h_a	$h_a=m$	齿顶圆直径 d_a	$d_a=d+2h_a=m(z+2)$
齿根高 h_f	$h_f=1.25m$	齿根圆直径 d_f	$d_f=d-2h_f=m(z-2.5)$
齿　高 h	$h=h_a+h_f=2.25m$	中心距 a	$a=(d_1+d_2)/2=m(z_1+z_2)/2$

3.直齿圆柱齿轮的规定画法

(1)单个齿轮的画法

①在外形视图中,齿顶圆和齿顶线用粗实线绘制;分度圆和分度线用细点画线绘制;齿根圆和齿根线用细实线绘制(可省略不画),如图3.2.15(a)所示。

②在剖视图中,当剖切平面通过齿轮轴线时,轮齿一律按不剖画图,齿根线用粗实线绘制,如图3.2.15(b)所示。

③当需要表示斜齿或人字齿的齿线形状时,可用三条与齿线方向一致的细实线表示,如图3.2.15(c)、(d)所示。

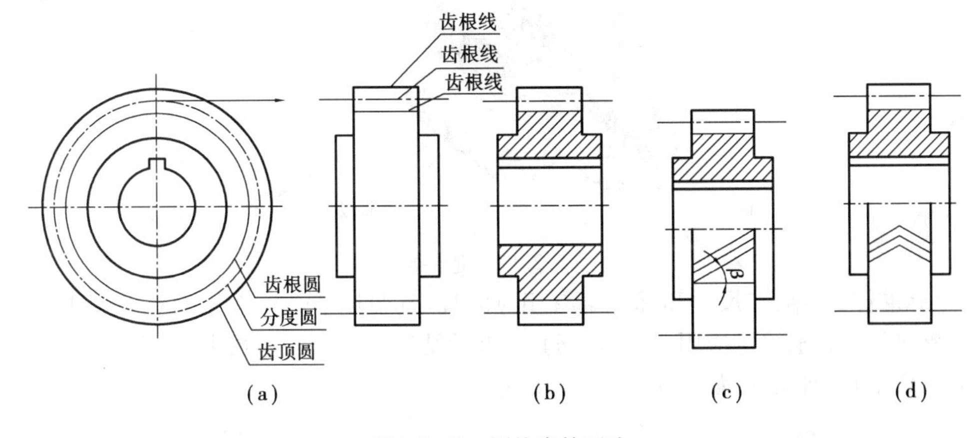

图3.2.15　圆柱齿轮画法

(2)齿轮啮合的画法

①在反映为圆的视图中,除啮合部分外,其他部分的画法与单个圆柱齿轮相同。啮合部分的齿顶圆均用粗实线画出,如图3.2.16(a)左视图所示;或都省略不画,如图3.2.16(b)所示。两齿轮的分度圆必须相切,齿根圆一般不画。

②在反映为非圆的视图中,啮合区的齿顶线、齿根线均不画出,只用粗实线画出节线(两分度圆相切处),如图3.2.16(c)所示。

③在剖视图中,当剖切平面通过啮合齿轮轴线时,在啮合区内,主动齿轮的齿顶线用粗实

线绘制,从动齿轮的齿顶线用虚线绘制,如图 3.2.16(a)所示或者省略不画。

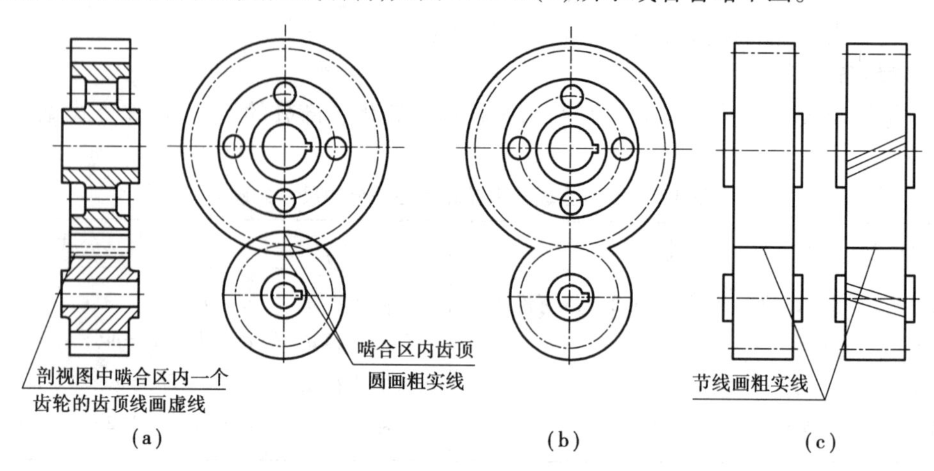

图 3.2.16　圆柱齿轮啮合画法

三、键和销

1. 键

键主要用于连接轴与轴上的传动零件(如齿轮、带轮等),起传递转矩的作用。如图 3.2.17 所示的键连接,先在齿轮轮毂和轴上分别加工出键槽,将键嵌入二者的键槽中,使齿轮与轴一起传动。

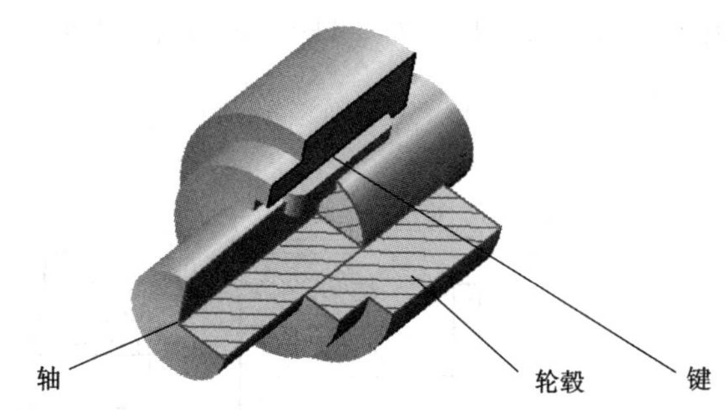

图 3.2.17　键连接

键是标准件,其结构、尺寸和标记都有相应的规定(见附表 3),常见的有普通平键、半圆键、钩头楔键等。普通平键应用最广,根据其头部的结构不同可分为圆头(A 型)、方头(B 型)和单圆头(C 型)三种形式,如图 3.2.18(a)所示。

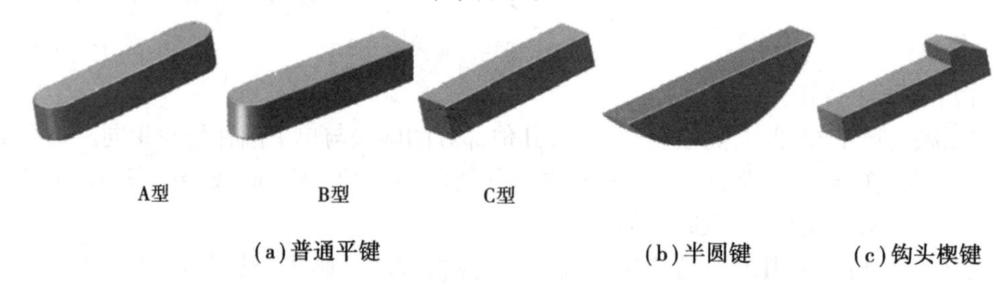

图 3.2.18　常用键

(1)键的类型和标记

常用键的类型和标记见表3.2.7。

表3.2.7　键的类型和标记示例

名称	标准号	图　例	标记示例
普通平键	GB/T 1096—2003	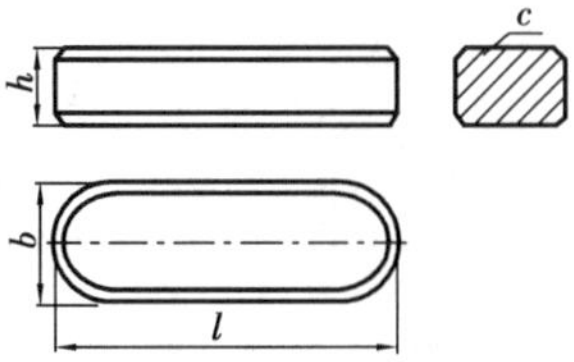	普通平键(A型) $B=18$ mm,$h=11$ mm,$l=100$ mm 键 18×100 GB/T 1096—2003
半圆键	GB/T 1009—2003	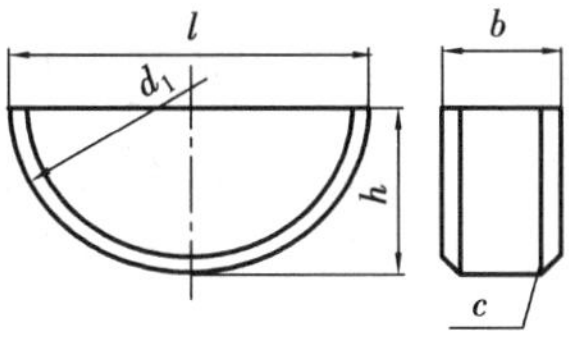	半圆键 $B=6$ mm,$h=10$ mm,$d1=25$ mm, $l=24.5$ mm,键 6×25 GB/T 1009—2003
钩头楔键	GB/T 1565—2003	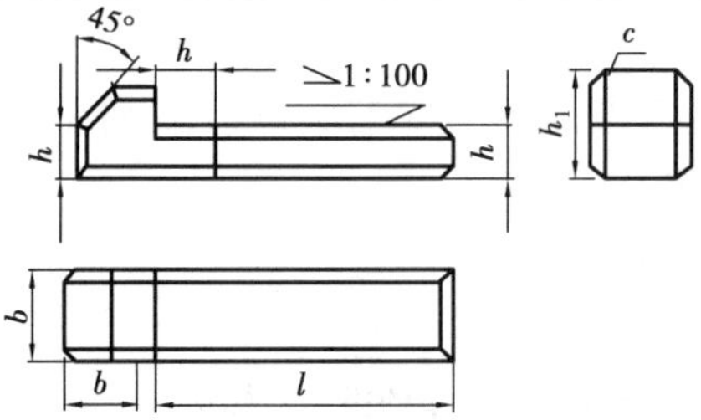	钩头楔键 $B=18$ mm,$h=11$ mm,$l=100$mm 键 18×100 GB/T 1565—2003

(2)键连接的画法(见表3.2.8)

键是标准件,当剖切平面通过轴和键的对称面,轴和键均按不剖绘制(画外形)。为了表达轴上的键,可采用局部剖视。

表3.2.8　键连接的画法

名　称	连接的画法	说　明
普通平键	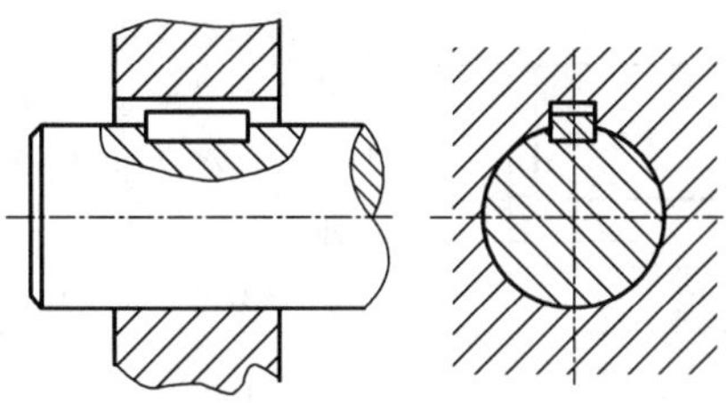	(1)键侧面接触 (2)顶面有一定的间隙 (3)键的倒角或圆角可省略不画
半圆键	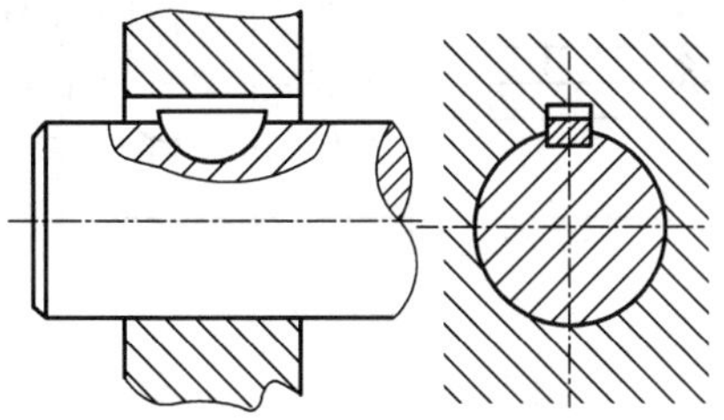	(1)键侧面接触 (2)顶面有一定的间隙

续表

名　称	连接的画法	说　明
钩头楔键	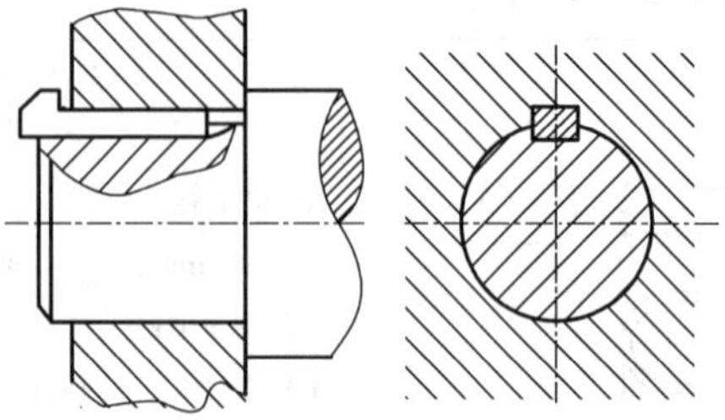	键与键槽在顶面、底面、侧面同时接触

在绘制键连接图时，普通平键和半圆键均是两侧面与键槽两侧面接触，只画一条粗实线；键的底面与键槽接触也画成一条粗实线；键的顶面与键槽有间隙，应画两条粗实线。钩头楔键的顶面有1∶100的斜度，它靠挤压方法进入键槽内，因此键与键槽在顶面、底面、两侧面均接触，接触处画一条线。

2. 销

销主要用于零件间的连接或定位，常用的销有圆柱销、圆锥销、开口销等。销是标准件，其结构、尺寸和标记都有相应的规定。

(1)销的类型和标记

销的类型和标记见表3.2.9。

表3.2.9　销的类型和标记

名　称	标准号	图　例	标记示例
圆锥销	GB/T 117—2000	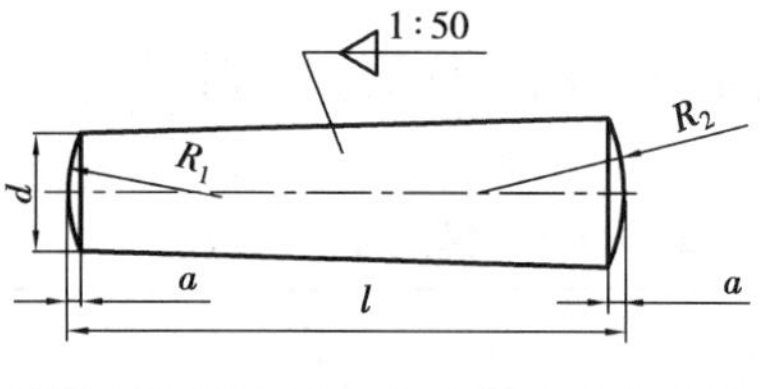	公称直径 $d=10$ mm、公称长度 $l=60$ mm、材料为35钢、热处理硬度为28～38HRC、表面氧化处理的A型圆锥销表示为： 销 GB/T 117 10×60
圆柱销	GB/T 119.1—2000	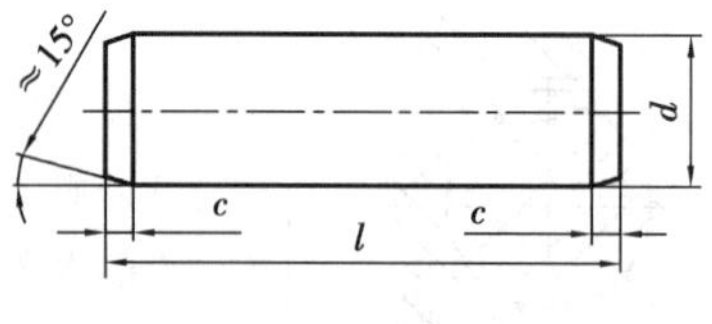	公称直径 $d=5$ mm、公差为m6、公称长度 $l=18$、材料为钢、不经淬火、不经表面处理的圆柱销表示为： 销 GB/T 119.1 5 m6×18
开口销	GB/T 91—2000	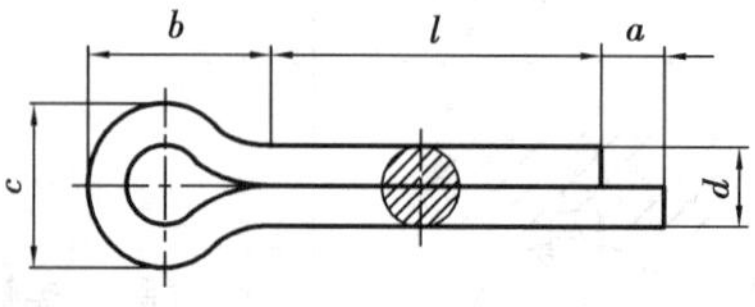	公称规格为5 mm、公称长度 $l=50$ mm、材料为Q215或Q235、不经表面处理的开口销表示为： 销 GB/T 91 5×50

(2)销连接的画法

销连接的画法见表3.2.10。

表 3.2.10 销连接的画法

类 型	应 用	特 点	连接画法
圆柱销	主要用于定位，也用于连接	直径偏差有 u8、m6、h8 和 h11 四种，以满足不同的使用要求	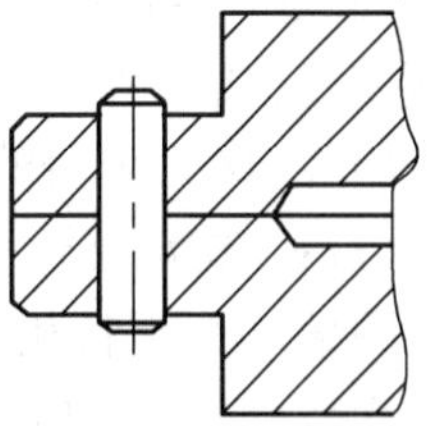
圆锥销	主要用于定位，也可用固定零件，传递动力，常用于经常装拆的场合	圆锥销上有 1∶50 的锥度，便于安装，定位精度比圆柱销高，有 A 型（磨削）和 B 型（切削或冷镦）两种类型	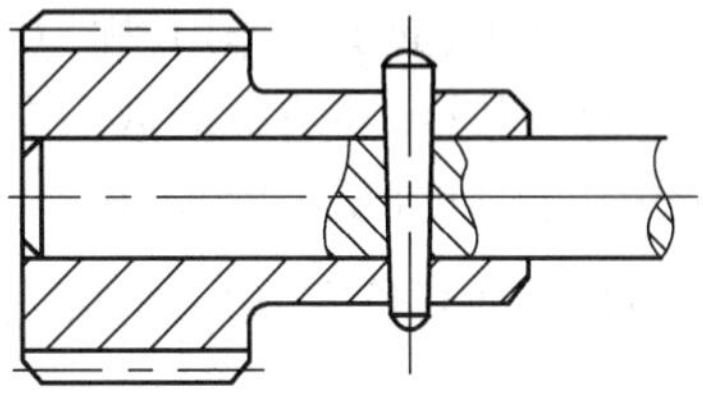
开口销	用于锁定其他紧固件（如槽形螺母等）	工作可靠，拆卸方便	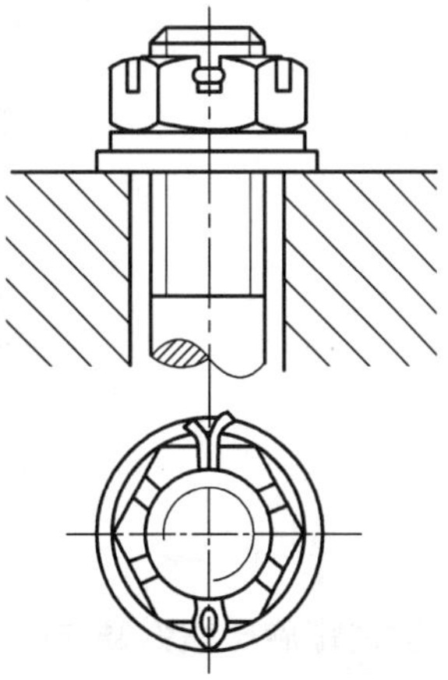

四、弹簧

弹簧是用途很广的常用零件。它主要用于减震、夹紧、储存能量和测力等。弹簧的种类很多，本节仅介绍圆柱螺旋弹簧。圆柱螺旋弹簧一般由弹簧钢丝绕制而成，其外形呈螺旋状。常见的圆柱螺旋弹簧有压缩弹簧、拉伸弹簧、扭转弹簧，如图 3.2.19 所示。

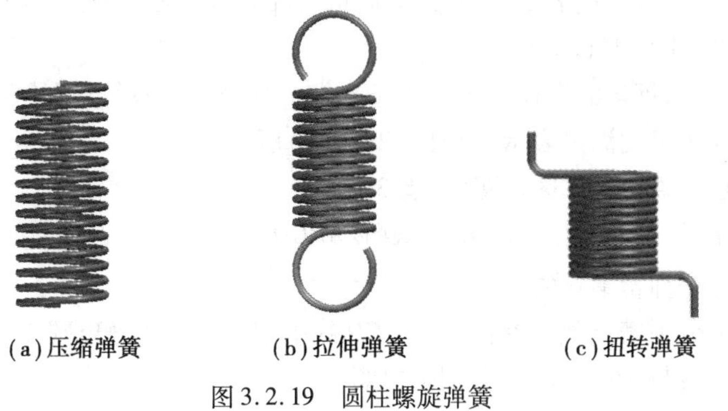

(a)压缩弹簧　　(b)拉伸弹簧　　(c)扭转弹簧

图 3.2.19 圆柱螺旋弹簧

1. 圆柱螺旋压缩弹簧各部分名称及尺寸关系（如图 3.2.20）

①簧丝直径(d)：弹簧钢丝直径。

②弹簧外径(D)：弹簧最大直径。

③弹簧内径(D_1)：弹簧最小直径，$D_1 = D - 2d$。

④弹簧中径(D_2)：弹簧的平均直径，$D_2 = (D + D_1)/2$ 。

⑤节距(t)：除支承圈外，相邻两圈的轴向距离。

⑥有效圈数(n)：保持相等节距的圈数。

⑦支承圈数(n_2)：为使压缩弹簧工作时受力均匀，弹簧轴线垂直于支承面，制造时弹簧两端并紧且磨平，起支承作用，称为支承圈。支承圈有 1.5 圈、2 圈和 2.5 圈（常用 2.5 圈）3 种。

⑧总圈数(n_1)：有效圈数与支承圈数之和，$n_1 = n + n_2$。

⑨自由高度(H_0)：弹簧在不受外力时的高度，$H_0 = nt + (n_2 - 0.5)d$。

⑩弹簧展开长度(L)：制造时弹簧钢丝的长度，$L \approx n_1\sqrt{(\pi D_2)^2 + t^2}$。

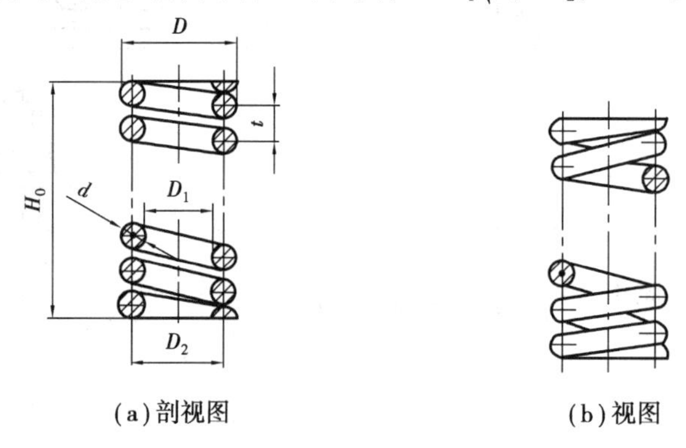

(a) 剖视图　　(b) 视图

图 3.2.20　圆柱螺旋压缩弹簧的名称、尺寸

2. 圆柱螺旋压缩弹簧的画法

①弹簧在平行于轴线的投影面的视图中，其各圈的轮廓线应画成直线。

②螺旋弹簧均可画成右旋，但左旋弹簧不论画成左旋或右旋，一律要标注旋向“LH”字。

③弹簧如要求两端并紧且磨平时，不论支承圈的圈数多少和末端贴紧情况如何，均按支承圈数为 2.5 圈画图，如图 3.2.20 的形式绘制。

④有效圈数在 4 圈以上的弹簧，中间部分可以省略，只画通过簧丝断面中心的细点画线。当中间部分省略后，允许适当缩短图形的长度。

⑤装配图中，被弹簧挡住的结构一般不画，可见部分应从弹簧的外轮廓线或弹簧钢丝断面的中心线画起，如图 3.2.21(a) 所示。

⑥装配图中，弹簧钢丝的直径等于或小于 2 mm 时，允许用示意图绘制，如图 3.2.21(b) 所示。其剖视断面也可用涂黑表示，如图 3.2.21(c) 所示。

3. 圆柱螺旋压缩弹簧的作图步骤（如图 3.2.22）

①根据弹簧中径 D_2 和自由高度 H_0 作矩形 $ABCD$；

②画支承圈部分弹簧钢丝的断面；

③画有效圈部分弹簧钢丝的断面，先在 CD 线上根据节距 t 画出圆 2、3，然后从圆 1、2 和圆 3、4 各中点作垂线与 AB 线相交，分别画出圆 5、6；

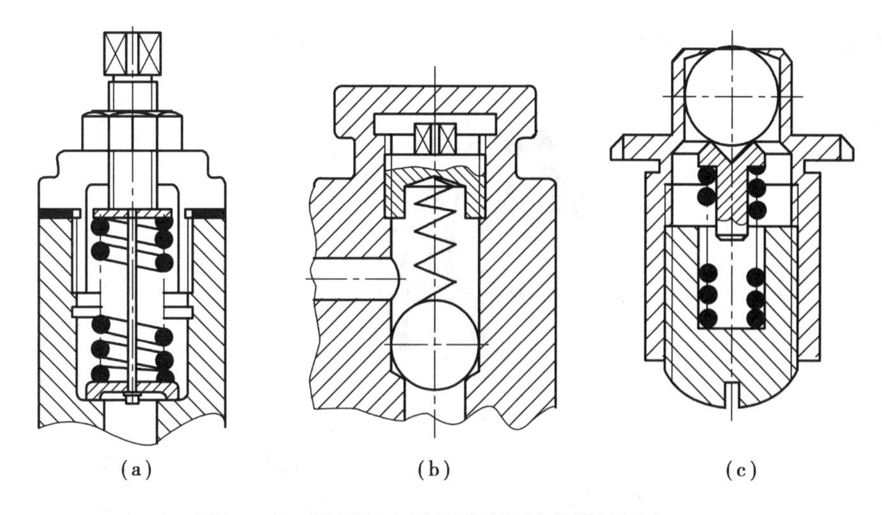

图 3.2.21　装配图中圆柱螺旋压缩弹簧的画法

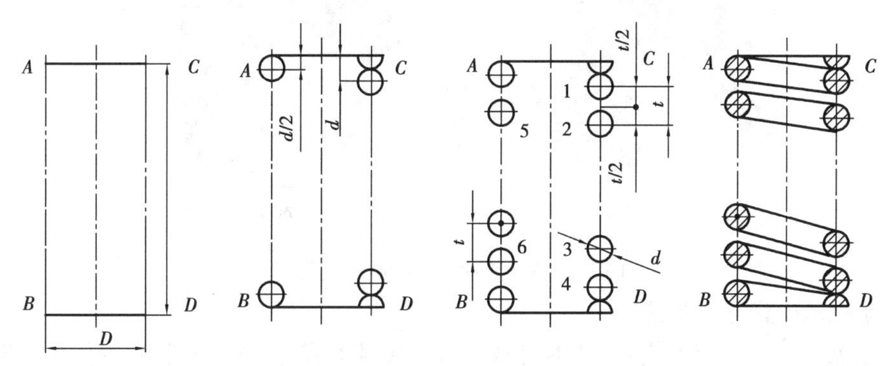

图 3.2.22　圆柱螺旋压缩弹簧的作图步骤

④按右旋方向作相应圆的公切线及剖面线,完成作图。

五、滚动轴承

滚动轴承起支承转动轴的作用。它具有结构紧凑、摩擦力小等优点,是在生产中得到广泛使用的标准部件。

1. 滚动轴承的结构和种类

(1)滚动轴承的结构

滚动轴承的结构如图 3.2.23 所示,一般有以下 4 个部分:

①外圈。外圈与机座上的轴承孔相配合。

②内圈。内圈与轴相配合。

③滚动体。滚动体装在外圈与内圈之间的滚道中。

④保持架(隔离圈)。它将滚动体互相离开,并保持其相对位置。

(2)滚动轴承的种类

按滚动轴承的受力情况,可将其分为 3 种类型。

①向心轴承:主要承受径向载荷,如深沟球轴承(图 3.2.23(a))。

②推力轴承:主要承受轴向载荷,如推力球轴承(图 3.2.23(b))。

③向心推力轴承:能同时承受径向和轴向载荷,如圆锥滚子轴承(图3.2.23(c))。

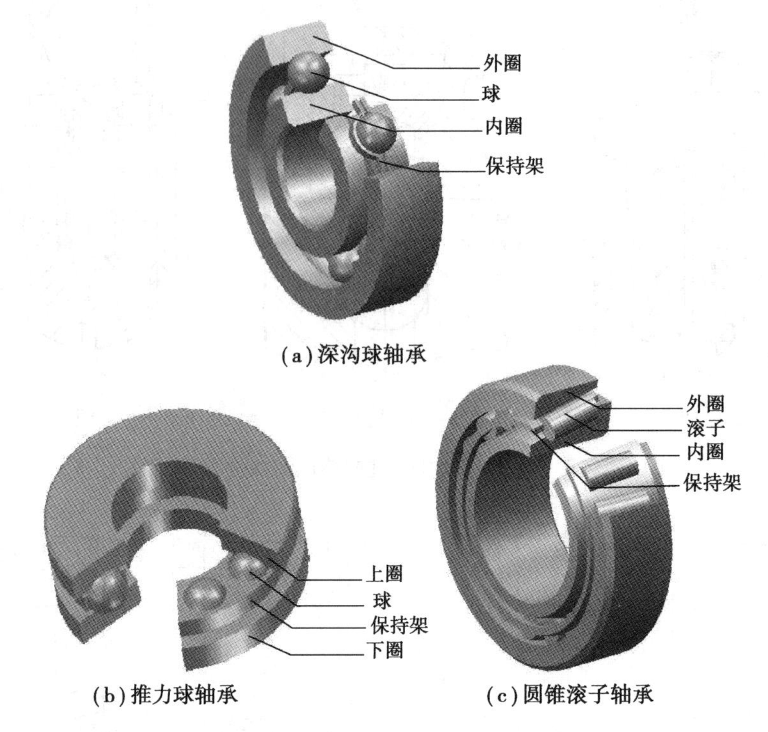

图3.2.23 滚动轴承的结构及类型

2. 滚动轴承的代号和标注

滚动轴承的代号由前置代号、基本代号和后置代号构成,前置代号和后置代号是轴承在结构形状、尺寸、公差、技术要求等有改变时,在其基本代号前后添加的补充代号。补充代号的规定可由该国标中查得,一般情况下,补充代号未标注。

(1)基本代号

基本代号由轴承类型代号、尺寸系列代号(包括:宽度或高度系列、直径系列)和内径代号组成。基本代号的格式如下:

轴承类型代号	宽度或高度系列代号	直径系列代号	内径代号

①轴承类型代号:用一位阿拉伯数字或大写的拉丁字母表示轴承类型,见表3.2.11。

②尺寸系列代号:用两位阿拉伯数字表示尺寸系列代号,其前后数字分别是宽度或高度系列代号(深沟球轴承和圆锥滚子轴承是宽度系列、推力球轴承是高度系列)和直径系列代号。

③内径代号:用两位阿拉伯数字表示轴承内径。即当轴承内径为10 mm、12 mm、15 mm、17 mm时,对应的内径代号是00、01、02、03;当轴承内径为20~480 mm时(22 mm、28 mm、32 mm除外),内径代号数字为轴承内径除以5的商数(若商数为个位数时,需在商数左边加“0”,如07)。

表 3.2.11　滚动轴承类型代号

代号	0	1	2	3	4	5	6	7	8	N	U	QJ
轴承类型	双列角接触球轴承	调心球轴承	调心滚子轴承和推力调心滚子轴承	圆锥滚子轴承	双列深沟球轴承	推力球轴承	深沟球轴承	角接触球轴承	推力圆柱滚子轴承	圆柱滚子轴承	外球面球轴承	四点接触球轴承

滚动轴承代号举例：

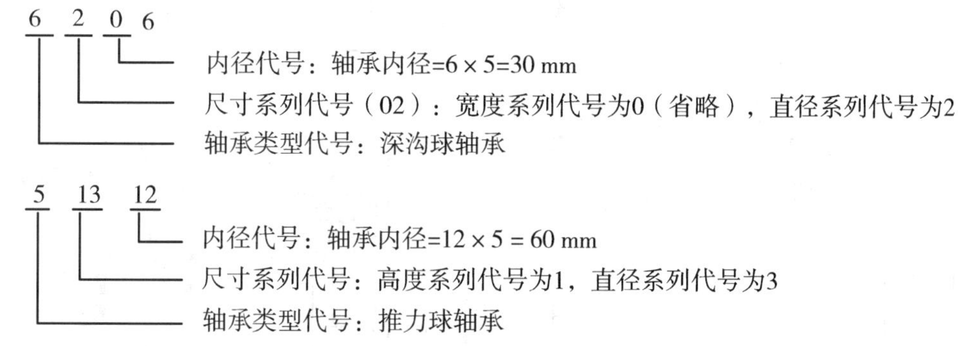

(2)滚动轴承的标记

滚动轴承的标记由滚动轴承、滚动轴承代号和标准编号 3 部分组成,其标记格式如下：

滚动轴承　　滚动轴承代号　　标准编号

标记示例：　滚动轴承　6207　　GB/T 276—1994

　　　　　　滚动轴承　51312　　GB/T 301—1995

3. 滚动轴承的画法

在剖视图中,滚动轴承的画法有通用画法、特征画法、规定画法 3 种形式,前两种画法又称简化画法。常用滚动轴承的 3 种画法见表 3.2.12。

表 3.2.12　常用滚动轴承的画法

轴承类型	查表主要数据	画法			结构形式及标准号
		简化画法		规定画法	
		通用画法	特征画法		
深沟球轴承 60000	D d B				GB/T 276—1994

续表

轴承类型	查表主要数据	画法			结构形式及标准号
		简化画法		规定画法	
		通用画法	特征画法		
圆锥滚子轴承 30000	D d B T C	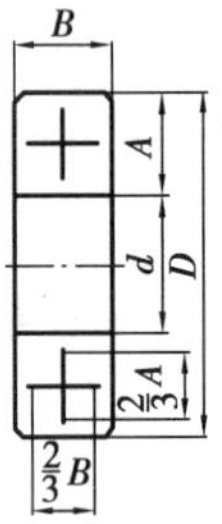	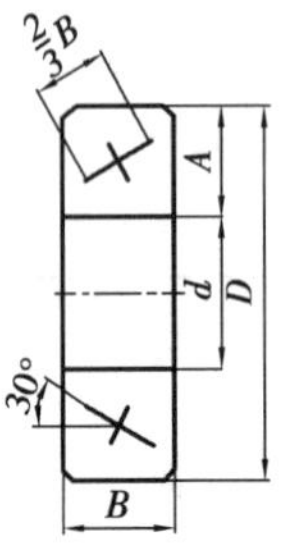	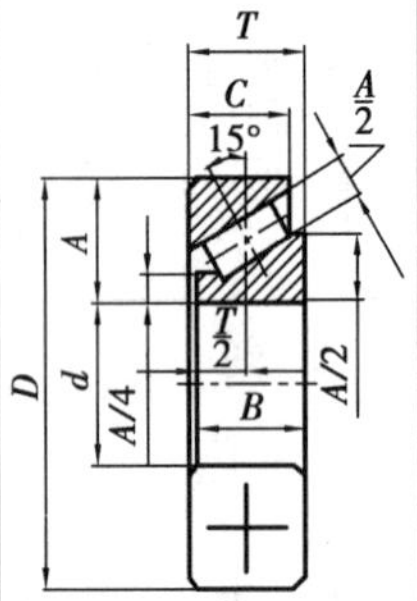	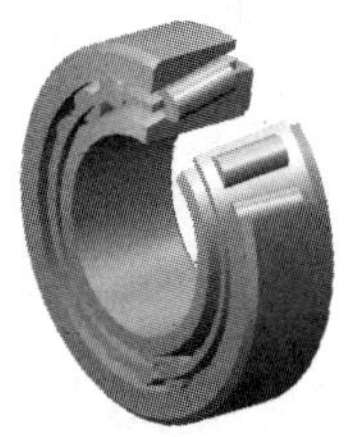 GB/T 297—1994
推力球轴承 50000	D d T		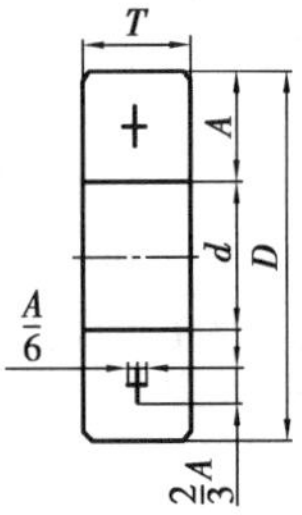	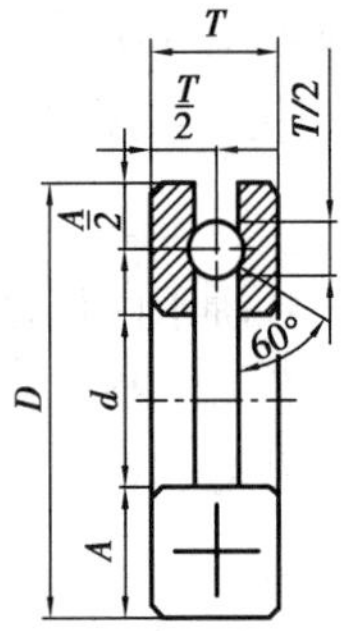	 GB/T 301—1995
三种画法选用		不需要切地表示滚动轴承的外形轮廓、承载特性和结构特征时采用	需要较形象地表示滚动轴承的结构特征时采用	滚动轴承的产品图样、产品样本和产品标准中采用	

任务拓展

一、中心孔

中心孔位于轴端面上，其目的是便于轴类零件的加工制造，达到技术要求的需要。中心孔已标准化，其形状结构、尺寸、标记等都有相应的规定。

1. 中心孔的符号

机械图样中，当不需要确切表达标准中心孔的形状和结构时，可采用中心孔符号表示。图样中，完工零件上是否保留中心孔的要求通常有三种，即要求保留中心孔；是否保留中心孔都可以；不允许保留中心孔。它们的表示方法见表 3.2.13。

表3.2.13　三种要求的中心孔符号表示

要　求	符　号	表示法示例	说　明
在完工的零件上要求保留中心孔		GB/T 4459.5—B2.5/8	采用B型中心孔 D=2.5 mm，D=8 mm在完工的零件上要求保留
在完工的零件上可以保留中心孔		GB/T 4459.5—A4/8.5	采用A型中心孔 D=4 mm，D=8.5 mm在完工的零件上是否保留都可以
在完工的零件上不允许保留中心孔		GB/T 4459.5—A1.6/33.5	采用A型中心孔 D=1.6 mm，D=3.35 mm在完工的零件上不允许保留

2. **中心孔的标记**

根据标准，中心孔的结构分为四种形式：R型（弧形）、A型（不带护锥）、B型（带护锥）、C型（带螺纹）。它们在图样中的标记规定如下：

(1)R、A、B型中心孔标记格式

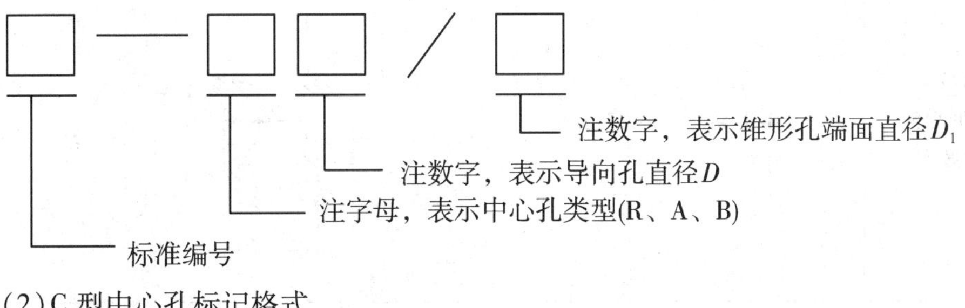

(2)C型中心孔标记格式

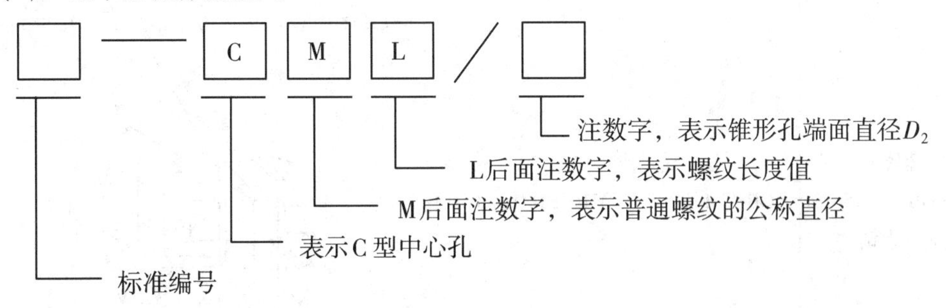

标准中心孔四种类型的标记示例见表3.2.14。

表 3.2.14　中心孔的标记示例

类　型	标注示例	标注说明
R （圆弧） 根据 GB/T 145 选择中心钻	GB/T 4459.5—R3.15/6.7	D = 3.15 mm　D_1 = 6.7 mm 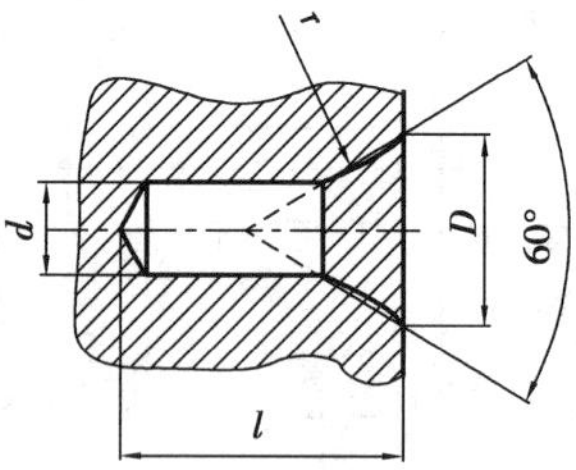
A （不带护锥） 根据 GB/T 145 选择中心钻	GB/T 4459.5—A4/8.5	D = 4 mm　D_1 = 8.5 mm　T = 3.5 mm 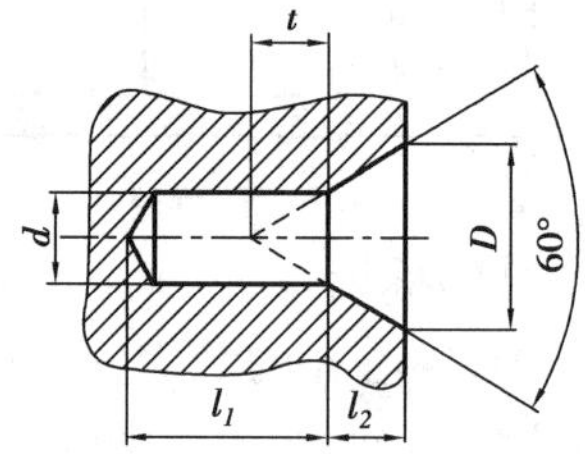
B （带护锥） 根据 GB/T 145 选择中心钻	GB/T 4459.5—B2.5/8	D = 2.5 mm　D_1 = 8 mm　t = 2.2 mm 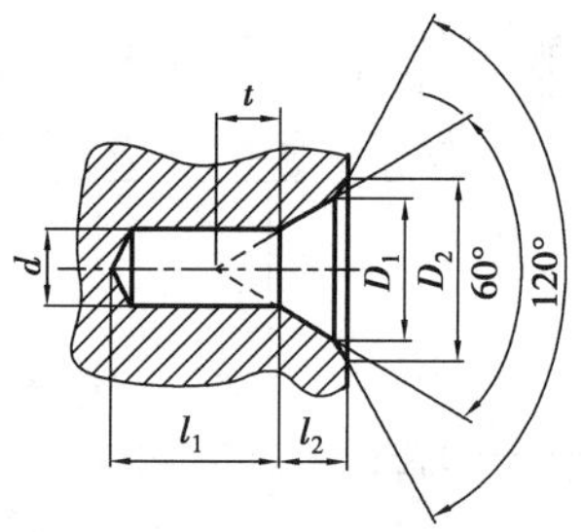
C （带螺纹） 根据 GB/T 145 选择中心钻	GB/T 4459.5—CM10L30/16.3	D = M10 mm　L = 30 mm　D_2 = 16.3 mm 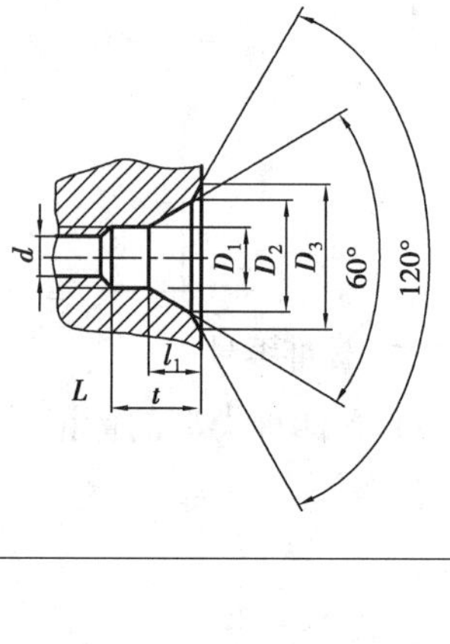
①尺寸 L 取决于中心钻的长度，不能小于 t。 ②尺寸 L 取决于零件的功能要求。		

3. 中心孔的标注

(1)对于已经有相应标准规定的中心孔,在图样中可不绘制其详细结构,只须在零件轴端面绘制出对中心孔要求的符号,并标注相应的标记。

(2)如需指明中心孔标记中的标准编号时,可按图3.2.24(b)所示的方法标注。

(3)以中心孔的轴线为基准时,基准代号可按图3.2.24(a)、(b)所示的方法标注。

(4)中心孔工作表面的粗糙度应在引出线上标出,如图3.2.24(b)所示。

(5)在不致引起误解时,可省略标记中的标准编号,如图3.2.24(a)、(c)所示。

(6)如同一轴两端的中心孔相同,可只在其一端标出,但应注出数量,如图3.2.24(c)所示。

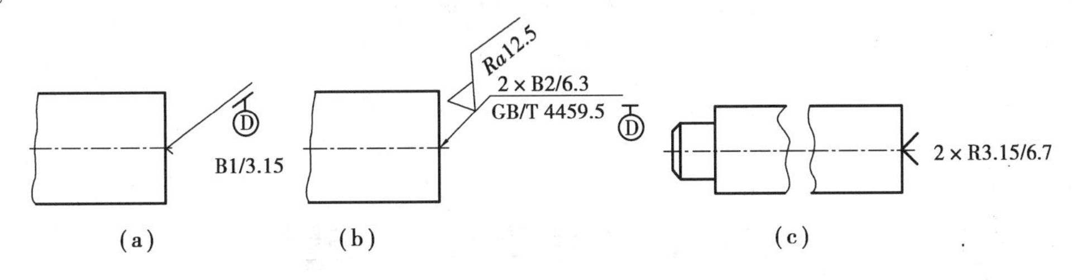

图3.2.24 中心孔的标注

教师评估

序号	优 点	存在问题	解决方案
1			
2			
3			
教师签字:			

模块 4 零件图

任务1　零件图视图的表达

任务目标

目标类型	目标要求
知识目标	1. 认知零件图作用和内容。 2. 认知零件图视图选择的原则和表达方法。
能力目标	通过典型零件的视图选择和表达方法的应用的学习，能识读和绘制简单的零件图。
情感目标	通过合作完成项目任务，增强相互合作、语言交流的能力。

任务内容

读一读：零件图的作用和内容。

想一想：零件图视图的选择原则是什么？

任务实施

一、零件图的作用和内容

在实际生产中，工人根据技术人员提供的零件图制造出经检验后合格的每个零件，然后再装配成机器或部件。用来制造、检验零件的图样称为零件工作图（简称零件图）。零件图要反映出设计者的意图，表达出机器或部件对该零件的要求，还要表达出该零件的内、外结构形状及尺寸大小，同时要考虑到结构和制造的合理性，它是制造和检验零件的主要技术依据。

1. 零件图的作用

零件图是制造和检验零件的主要依据，是设计部门提交给生产部门的重要技术文件，也是进行技术交流的重要资料。

2. **零件图的内容**

一张完整的零件图应包括以下几项基本内容，如图 4.1.1 所示。

(1) 一组视图

该组视图要综合运用视图、剖视图、断面图、局部放大图及各种规定和简化画法，完整、清晰、准确和简便地表达出零件的内(外)结构、形状和相对位置。

(2) 完整的尺寸

图样上必须正确、完整、清晰、合理地标注出零件各部分结构形状的大小和相对位置的全部尺寸，以便于零件的制造和检验。

(3) 技术要求

图样上要用规定的符号、代号和数字、文字注明零件在制造、检验、装配过程中应达到的各项技术指标和要求，如表面粗糙度、尺寸公差、形位公差、材料和热处理以及其他特殊要求。

(4) 标题栏

标题栏应配置在图框的右下角，主要填写零件的名称、材料、数量、比例、图样代号以及设计、审核、批准者的姓名、日期等。标题栏的尺寸和格式已经标准化，可参见有关标准。

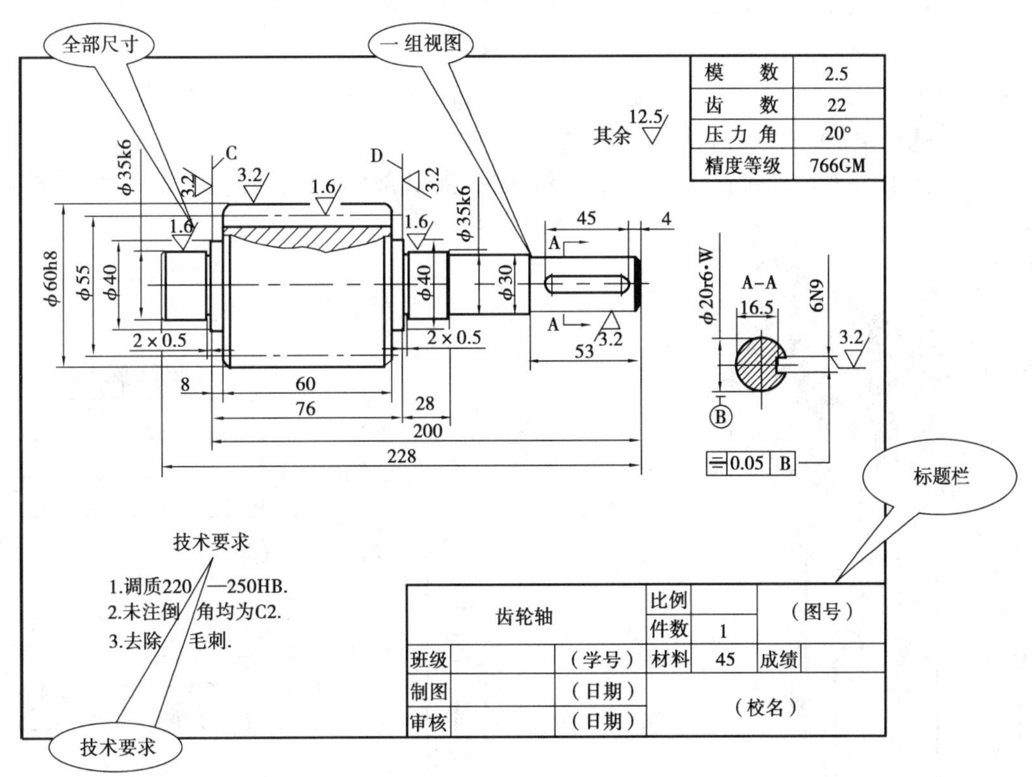

图 4.1.1　齿轮轴零件图

二、零件图的视图选择

1. 主视图的选择

主视图是表达零件结构形状最主要的视图。表达零件时，首先应确定主视图，主视图选择得是否合理将直接影响到其他视图的选择和配置。因此,在全面分析零件形状的基础上,选择零件图的主视图时,一般应从主视图的投射方向和零件的摆放位置两方面来考虑。

(1)选择主视图的投射方向——形状特征原则

从形体分析角度来说,应将最能反映零件各部分形状特征和各组成部分之间相对位置关系的方向作为主视图的投影方向,如图 4.1.2 所示。

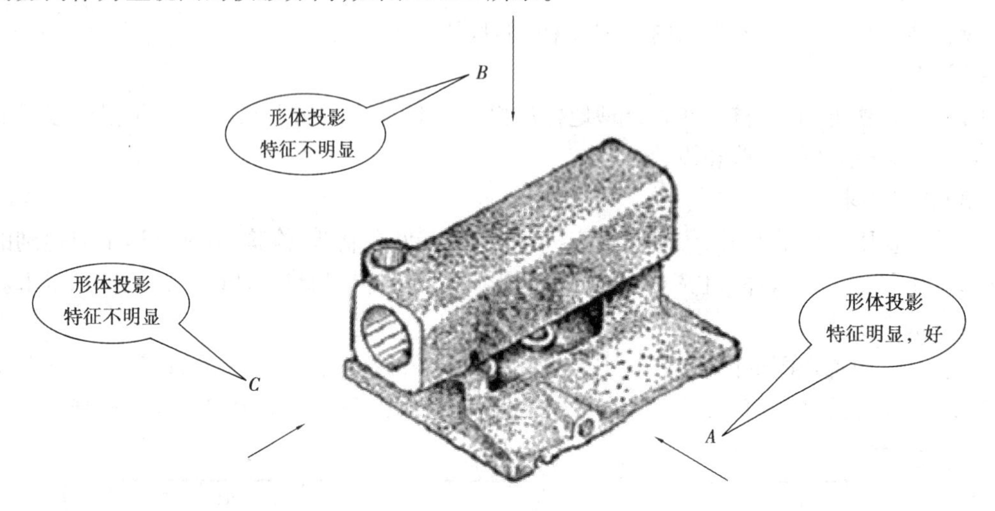

图 4.1.2　主视图的选择(一)

(2)选择主视图的摆放位置——工作位置原则

所选择的主视图的位置,应尽可能与零件在机械或部件中的工作位置相一致,如图 4.1.3 所示。

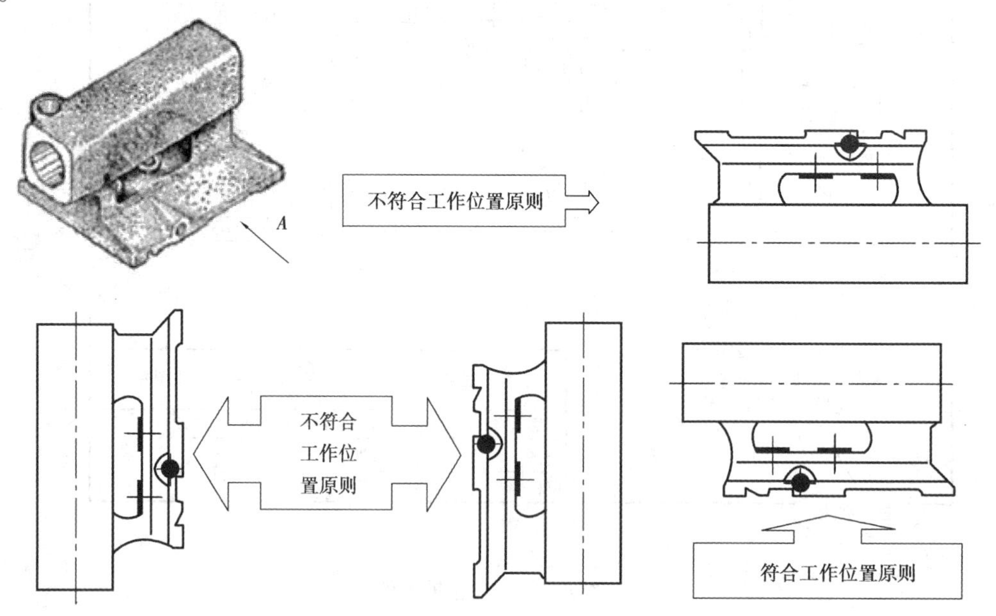

图 4.1.3　主视图的选择(二)

(3)选择主视图的摆放位置——加工位置原则

工作位置不易确定或按工作位置画图不方便的零件,主视图一般按零件在机械加工中所处的位置作为主视图的位置。因为,零件图的重要作用之一是用来指导制造零件,若主视图所表示的零件位置与零件在机床上加工时所处位置一致,则便于工人加工时看图,如图4.1.4所示。

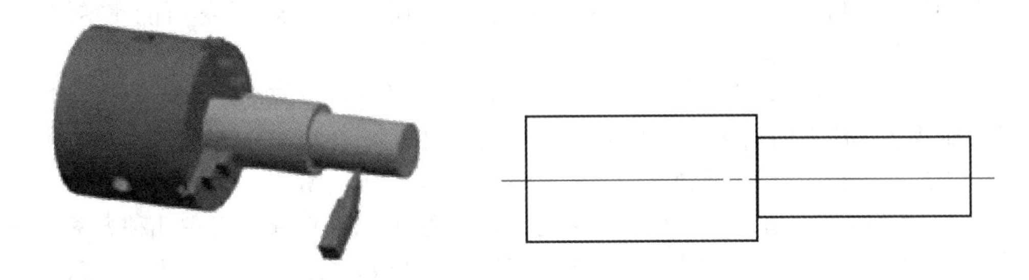

图4.1.4　主视图的选择(三)

(4)选择主视图的摆放位置——自然摆放稳定原则

如果零件为运动件,工作位置不固定,或零件的加工工序较多,其加工位置多变,则可按其自然摆放平稳的位置为画主视图的位置,如图4.1.5所示。

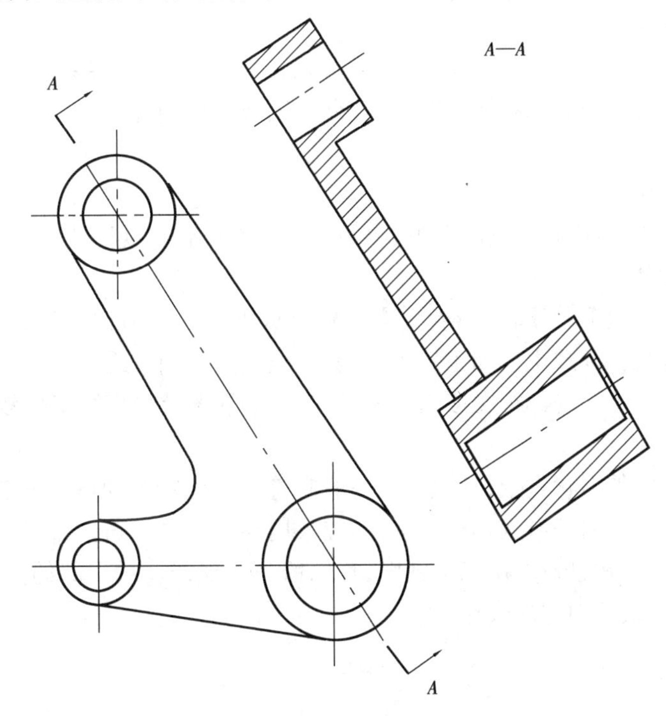

图4.1.5　主视图的选择(四)

总之,零件的主视图选择,既要反映零件各部分形体特征,又要符合零件在机器中的工作位置和主要加工位置。但有些不规则的零件很难满足以上要求,对这些零件则主要根据其形状结构特点选择自然放置位置来选择主视图。此外,选择主视图时还应考虑合理利用图纸。

2. 其他视图的选择

主视图确定后,应根据零件的具体情况分析确定其他视图。对于十分简单的轴、套、球类零件,一般只用一个视图,再加所注的尺寸,就能把其结构形状表达清楚。但是对于一些较复杂的零件,只靠一个主视图是很难把整个零件的结构形状表达完全的。因此,还应选择适当数量的其他视图与之配合,才能将零件的结构形状完整清晰地表达出来。选择其他视图时,应考虑以下几点:

①视图数量要恰当,在保证充分表达零件内、外结构形状的前提下,尽可能使零件的视图数目为最少,以便于画图和看图。

②优先考虑采用基本视图,在基本视图上作剖视图,并尽可能按投影关系配置各视图。

③每个视图都应有明确的表达重点,各个视图互相配合、互相补充而不重复。

④合理地布置视图位置,做到既使图样清晰美观,又便于读图。

总之,零件的视图选择是一个比较灵活的问题。选择时,一般应多考虑几种方案,加以比较后,力求用较好的方案表达零件。通过多画、多看、多比较、多总结,不断实践,才能逐步提高表达能力。

小贴士:画零件图时应尽量采用国家标准允许的简化画法作图,以提高绘图工作效率。

三、典型零件的视图选择

1. 轴套类零件

对于轴套类零件一般是一个主视图轴线横放,大端在左,小端在右,以符合加工位置。主视图上应能看到键槽或孔的投影,并对其作断面图或局部剖视,也可以加上必要的局部视图或向视图。

2. 轮盘类零件

对于轮盘类零件应按加工位置轴线横放。主视图外带左视图或右视图。

3. 叉架类零件

叉架类零件一般形状比较复杂,大多是铸件或锻件,扭拐部位较多,肋及凸块等也较多。其主视图可按现状特征或主要加工位置来表达,但其主要轴线或平面应平行或垂直于投影面。视图往往不少于两个。局部视图或断面图较多,斜剖视图及局部视图也较多。

4. 箱壳类零件

箱壳类零件内外形状复杂,其主视图一般应符合形状特征原则并按工作位置放置。基本视图不少于三个。若内外形状具有对称性,应采用半剖视图。若内部外部形状都较复杂且不对称,则可选投影不相遮掩处用局部视图,且保留一定虚线。对局部的内外部结构,可以用斜视图、局部剖视图或断面图来表达。

任务拓展

展示一至两个简单零件让学生进行零件的视图表达分析并绘图。

任务2 零件图的尺寸注法

任务目标

目标类型	目标要求
知识目标	1. 掌握各要素标注的相关规定及标注总则。 2. 掌握常见结构和典型零件的尺寸标注。
能力目标	根据尺寸标注总则对零件图进行尺寸标注,读懂零件图的尺寸。
情感目标	激发学生学习兴趣,提高自信心,巩固专业思想,培养学生手、脑并用的良好学习习惯。

任务内容

零件图上所标注的尺寸除应满足正确、完整、清晰的要求外,还应做到标注合理。

想一想:怎样合理标注零件尺寸?

任务实施

零件图中标注的尺寸是加工和检验零件的重要依据。在零件图上标注尺寸,除了要做到完整、正确、清晰外,还应着重解决合理标注尺寸的问题。标注尺寸的合理性,就是要求图样上所标注的尺寸既要符合零件的设计和加工工艺要求,又要符合生产实际,便于加工和测量,并有利于装配。要把尺寸注得合理,需要有一定的实践经验和专业知识,要对零件进行形体、结构分析和工艺分析,才能恰当地选择尺寸基准,合理地选择尺寸标注形式。这里主要介绍一些合理标注尺寸的基本知识和注意的问题。

一、尺寸标注基准

尺寸基准是标注和测量尺寸的起点,是指确定零件上几何元素位置的一些点、线、面。零件在长、宽、高三个方向应各有一个主要尺寸基准。有时为了加工、检验的需要,还可增加一个或几个尺寸基准,称辅助尺寸基准。辅助基准与主要基准之间应有尺寸直接联系。常用的尺寸基准有基准面(如底板的安装面、重要的端面、装配结合面、零件的对称面等)、基准线(如回转体的轴心线、对称中心线等)和基准点(如圆心,球心等),如图 4.2.1 所示。

1. 按尺寸基准性质分

(1)设计基准

设计基准是根据零件在机器中的位置、作用和结构特点,为保证零件的设计要求而选定的基准,如图 4.2.2 所示。

(2)工艺基准

便于零件加工、测量、装配时使用的基准称工艺基准,如图 4.2.3 所示。

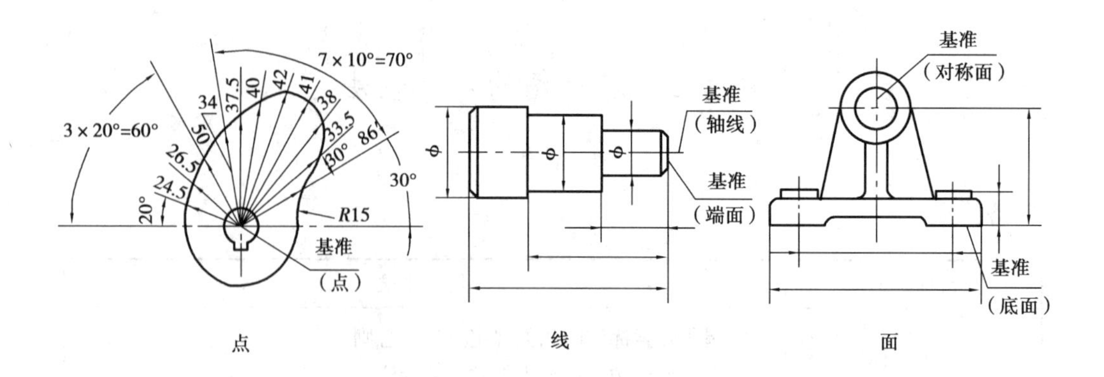

图 4.2.1　尺寸基准

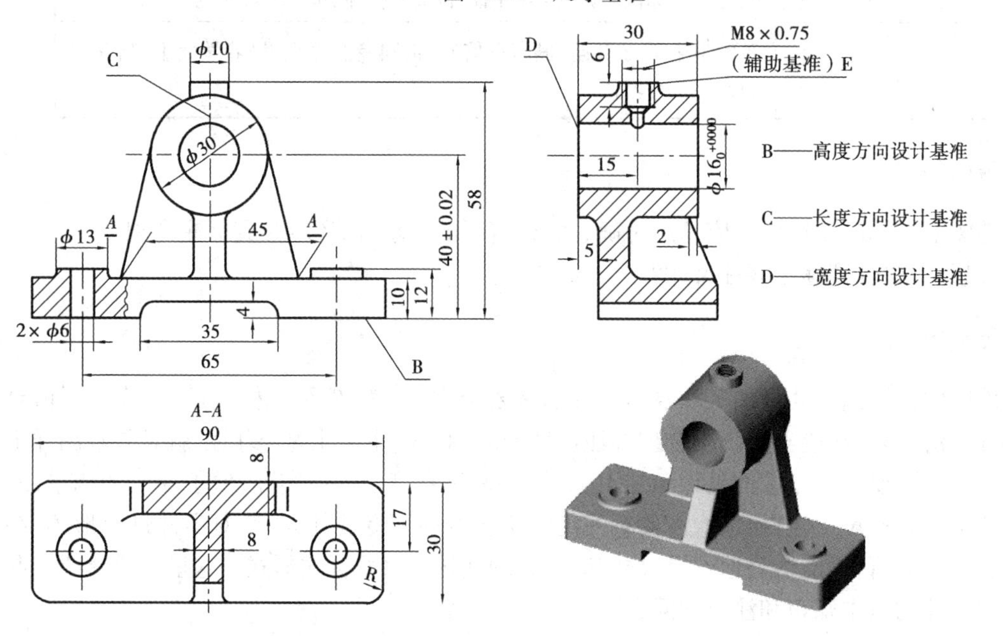

图 4.2.2　设计基准

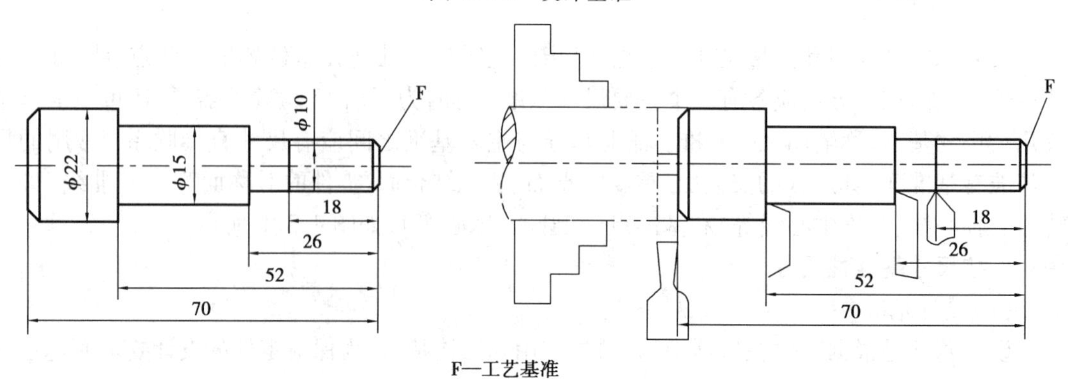

图 4.2.3　工艺基准

2. 按尺寸基准重要性分

(1)主要基准

决定零件主要尺寸的基准是主要基准。

(2)辅助基准

为便于加工和测量而附加的基准是辅助基准。

图4.2.4(a)中尺寸 b 不便测量，改为图4.2.4(b)所示的注法,则在轴上有两个基准。

在选择辅助基准时,应注意使其与主要基准有尺寸联系,如图4.2.4(b)中的尺寸 l。

总之,零件都有长、宽、高三个方向的尺寸,每一个方向至少要有一个基准。当同一方向具有多个基准中,其中必定有一个是主要基准,其余的为辅助基准。

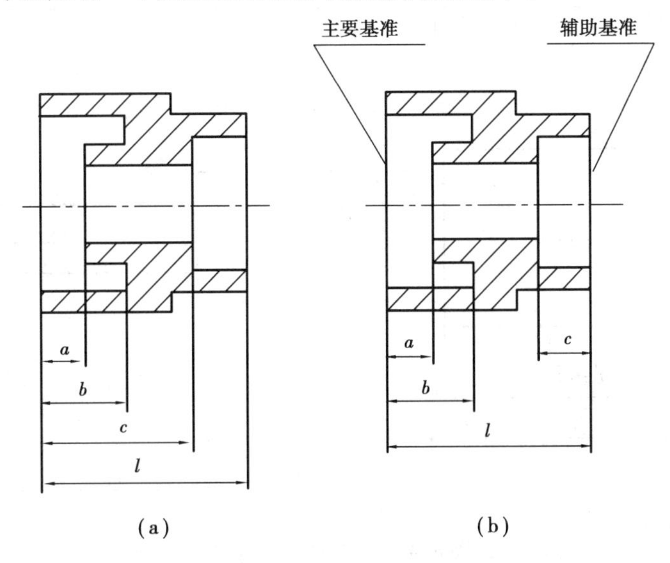

图4.2.4　主要基准和辅助基准

在标注零件尺寸时,如一时难以确定设计基准和工艺基准,一般常取零件上回转面的轴线,装配中的定位面、支承面等重要表面,零件的对称面和大的端面等作为基准 。

小贴士:作为基准的表面,表面光滑程度要求较高。

3. 标注尺寸的形式

根据图样上尺寸布置的情况,以轴类零件为例,尺寸标注的形式可分为三种:

(1)链式

零件同一方向的几个尺寸依次首尾相连,这种尺寸标注方式称为链式。链式可保证各端尺寸的精度要求,但由于基准依次推移,使各端尺寸的位置误差受到影响,如图4.2.5所示。

(2)坐标式

零件同一方向的几个尺寸由同一基准出发,这种尺寸标注方式称为坐标式。坐标式能保证所注尺寸误差的精度要求,各段尺寸精度互不影响,不产生位置误差积累,如图4.2.6所示。

(3)综合式

零件同方向尺寸既有链状式标注又有坐标式标注,即为综合式。综合式既能保证零件一些部位的尺寸精度,又能减少各部位的尺寸位置误差积累,在尺寸标注中应用最广泛,如图4.2.7所示。

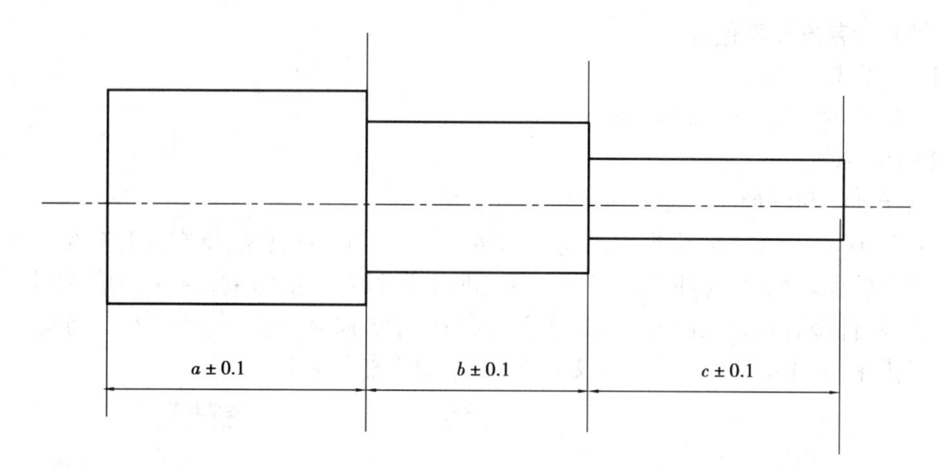

图 4.2.5 链式尺寸注法

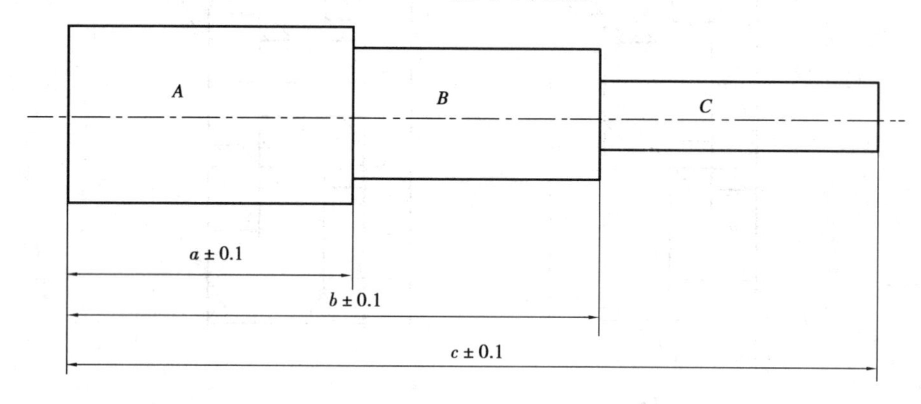

图 4.2.6 坐标式尺寸注法

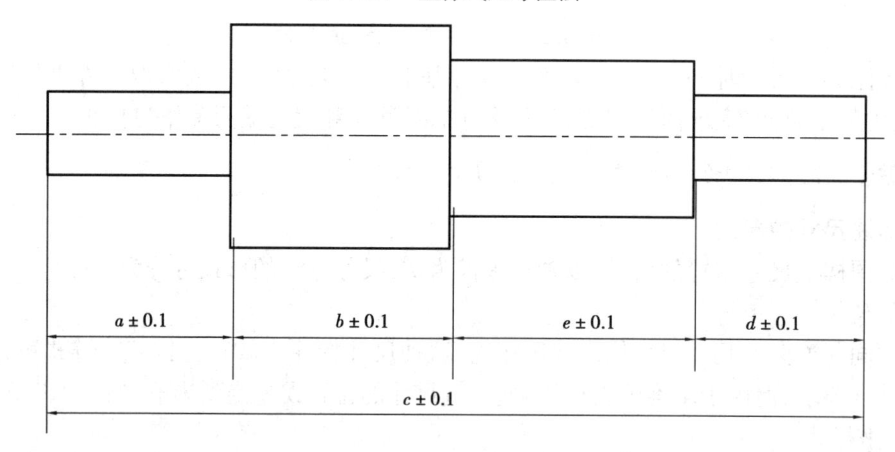

图 4.2.7 综合式尺寸注法

二、尺寸标注的基本要求

1. 重要尺寸直接注出

零件上凡是影响产品性能、工作精度和互换性的重要尺寸（规格性能尺寸、配合尺寸、安装尺寸、定位的尺寸)，都必须从设计基准直接注出。如图4.2.8中重要尺寸 Φ、D、A 就是直接注出的。

2.**所注尺寸应符合工艺要求**

(1)按加工方法标注尺寸

如图4.2.9所示是零件的圆弧槽部分，是用盘铣刀加工的，应注出盘铣刀直径 $\Phi60$，而不是半径 $R30$。

为使不同工种的工人在生产时识图方便，对于加工与非加工部位的尺寸或不同工序的加工尺寸，应在图形两边分别标注，如图4.2.10所示。

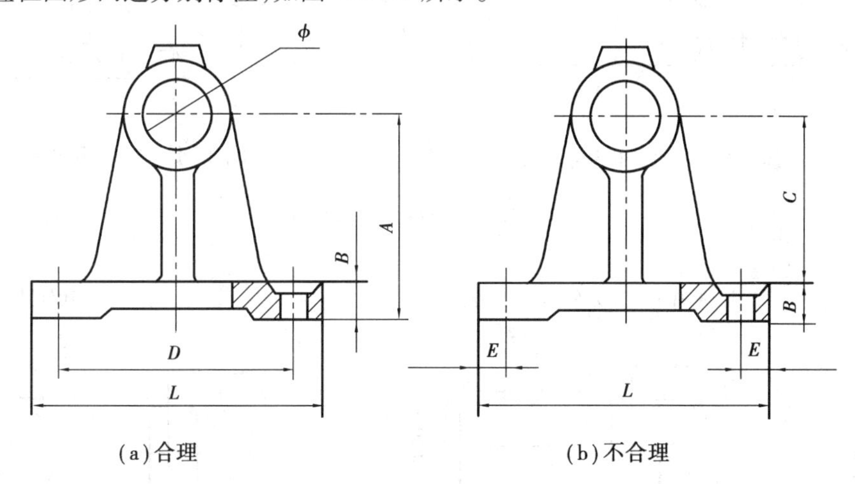

(a)合理　　(b)不合理

图4.2.8　重要尺寸注法

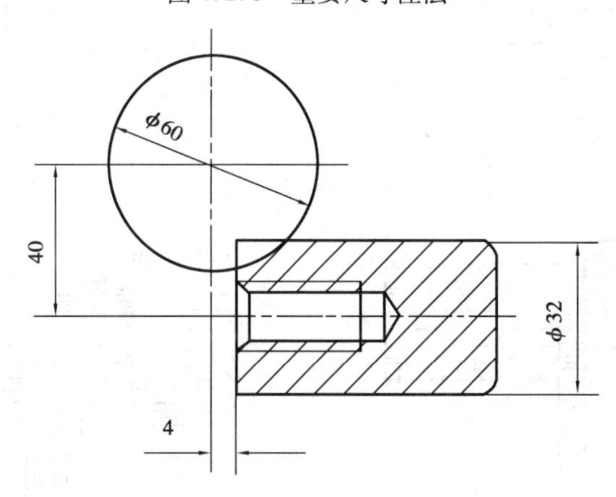

图4.2.9　尺寸标注符合加工方法要求

(2)按加工顺序标注尺寸

这种标注方法符合加工和测量要求，如图4.2.11、图4.2.12、图4.2.13所示。

3.**避免封闭的尺寸链**

同一零件同一方向上的各尺寸首尾相接、串联组成封闭图形的一组尺寸叫封闭尺寸链。为避免封闭的尺寸链，可以选择一个不重要的尺寸不予注出，使尺寸链留有开口，如图4.2.14所示。

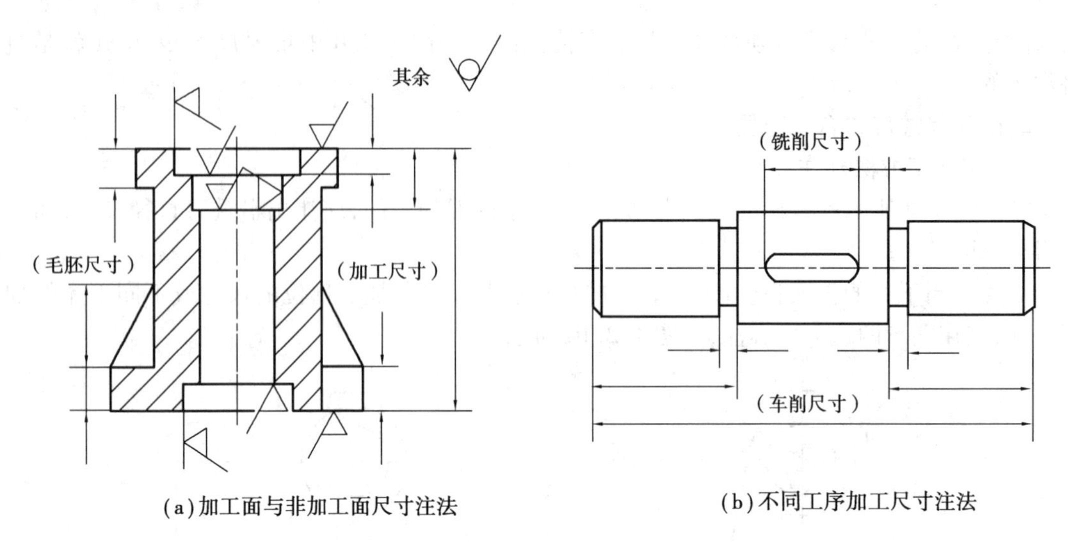

(a)加工面与非加工面尺寸注法　　(b)不同工序加工尺寸注法

图 4.2.10　分别标注两边尺寸

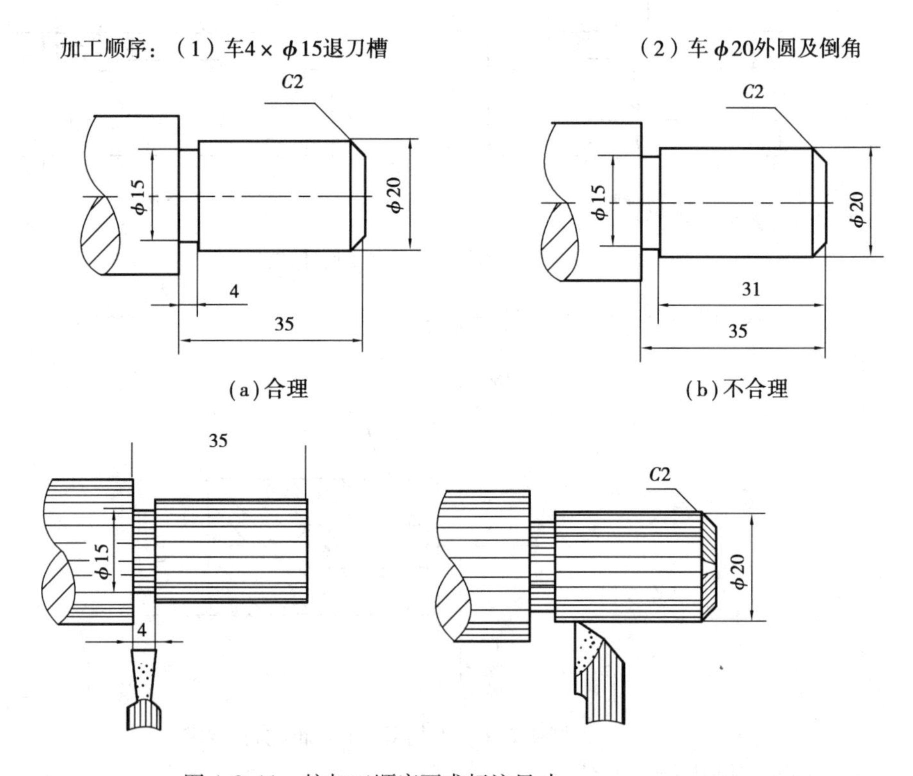

(a)合理　　(b)不合理

图 4.2.11　按加工顺序要求标注尺寸

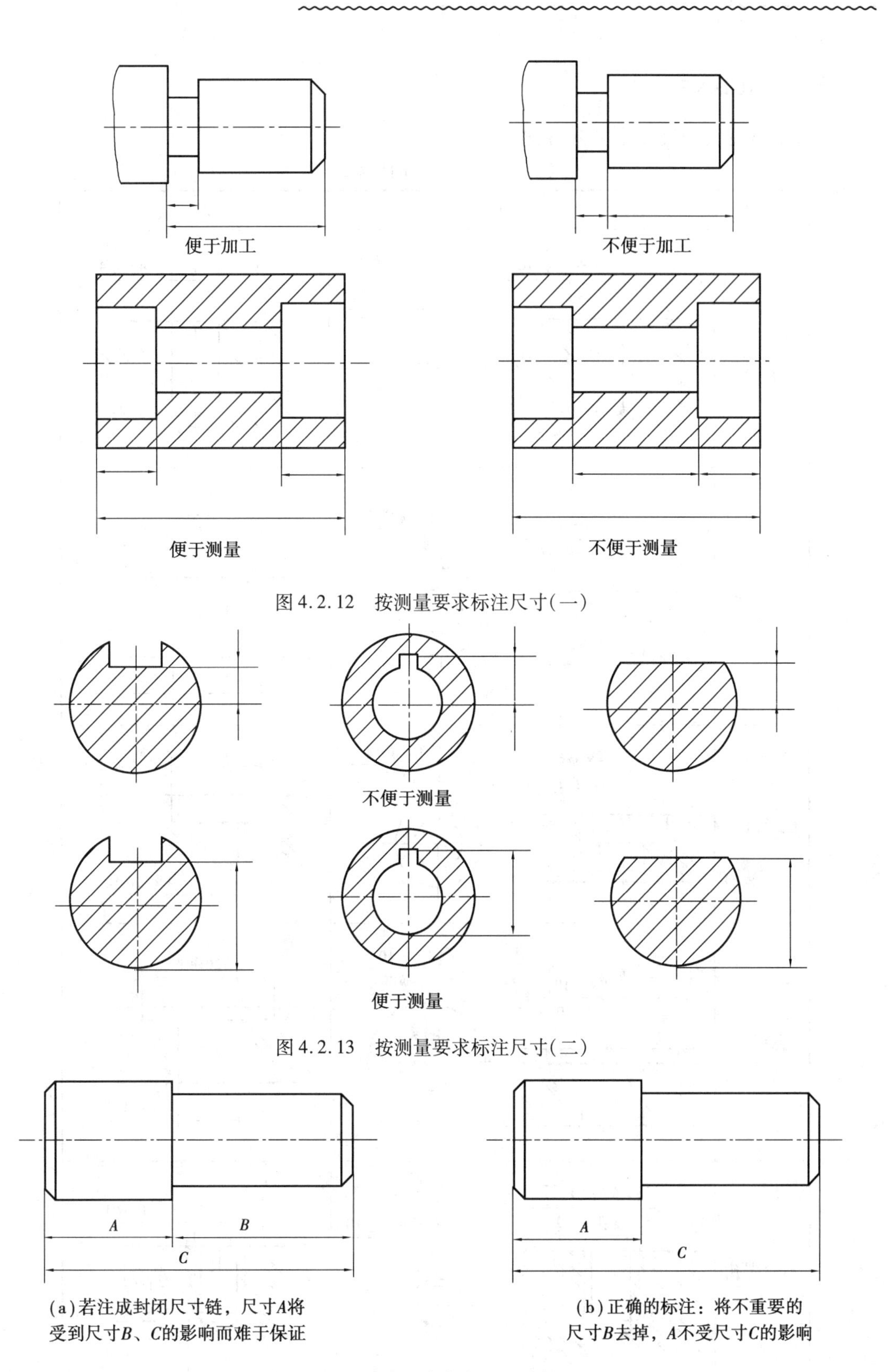

图4.2.12　按测量要求标注尺寸(一)

图4.2.13　按测量要求标注尺寸(二)

(a)若注成封闭尺寸链，尺寸A将受到尺寸B、C的影响而难于保证

(b)正确的标注：将不重要的尺寸B去掉，A不受尺寸C的影响

图4.2.14　避免封闭的尺寸链

三、常见孔的尺寸注法

零件上常见孔的尺寸注法,见表4.2.1。

表4.2.1　常见孔的尺寸注法

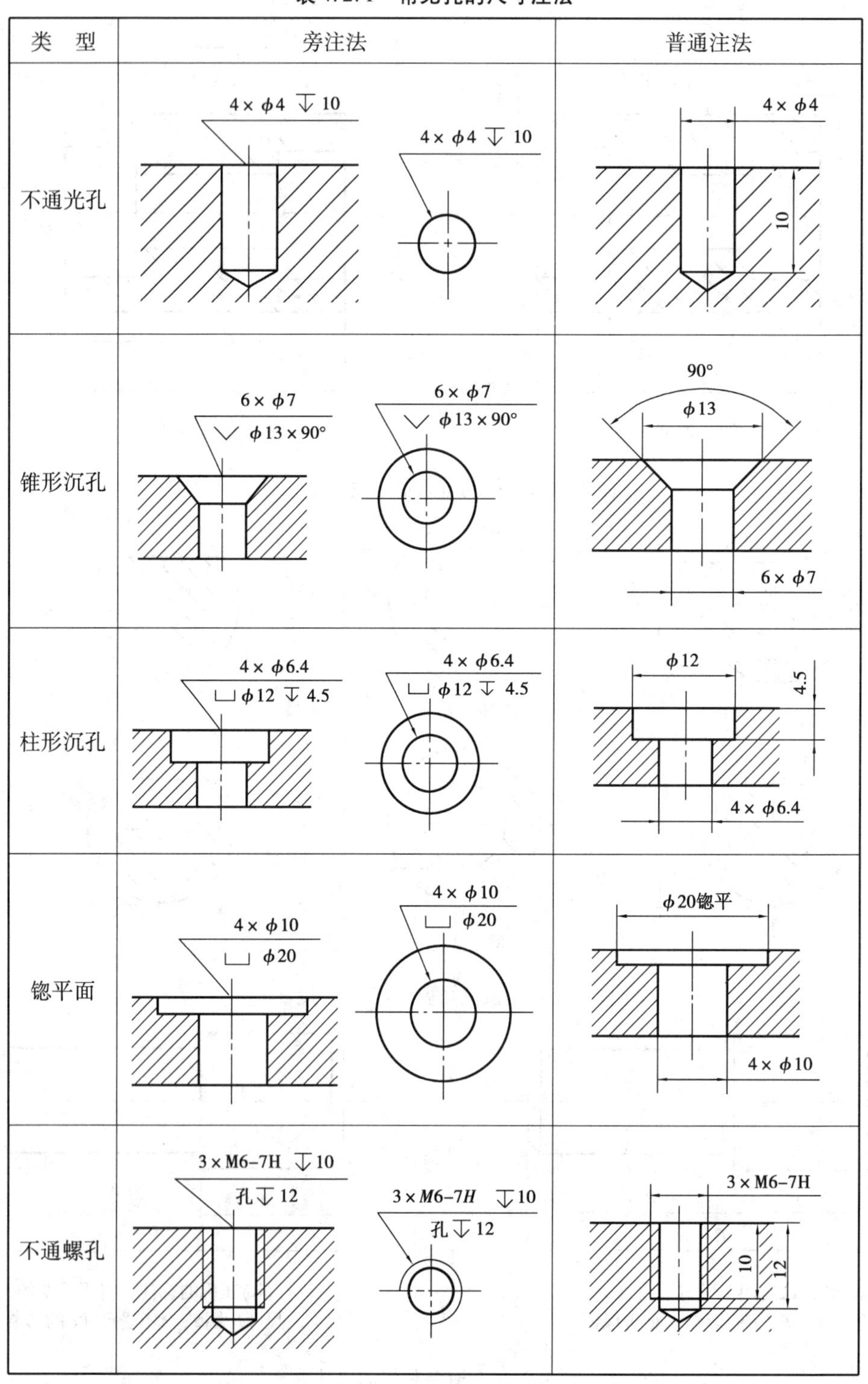

教师评估

序号	优 点	存在问题	解决方案
1			
2			
3			
教师签字:			

任务3 零件图上的技术要求

任务目标

目标类型	目标要求
知识目标	1. 认知零件图中技术要求包含的内容和表现形式。 2. 能认知零件图上的技术要求。
能力目标	能识读和标注零件图的各种技术要求。
情感目标	1. 养成读技术要求的习惯。 2. 培养边看零件图边思考的习惯。

任务内容

想一想:零件图上的技术要求有哪些?

小贴士:技术要求中,凡已有规定代号和符号的,应用代号、符号直接标注在图上;无规定代号、符号的,则可用文字或数字说明,书写在零件图的右下方。

任务实施

一、表面粗糙度的概念及其注法

1. 基本概念

表面粗糙度是指零件表面因加工而形成的微观几何形状误差。

2. 评定表面粗糙度的参数

①轮廓算术平均偏差——*R*a,如图4.3.1所示。

②轮廓最大高度——*R*z,如图4.3.2所示。

小贴士:优先选用轮廓算术平均偏差 *R*a。

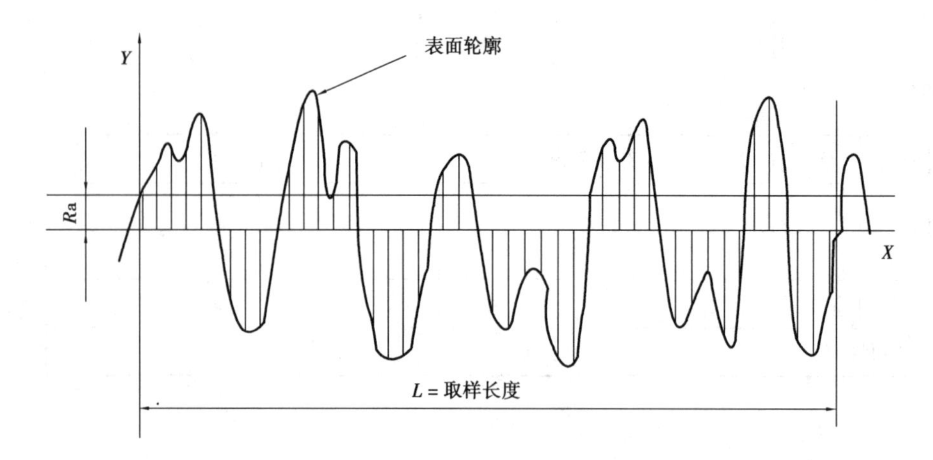

图 4.3.1　轮廓算术平均偏差(*R*a)

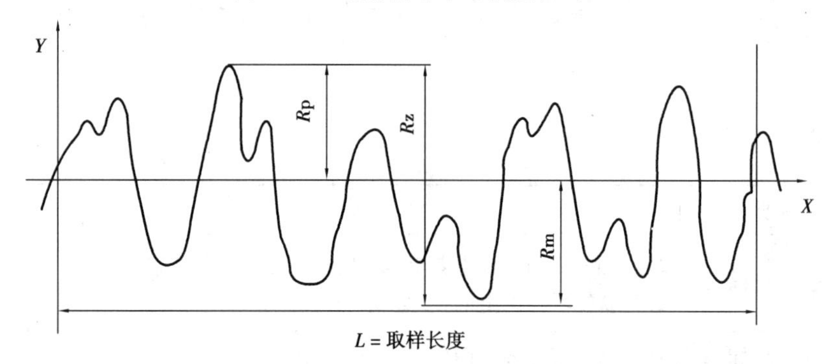

*R*z=*R*p+*R*m，*R*p—最大轮廓峰高，*R*m—最大轮廓谷深

图 4.3.2　轮廓最大高度(*R*z)

3. **表面粗糙度代(符)号及其注法**

(1)表面粗糙度符号、意义及说明

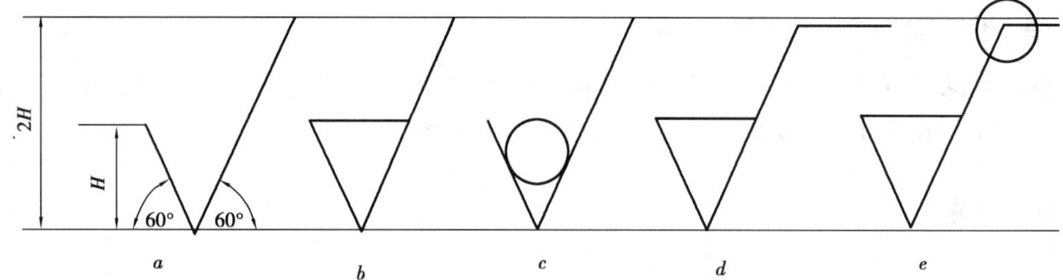

a——用任何方法获得的表面(单独使用无意义);

b——用去除材料的方法获得的表面;

c——用不去除材料的方法获得的表面;

d——横线上用于标注有关参数和说明;

e——表示所有表面具有相同的表面粗糙度要求。

(2) 表面粗糙度参数

①表面粗糙度参数的单位是 μm。

②注写 *R*a 时,只写数值。注写 *R*z 时,应同时注出 *R*z 和数值。

③注一个值时，表示为上限值；注两个值时，表示为上限值和下限值。

表面粗糙度主要参数 *R*a 的标注形式见表4.3.1。

表4.3.1　表面粗糙度主要参数 *R*a 的标注形式

符号	意　义	符号	意　义
3.2	用任何方法获得的表面粗糙度，*R*a 的上限值为3.2 μm	3.2max	用任何方法获得的表面粗糙度，*R*a 的最大值为3.2 μm
3.2	用去除材料的方法获得的表面粗糙度，*R*a 的上限值为3.2 μm	3.2max	用去除材料方法获得的表面粗糙度，*R*a 的最大值为3.2 μm
3.2	用不去除材料方法获得的表面粗糙度，*R*a 的上限值为3.2 μm	3.2max	用不去除材料方法获得的表面粗糙度，*R*a 的最大值为3.2 μm
3.2 1.6	用去除材料方法获得的表面粗糙度，*R*a 的上限值为3.2 μm，*R*a 的下限值为1.6 μm	3.2max 1.6max	用去除材料方法获得的表面粗糙度，*R*a 的最大值为3.2 μm，*R*a 的最小值为1.6 μm

(3)表面粗糙度在图样上的标注方法

图样上所标注的表面粗糙度符号、代号是指该表面完工后的要求。

①表面粗糙度符号、代号一般注在可见轮廓线、尺寸界线、引出线或它们的延长线上。符号的尖端必须从材料外指向表面，如图4.3.3所示。

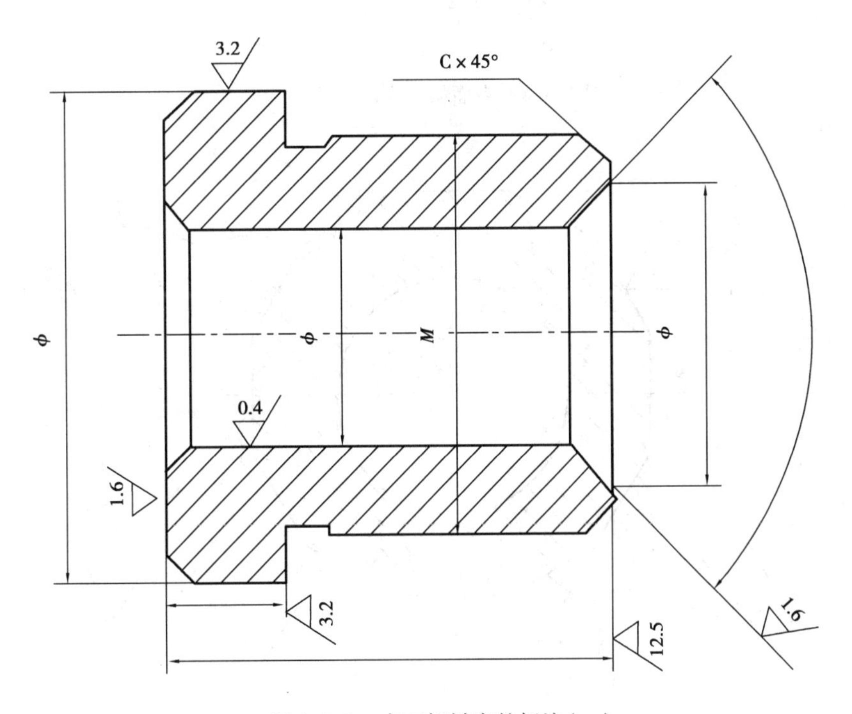

图4.3.3　表面粗糙度的标注(一)

表面粗糙度代号中,数字及符号的方向必须按图 4.3.4 所示的规定标注。

带有横线的表面粗糙度符号应按图 4.3.5 所示的规定标注。

在同一图样上,每一表面一般只标注一次符号、代号,并尽可能靠近有关的尺寸线。当位置狭小或不便标注时,符号、代号可以引出标注。用细实线连接不连续的同一表面如图 4.3.6 所示,其表面粗糙度符号、代号只标注一次。

②统一和简化标注。

当零件所有表面具有相同的表面粗糙度要求时,其符号、代号可在图样的右上角统一标注,如图 4.3.7 所示。

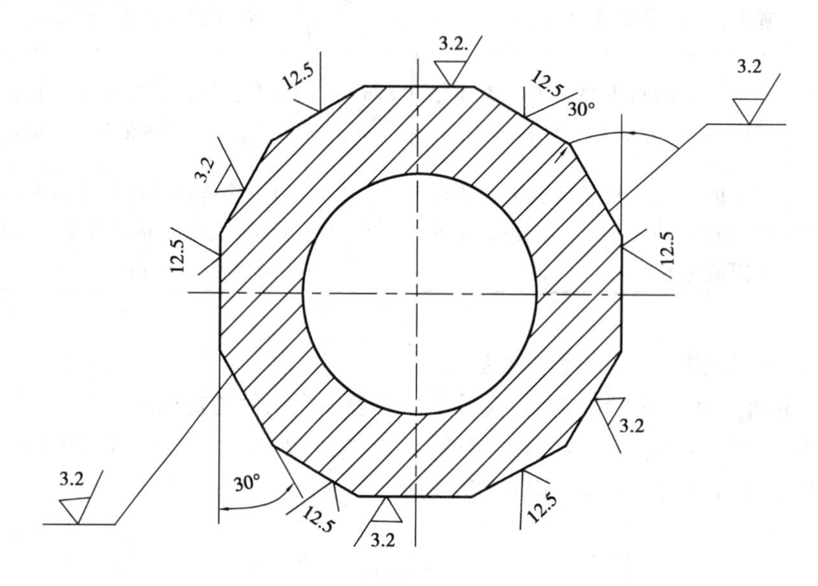

图 4.3.4　表面粗糙度的标注(二)

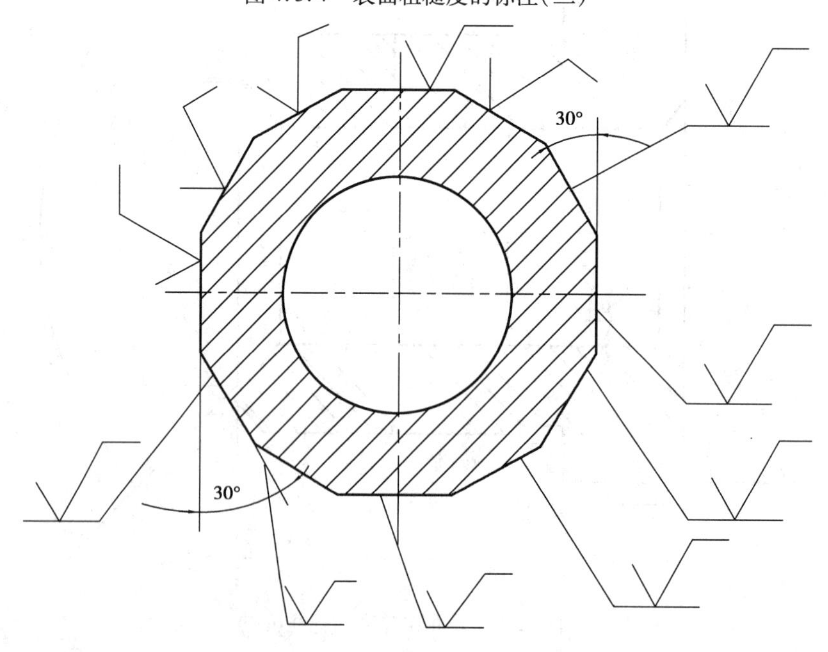

图 4.3.5　表面粗糙度的标注(三)

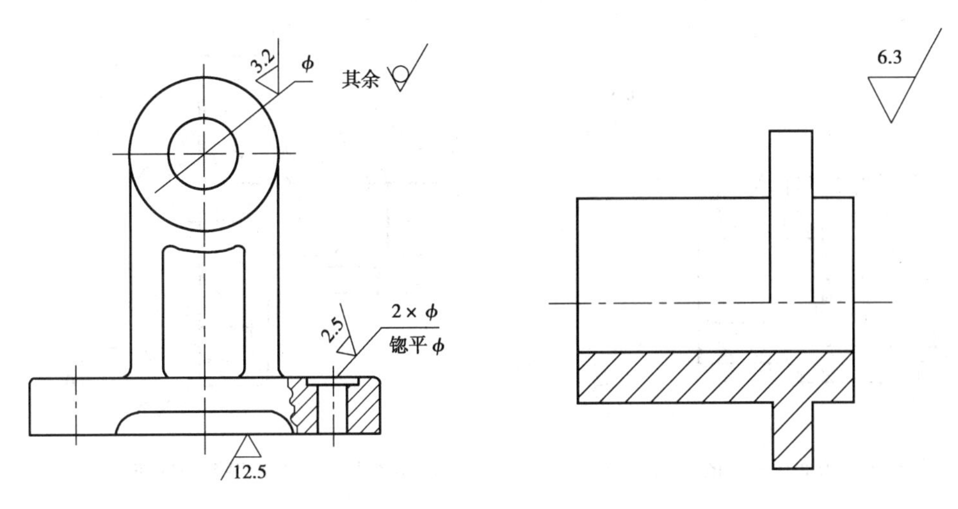

图4.3.6　表面粗糙度的标注(四)　　图4.3.7　表面粗糙度的标注(五)

当零件的大部分表面具有相同的表面粗糙度要求时,对其中使用最多的一种符号、代号可以统一注在图样的右上角,并注“其余”两字,如图4.3.8所示。为了简化标注方法,或者标注位置受到限制时,可以标注简化代号,如图4.3.9所示。

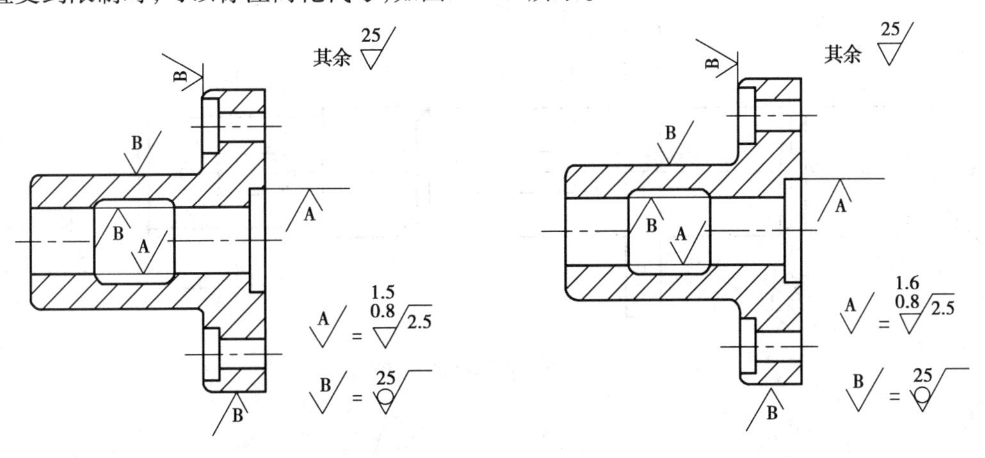

图4.3.8　表面粗糙度的标注(六)　　图4.3.9　表面粗糙度的标注(七)

也可采用省略的注法,但应在标题栏附近说明这些简化符号、代号的意义,如图4.3.10、图4.3.11所示。

中心孔的工作表面、键槽工作面、倒角、圆角的表面粗糙度代号,可以简化标注,如图4.3.12所示。

③其他规定注法。

零件上连续表面及重复要素(孔、槽、齿等)的表面如图4.3.13所示,其表面粗糙度符号、代号只标注一次。

同一表面上有不同的表面粗糙度要求时,须用细实线画出其分界线,并注出相应的表面粗糙度代号和尺寸,如图4.3.14所示。

齿轮、渐开线花键、螺纹等工作表面没有画出齿(牙)形时,其表面粗糙度代号可按图4.3.15所示的方式标注。

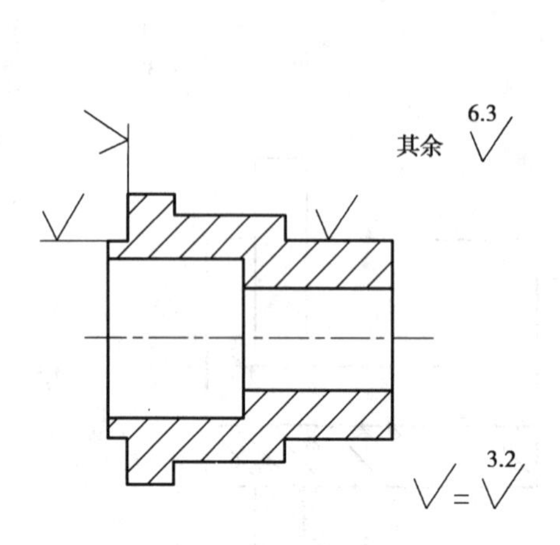

图 4.3.10　表面粗糙度的标注(八)

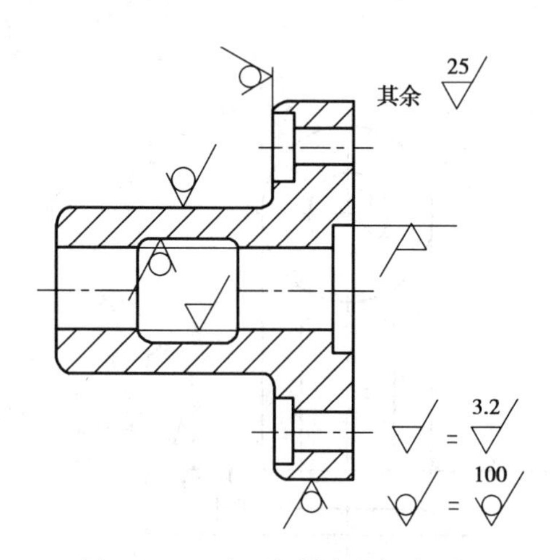

图 4.3.11　表面粗糙度的标注(九)

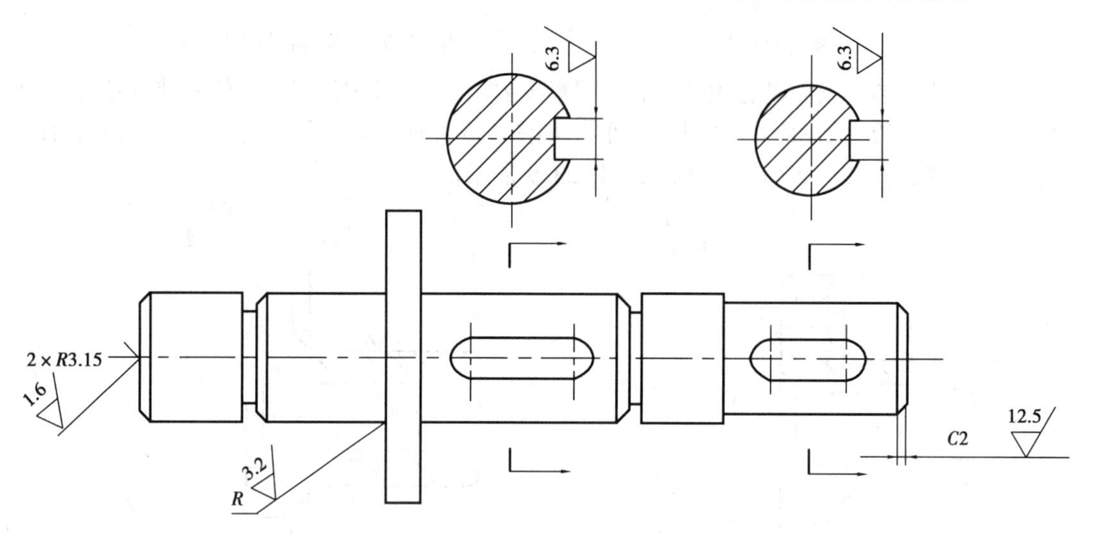

图 4.3.12　表面粗糙度的标注(十)

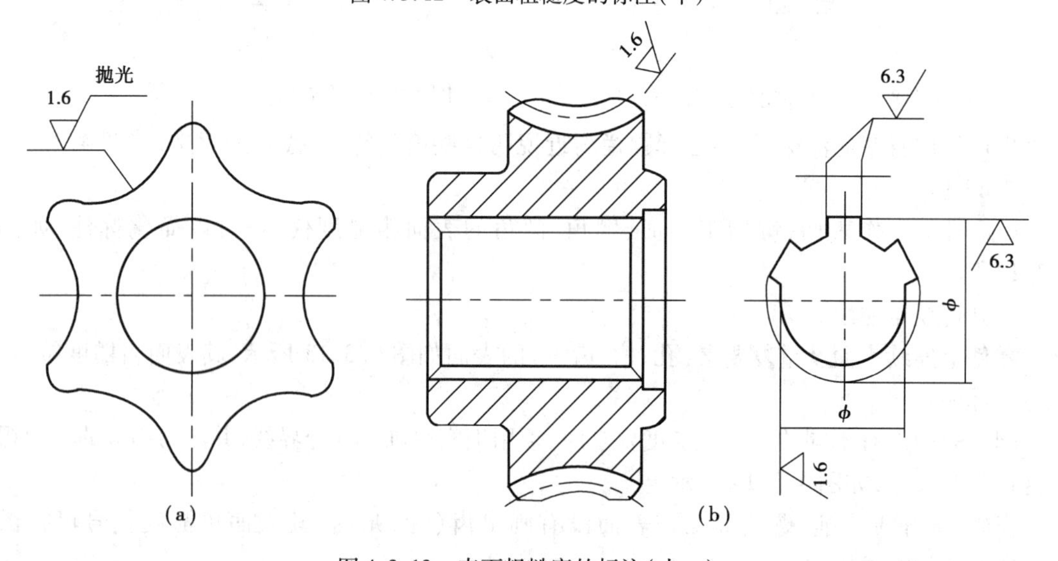

图 4.3.13　表面粗糙度的标注(十一)

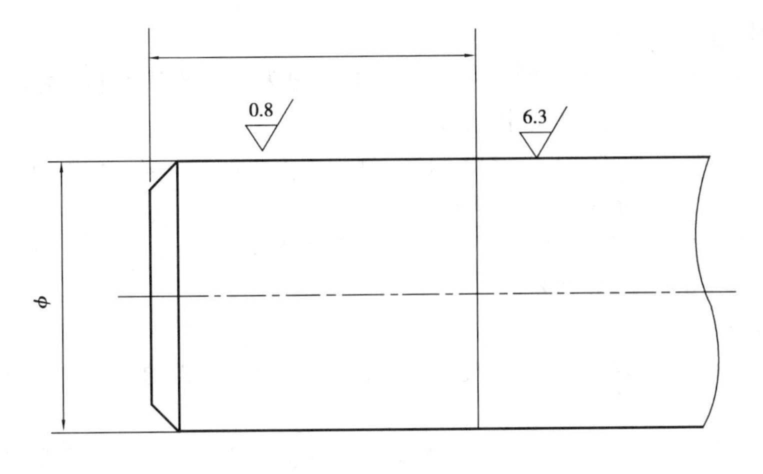

图 4.3.14　表面粗糙度的标注(十二)

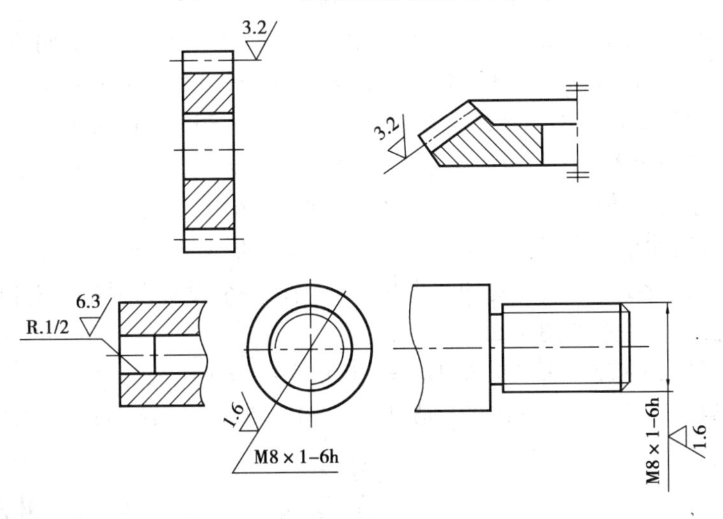

图 4.3.15　表面粗糙度的标注(十三)

二、公差与配合在图样上的标注与识读

1. 互换性的概念

在一批相同规格的零件或部件中,不经挑选和经修配或其他加工就能顺利装配到机械上去,并能够达到预期的性能和使用要求。我们把这批零件或部件所具有的这种性质称为互换性。在日常生活和现代工业生产中,人们常和互换性打交道。例如,自行车上的螺钉或螺帽掉了,手表上的发条断了或电池坏了,人们只要到商店去买一个相同规格的螺钉、螺帽、发条或电池换上就行了。又如,一只手表、一辆汽车或一架飞机,都是由许多零部件组合而成的,而这些零部件又往往是由不同的车间、工厂甚至不同的国家生产,但这些合格的零部件都是按互换性原则进行设计和生产制造的,在其尺寸大小、规格及功能上彼此具有相互替换的性能。

2. 极限与配合的基本术语及定义

(1)零件的尺寸

①基本尺寸:通过应用上、下偏差可算出极限尺寸的尺寸,如图 4.3.16 中的 35。孔的基本尺寸用 L 表示,轴的基本尺寸用 l 表示。

②实际尺寸:通过测量获得的某一孔、轴的尺寸。

③极限尺寸:一个孔或轴允许的尺寸的两个极端,分为最大极限尺寸和最小极限尺寸。合格实际尺寸应位于其中,也可达到极限尺寸。

④最大极限尺寸:孔或轴允许的最大尺寸,分别用 L_{max}、l_{max} 表示。如图 4.3.16 中,孔:$L_{max}=35.025$;轴:$l_{max}=34.975$。

⑤最小极限尺寸:孔或轴允许的最小尺寸,分别用 L_{min}、l_{min} 表示。如图 4.3.16 中,孔:$L_{min}=35$;轴:$l_{min}=34.050$。

(2)偏差与公差

①偏差:某一尺寸(实际尺寸、极限尺寸等)减其基本尺寸所得的代数差。偏差可以为正、为负或为零。

②极限偏差:指上偏差和下偏差。最大极限尺寸减其基本尺寸所得的代数差称为上偏差;最小极限尺寸减其基本尺寸所得的代数差称为下偏差。

轴的上偏差用 es 表示,下偏差用 ei 表示。孔的上偏差用 ES 表示,下偏差用 EI 表示。如图 4.3.16 中:孔 $ES=L_{max}-L=35.025-35=+0.025$,$EI=L_{min}-L=35-35=0$;轴 $es=l_{max}-l=34.975-35=-0.025$,$ei=l_{min}-l=34.950-35=-0.050$。

③尺寸公差(简称公差,用 T 表示):最大极限尺寸减最小极限尺寸之差,或上偏差减下偏差之差,是允许尺寸的变动量。孔公差用 Th 表示,轴公差用 Ts 表示。

由于最大极限尺寸总是大于最小极限尺寸,上偏差总是大于下偏差,所以它们的代数差值总为正值,一般将正号省略,取其绝对值。即尺寸公差是一个没有符号的绝对值。

尺寸偏差和公差的关系如图 4.3.16 所示。

如:孔 $Th=35.025-35=0.025$ 或 $Th=+0.025-0=0.025$;

轴 $Ts=34.975-34.950=0.025$ 或 $Ts=-0.025-(-0.050)=0.025$。

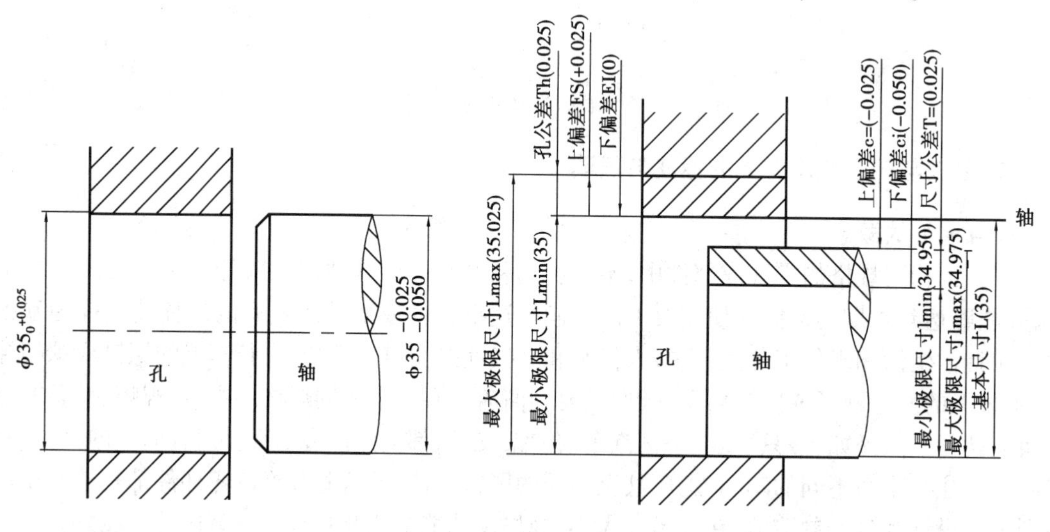

图 4.3.16　尺寸及公差

④标准公差(IT)。标准公差是国家标准极限与配合制中所规定的任一公差。如表 4.3.2 所示,国家标准将标准公差分为 20 个公差等级,用标准公差等级代号 IT01, IT0, IT1,……, IT18 表示。“IT”为“国际公差”的符号,阿拉伯数字 01, 0, 1,……, 18 表示公差等级。如

IT8 的含意为 8 级标准公差。在同一尺寸段内，从 IT01 至 IT18，精度依次降低，而相应的标准公差值依次增大。其关系为：

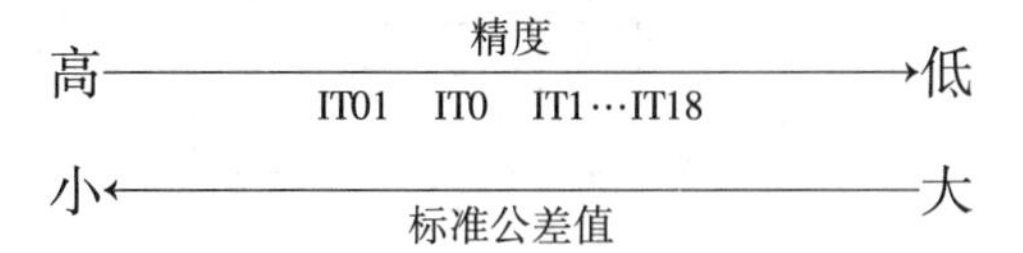

表 4.3.2　标准公差数值（摘自 GB/T 1800.3—1998）

基本尺寸/mm		标准公差等级																			
		IT01	IT0	IT1	IT2	IT3	IT4	IT5	IT6	IT7	IT8	IT9	IT10	IT11	IT12	IT13	IT14	IT15	IT16	IT17	IT18
大于	至	μm													mm						
—	3	0.3	0.5	0.8	1.2	2	3	4	6	10	14	25	40	60	0.1	0.14	0.25	0.4	0.6	1	1.4
3	6	0.4	0.6	1	1.5	2.5	4	5	8	12	18	30	48	75	0.12	0.18	0.3	0.48	0.75	1.2	1.8
6	10	0.4	0.6	1	1.5	2.5	4	6	9	15	22	36	58	90	0.15	0.22	0.36	0.58	0.9	1.5	2.2
10	18	0.5	0.8	1.2	2	3	5	8	11	18	27	43	70	110	0.18	0.27	0.43	0.7	1.1	1.8	2.7
18	30	0.6	1	1.5	2.5	4	6	9	13	21	33	52	84	130	0.21	0.33	0.52	0.84	1.3	2.1	3.3
30	50	0.7	1	1.5	2.5	4	7	11	16	25	39	62	100	160	0.25	0.39	0.62	1	1.6	2.5	3.9
50	80	0.8	1.2	2	3	5	8	13	19	30	46	74	120	190	0.3	0.46	0.74	1.2	1.9	3	4.6
80	120	1	1.5	2.5	4	6	10	15	22	35	54	87	140	220	0.35	0.54	0.87	1.4	2.2	3.5	5.4
120	180	1.2	2	3.5	5	8	12	18	25	40	63	100	160	250	0.4	0.63	1	1.6	2.5	4	6.3
180	250	2	3	4.5	7	10	14	20	29	46	72	115	185	290	0.46	0.72	1.15	1.85	2.9	4.6	7.2
250	315	2.5	4	6	8	12	16	23	32	52	81	130	210	320	0.52	0.81	1.3	2.1	3.2	5.2	8.1
315	400	3	5	7	9	13	18	25	36	57	89	140	230	360	0.57	0.89	1.4	2.3	3.6	5.7	8.9
400	500	4	6	8	10	15	20	27	40	63	97	155	250	400	0.63	0.97	1.55	2.5	4	6.3	9.7
注：基本尺寸小于或等于 1 mm 时，无 IT14 至 IT18。																					

⑤极限与配合图解（也称公差与配合图解）。在实际应用中，为了简便表达相互结合的孔、轴的基本尺寸、极限尺寸、极限偏差与公差的相互关系问题，只按一定比例放大画出孔与轴的公差带部分，这种图示方法称为极限与配合图解。图 4.3.16 中，由代表上偏差和下偏差或最大极限尺寸和最小极限尺寸的两条直线所限定的一个区域称为公差带，表示基本尺寸的一条直线称为零线。

⑥基本偏差。在极限与配合制中，确定公差带相对零线位置的极限偏差称为基本偏差。它可以是上偏差或下偏差，一般为靠近零线的那个偏差。图 4.3.17 中孔公差带的基本偏差为下偏差 0，轴公差带的基本偏差为上偏差 -0.025。

国家标准对孔和轴分别规定了 28 个基本偏差。并规定：大写字母表示孔的基本偏差，小写字母表示轴的基本偏差，如图 4.3.18 所示。

基本偏差系列图仅给出了公差带的一端，而另一端则取决于公差等级和这个基本偏差的组合。

⑦零件的配合。

a. 配合。配合是指基本尺寸相同的相互结合的孔和轴公差带之间的关系。根据相互结合的孔和轴公差带的相互位置关系,配合分为三类:间隙配合,过盈配合和过渡配合。

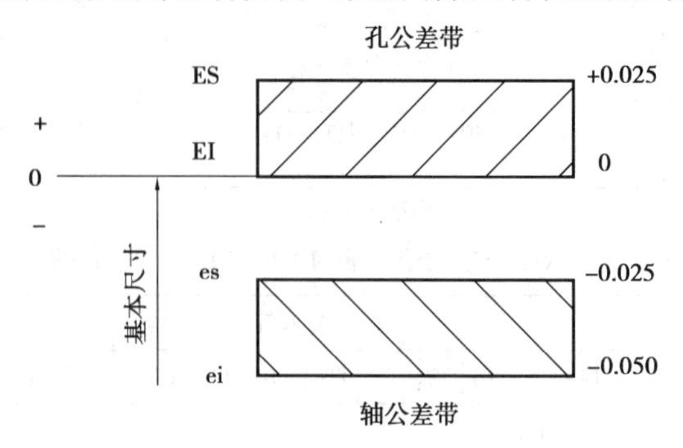

图 4.3.17　基本偏差

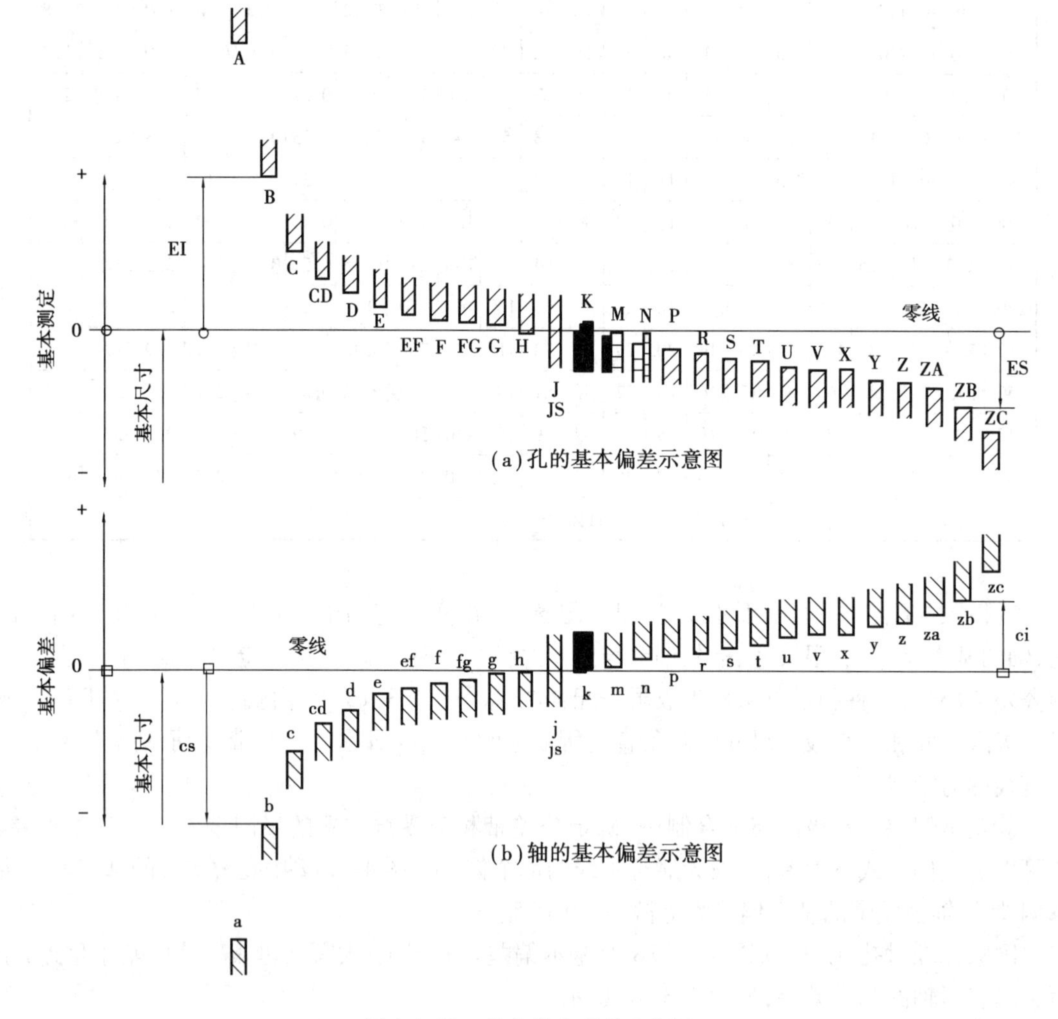

图 4.3.18　基本偏差系列示意图

b.间隙配合。具有间隙(包括最小间隙等于零)的配合称为间隙配合。此时,孔公差带在轴公差带之上,如图 4.3.19 所示。

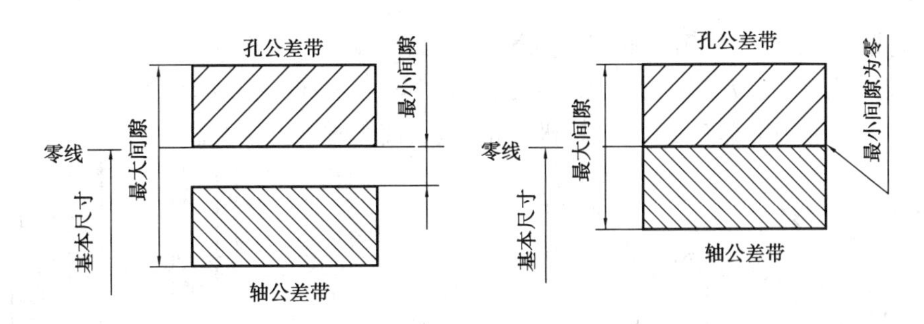

图 4.3.19　间隙配合

c. 过盈配合。这是指具有过盈(包括最小过盈等于零)的配合。此时,孔的公差带在轴的公差带之下,如图 4.3.20 所示。

d. 过渡配合。可能具有间隙或过盈的配合称为过渡配合。此时,孔的公差带与轴的公差带相互交叠,如图 4.3.21 所示。

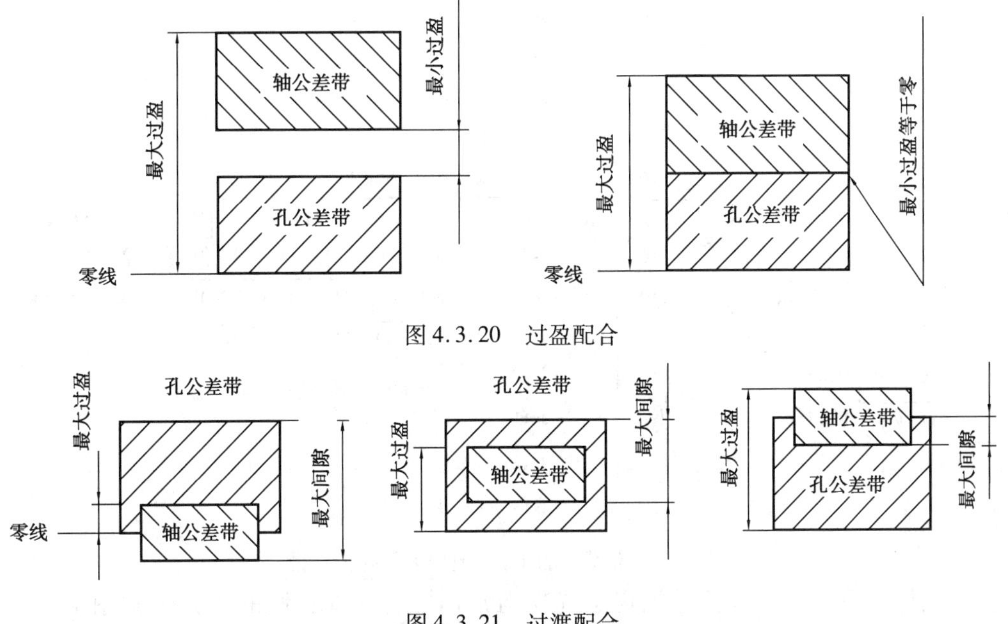

图 4.3.20　过盈配合

图 4.3.21　过渡配合

⑧配合制。

同一极限制的孔和轴组成配合的一种制度称为配合制。国家标准规定了两种配合制,即基孔制配合和基轴制配合。

a. 基孔制配合:基本偏差为一定的孔的公差带,与不同基本偏差的轴的公差带形成各种配合(间隙、过渡或过盈)的一种制度。在基孔制配合中,选作基准的孔称为基准孔,基准孔的下偏差为零,上偏差为正值。基准孔的基本偏差代号为“ H ”,如图 4.3.22 所示。

b. 基轴制配合:基本偏差为一定的轴的公差带,与不同基本偏差的孔的公差带形成各种配合(间隙、过渡或过盈)的一种制度。在基轴制配合中,选作基准的轴称为基准轴,基准轴的上偏差为零,下偏差为负值。基准轴的基本偏差代号为“ h ”,如图 4.3.23 所示。

(3)优先与常用公差带及配合

①优先与常用的孔、轴公差带。在 GB/T 1801—1999 中,国标对尺寸≤ 500mm 范围

内,规定了优先、常用和一般用途的孔、轴公差带,如图 4.3.24、图 4.3.25 所示。图中圆圈内的为优先选用公差带,方框中的为常用公差带,其余为一般用途的公差带。对这些公差带,GB/T1800 — 1999 中都制定了孔、轴极限偏差表,使用时可直接查表。

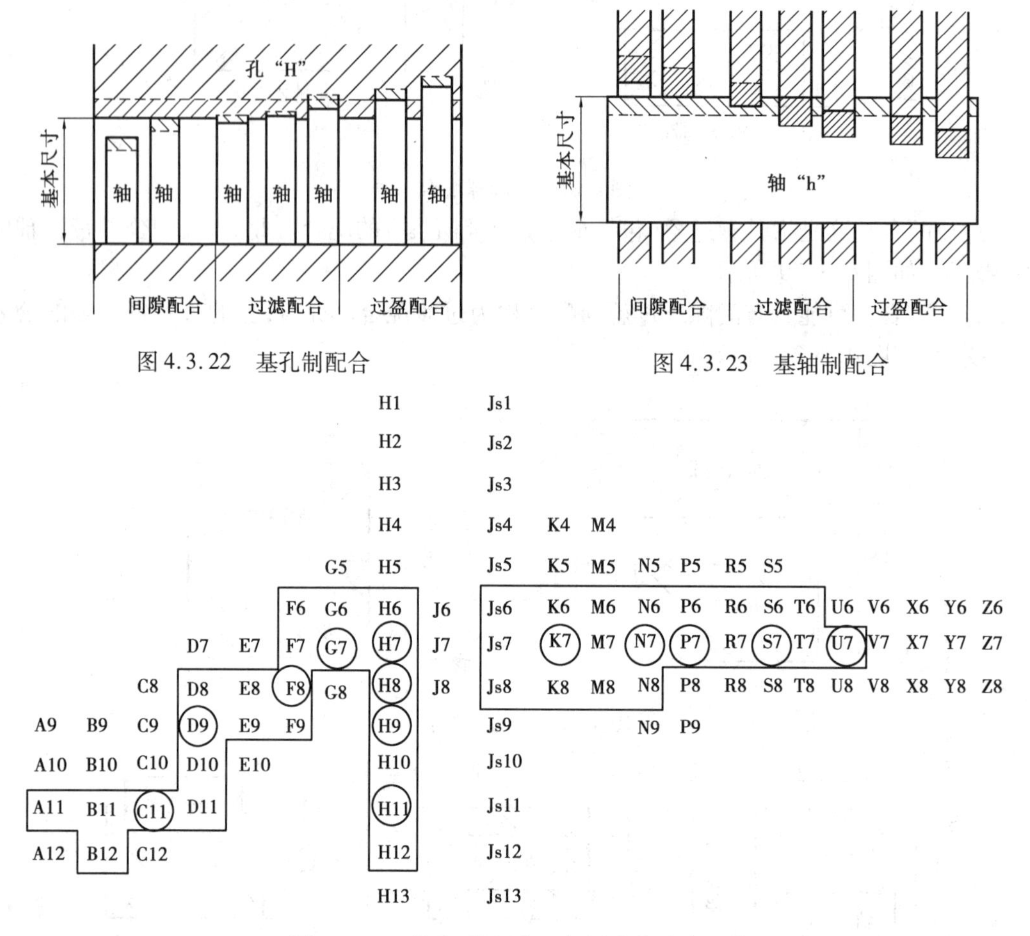

图 4.3.22　基孔制配合

图 4.3.23　基轴制配合

图 4.3.24　优先、常用和一般用途的孔公差带

②优先与常用配合。国标还规定了优先与常用配合。基孔制的优先与常用配合见表 4.3.3,基轴制的优先与常用配合见表 4.3.4。

表 4.3.3　基孔制优先、常用配合(摘自 GB/1801—1999)

基准孔	轴																				
	a	b	c	d	e	f	g	h	js	k	m	n	p	r	s	t	u	v	x	y	z
	间隙配合								过滤配合			过盈配合									
H6						$\frac{H6}{f5}$	$\frac{H6}{g5}$	$\frac{H6}{h5}$	$\frac{H6}{js5}$	$\frac{H6}{k5}$	$\frac{H6}{m5}$	$\frac{H6}{n5}$	$\frac{H6}{p5}$	$\frac{H6}{r5}$	$\frac{H6}{s5}$	$\frac{H6}{t5}$					
H7						$\frac{H7}{f6}$	$\frac{H7}{g6}$	$\frac{H7}{h6}$	$\frac{H7}{js6}$	$\frac{H7}{k6}$	$\frac{H7}{m6}$	$\frac{H7}{n6}$	$\frac{H7}{p6}$	$\frac{H7}{r6}$	$\frac{H7}{s6}$	$\frac{H7}{t6}$	$\frac{H7}{u6}$	$\frac{H7}{v6}$	$\frac{H7}{x6}$	$\frac{H7}{y6}$	$\frac{H7}{z6}$

续表

基准孔	轴																				
	a	b	c	d	e	f	g	h	js	k	m	n	p	r	s	t	u	v	x	y	z
	间隙配合								过滤配合			过盈配合									
H8					$\frac{H8}{c7}$	◤ $\frac{H8}{f7}$	$\frac{H8}{g7}$	◤ $\frac{H8}{h7}$	$\frac{H8}{js7}$	$\frac{H8}{k7}$	$\frac{H8}{m7}$	$\frac{H8}{n7}$	$\frac{H8}{p7}$	$\frac{H8}{r7}$	$\frac{H8}{s7}$	$\frac{H8}{t7}$	$\frac{H8}{u7}$				
				$\frac{H8}{d8}$	$\frac{H8}{e8}$	$\frac{H8}{f8}$		$\frac{H8}{h8}$													
H9			$\frac{H9}{c9}$	◤ $\frac{H9}{d9}$	$\frac{H9}{e9}$	$\frac{H9}{f9}$		◤ $\frac{H9}{h9}$													
H10			$\frac{H10}{c10}$	$\frac{H10}{d10}$				$\frac{H10}{h10}$													
H11	$\frac{H11}{a11}$	$\frac{H11}{b11}$	◤ $\frac{H11}{c11}$	$\frac{H11}{d11}$				◤ $\frac{H11}{h11}$													
H12		$\frac{H12}{b12}$						$\frac{H12}{h12}$													

注：① $\frac{H6}{n5}$、$\frac{H7}{p6}$ 在基本尺寸≤3 mm 和 $\frac{H8}{r7}$ 的基本尺寸≤100 mm 时，为过渡配合；

②标注◤符号者为有线配合。

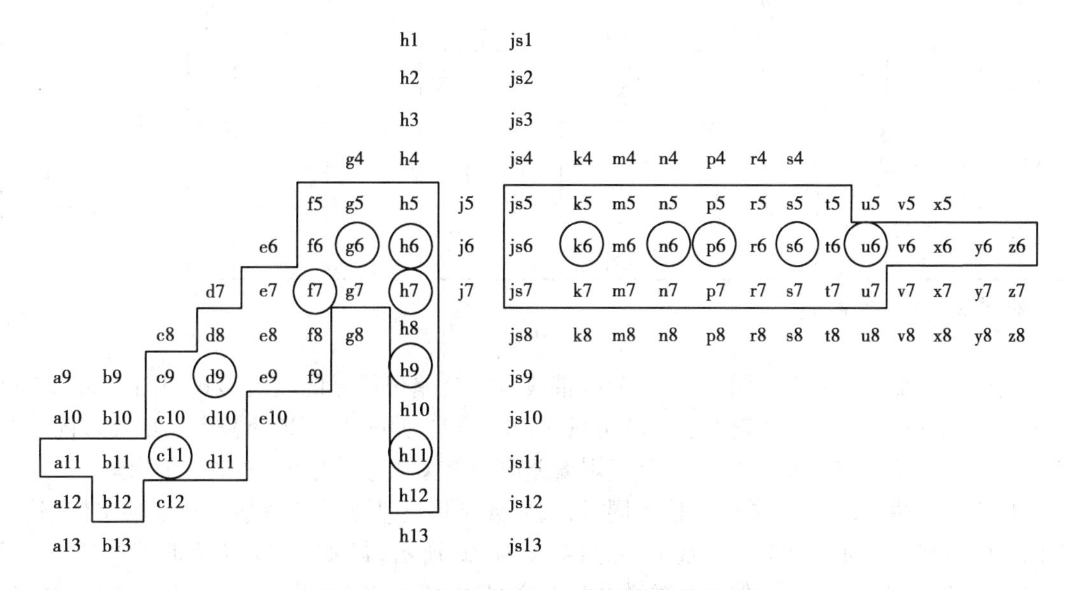

图4.3.25　优先、常用和一般用途的轴公差带

(4)极限与配合的标注

①零件图上的标注。零件图上，一些重要的尺寸一般应标注出极限偏差或公差带代号。用公差带代号标注含意如下所示：

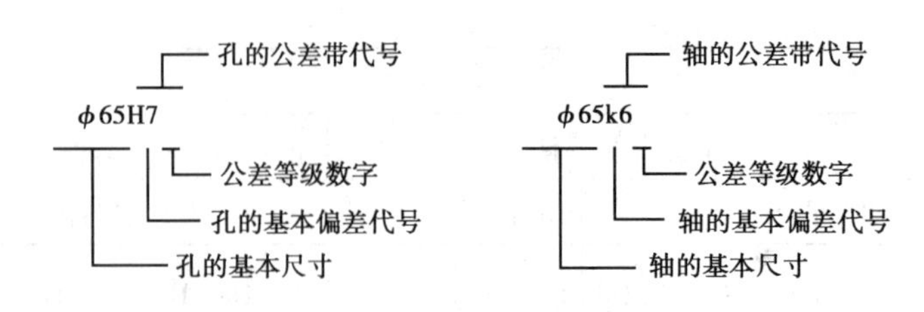

表 4.3.4　基轴制优先、常用配合(摘自 GB/1801—1999)

基准孔	孔																				
	A	B	C	D	E	F	G	H	Js	K	M	N	P	R	S	T	U	V	X	Y	Z
	间隙配合								过滤配合			过盈配合									
h5						$\frac{F6}{h5}$	$\frac{G6}{h5}$	$\frac{H6}{h5}$	$\frac{Js6}{h5}$	$\frac{P6}{h5}$	$\frac{M6}{h5}$	$\frac{N6}{h5}$	$\frac{P6}{h5}$	$\frac{R6}{h5}$	$\frac{S6}{h5}$	$\frac{T6}{h5}$					
h6						$\frac{F7}{h6}$	◤$\frac{G7}{h6}$	◤$\frac{H7}{h6}$	$\frac{Js7}{h6}$	◤$\frac{K7}{h6}$	$\frac{M7}{h6}$	◤$\frac{N7}{h6}$	◤$\frac{P7}{h6}$	$\frac{R7}{h6}$	◤$\frac{S7}{h6}$	$\frac{T7}{h6}$	◤$\frac{U7}{h6}$				
h7					$\frac{E8}{h7}$	◤$\frac{F8}{h7}$		◤$\frac{H8}{h7}$	$\frac{Js8}{h7}$	$\frac{K7}{h7}$	$\frac{M7}{h7}$	$\frac{N7}{h7}$									
h8				$\frac{D8}{h8}$	$\frac{E8}{h8}$	$\frac{F8}{h8}$		$\frac{H8}{h8}$													
h9				◤$\frac{D9}{h9}$	$\frac{E9}{h9}$	$\frac{F9}{h9}$		◤$\frac{H9}{h9}$													
h10				$\frac{D10}{h10}$				$\frac{H10}{h10}$													
h11	$\frac{A11}{h11}$	$\frac{B11}{h11}$	◤$\frac{C11}{h11}$	$\frac{D11}{h11}$				◤$\frac{H11}{h11}$													
h12		$\frac{B12}{h12}$						$\frac{H12}{h12}$													

注:标注◤符号者为优生配合。

用于大批量生产的零件图,可只注公差带代号。公差带代号的注写形式如图 4.3.26(a)所示;用于中小批量生产的零件图,一般可只注极限偏差,如图 4.3.26(b)所示;如要求同时标注公差带代号及相应的极限偏差时,其极限偏差应加上圆括号,如图 4.3.26(c)所示。

标注时应注意,上下偏差绝对值不同时,偏差数字用比基本尺寸数字小一号的字体书写,下偏差应与基本尺寸注在同一底线上,如图 4.3.27(a)所示;若某一偏差为零时,数字“ 0 ”不能省略,必须标出,并与另一偏差的整数个位对齐,如图 4.3.27(b)所示;若上下偏差绝对值相同符号相反时,则偏差数字只写一个,并与基本尺寸数字字号相同,如图 4.3.27(c)所示。

②装配图上的标注。在装配图上,一般标注配合代号,也可标注极限偏差。在装配图上标注线性尺寸的配合代号时,配合代号必须注写在基本尺寸的右边,用分数形式注出,分子为孔的公差带代号,分母为轴的公差带代号,如图 4.3.28(a)所示,也允许按图 4.3.28(b)或(c)所示的形式标注。

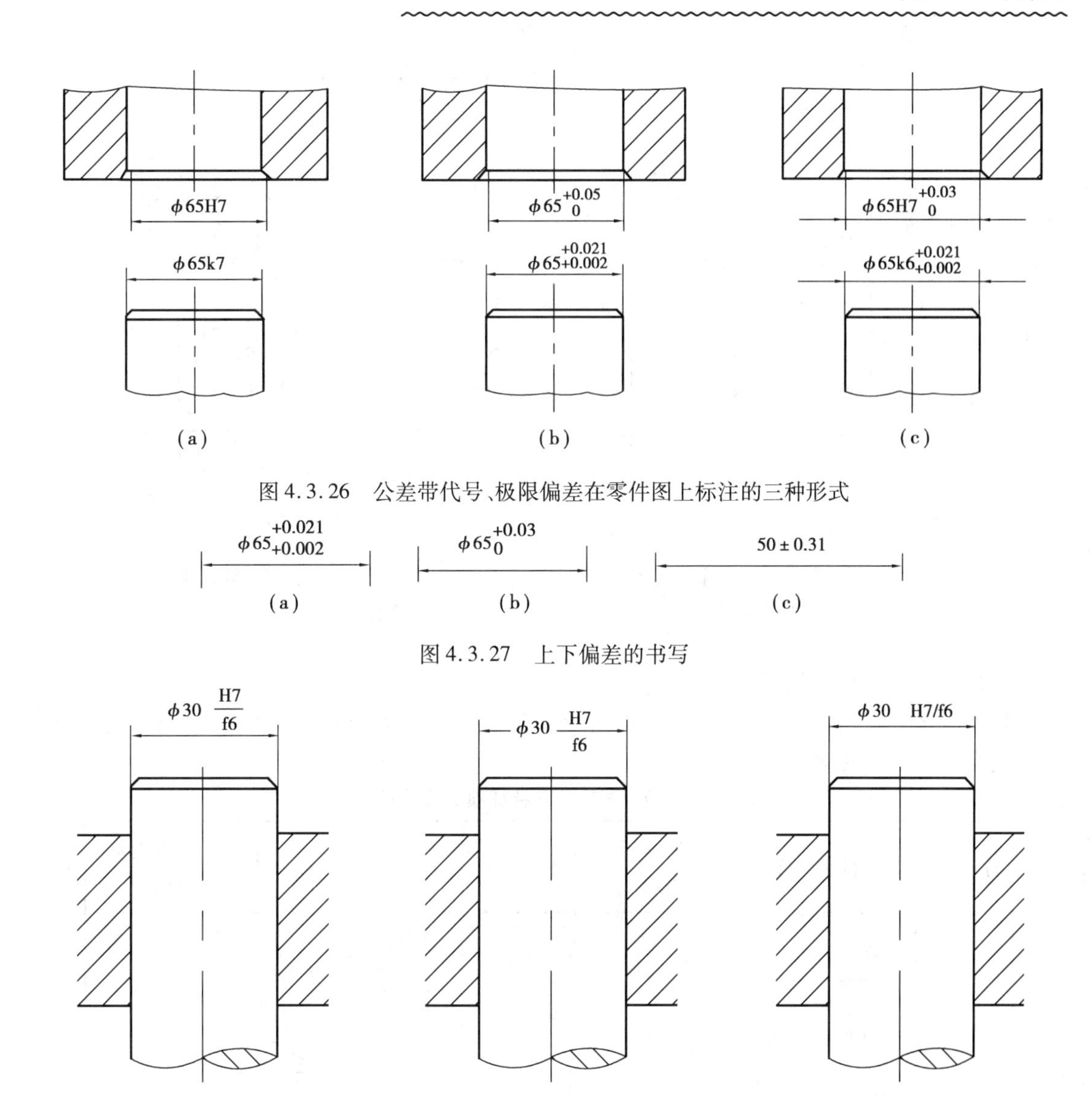

图 4.3.26　公差带代号、极限偏差在零件图上标注的三种形式

图 4.3.27　上下偏差的书写

图 4.3.28　配合代号在装配图上标注的三种形式

在装配图中标注相配零件的极限偏差时，孔的基本尺寸和极限偏差标注在尺寸线的上方，轴的基本尺寸和极限偏差标注在尺寸线的下方，如图 4.3.29(a)所示，也允许按图 4.3.29(b)所示形式标注。

零件(孔或轴)与标准件、外购件配合时，只标注零件的公差带代号，如图 4.3.30 所示。

三、形状和位置公差

1. 基本概念

零件在加工后形成的各种误差是客观存在的，除了我们在极限与配合中讨论过的尺寸误差外，还存在着形状误差和位置误差。我们把零件实际几何要素的形状与理想几何要素的形状之间的误差称为形状误差，把零件上各几何要素之间实际相对位置与理想相对位置之间的误差称为位置误差。形状误差与位置误差简称形位误差，形位误差的允许变动量称为形位公差。

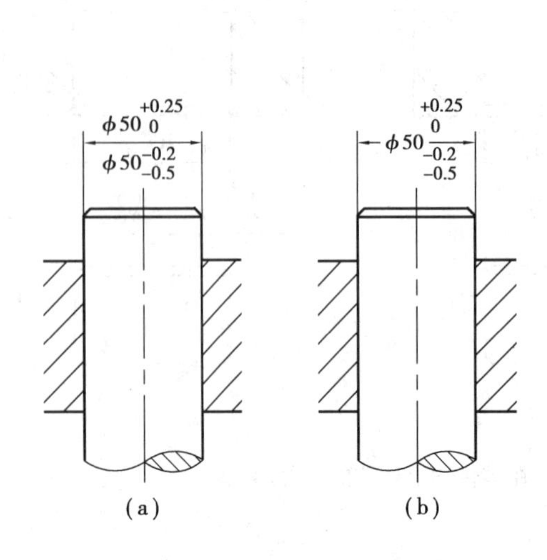

图 4.3.29 基本尺寸和极限偏差在装配图上的标注形式

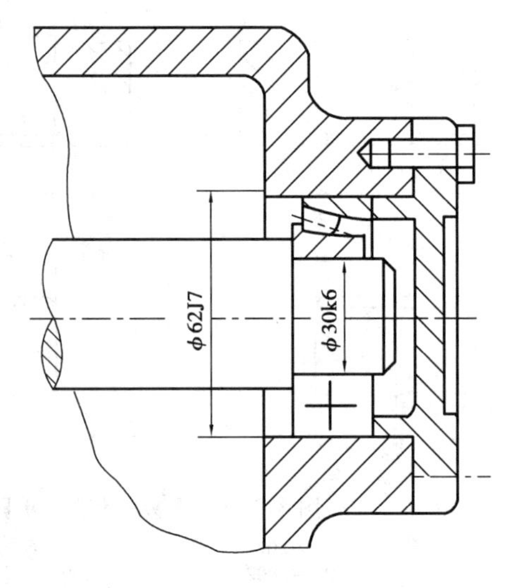

图 4.3.30 零件(孔或轴)与标准件、外购件配合时的标注

2. **形位公差特征项目及符号**

国家标准规定,将形位公差分为形状公差和位置公差两大类和 14 个特征项目。各特征项目的名称及符号见表 4.3.5。

表 4.3.5 形位公差特征项目及符号

分类	项目	符号	有或无基准要求	分类		项目	符号	有或无基准要求
形状公差	直线度	⏤	无	位置公差	定向	平行度	∥	有
	平面度	▱				垂直度	⊥	
	圆度	○				倾斜度	∠	
	圆柱度	⌭			定位	同轴度	◎	
	线轮廓度	⌒				对称度	⌯	
	面轮廓度	⌓				位置度	⌖	
					跳动	圆跳动	↗	
						全跳动	⌰	

3. **形位公差的标注**

国家标准规定,在图样中形位公差一般要用框格代号标注。形位公差框格中,不仅要表达形位公差的特征项目、基准代号和其他符号,还要正确给出公差带的大小、形状等内容。

(1)形位公差框格

①形位公差代号如图 4.3.31 所示。

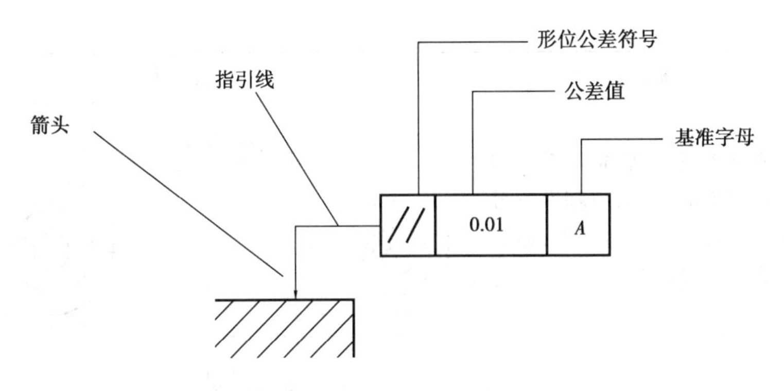

图 4.3.31　形位公差代号

小贴士：形位公差代号的框格高为 $2h$（h 为字体高度）。

②基准代号如图 4.3.32 所示。

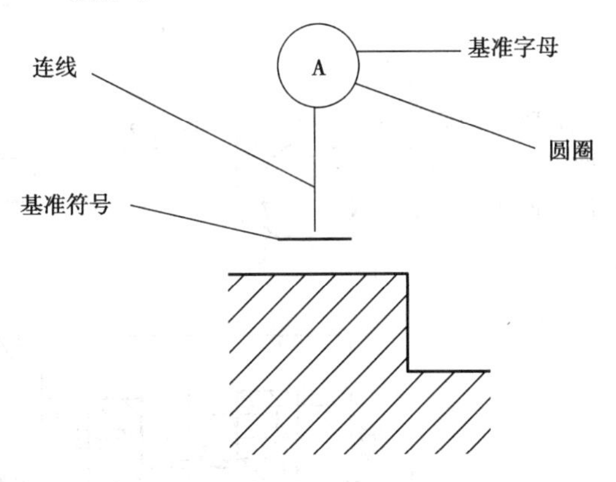

图 4.3.32　基准代号

小贴士：基准代号由基准符号、连线、圆圈和基准字母组成。圆圈直径与框格高度相等。字母用大写拉丁字母水平书写，高度与图样中的字体相同。

（2）被测要素和基准要素的标注

被测要素和基准要素的标注方法见表 4.3.6。

表 4.3.6　被测要素、基准要素的标注方法

序号	解　释	图　例
1	当被测要素或基准要素为线或表面时，箭头应垂直指向该要素的轮廓线或其延长线，箭头应与轮廓线接触；基准符号应靠近基准要素的轮廓线或其延长线；箭头或基准符号与该要素的尺寸线明显错开。	0.02　φ20　0.05　A　A　0.02　φ20

续表

序号	解　释	图　例
2	被测要素或基准要素指向实际表面时，箭头或基准符号可置于带点的参考线上，该点指在实际表面上。	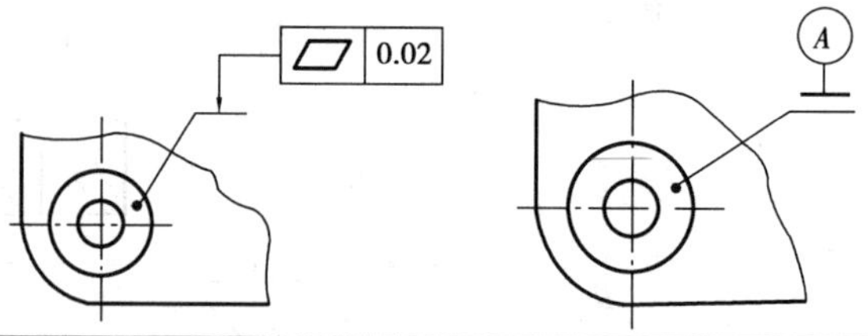
3	被测要素或基准要素为轴心线、对称中心面、球心时，箭头或基准代号上的连线与该结构要素的尺寸线对齐。	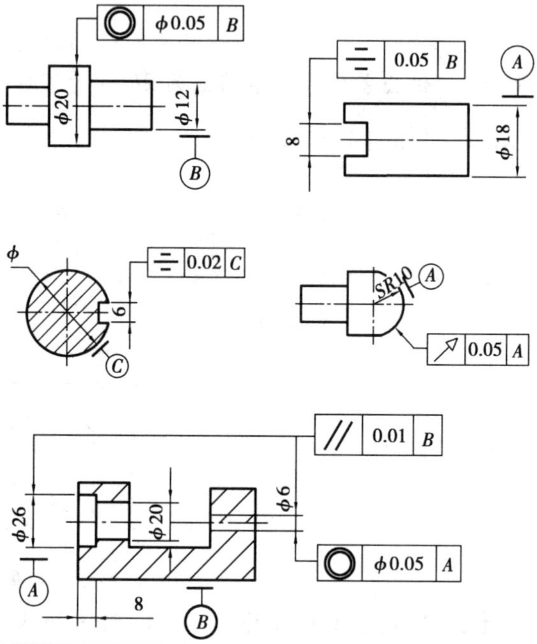
4	同一被测要素有多项形位公差要求时，框格可绘制在一起，并使用一条指引线。	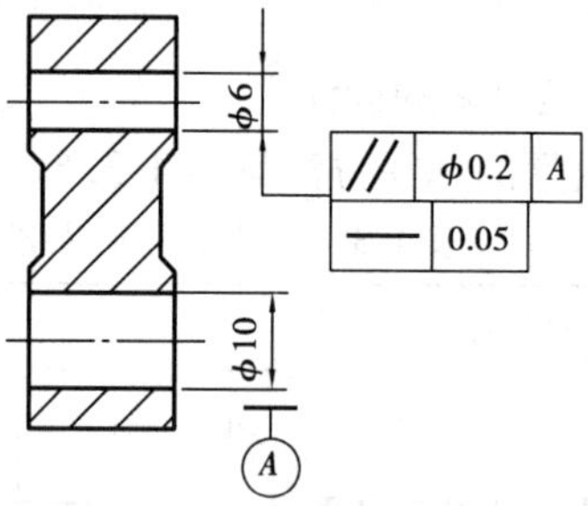
5	多个被测要素有同一形位公差要求时，若位置合适，可以使用一个框格，并从指引线上引出多个箭头，指向被测要素。	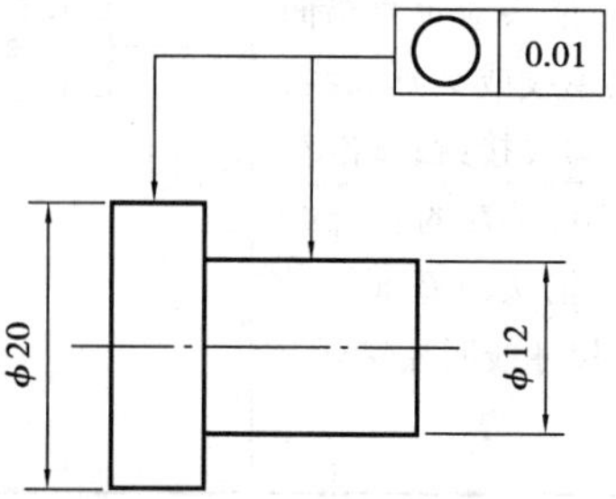

续表

序号	解 释	图 例
6	对形位公差有附加说明时，可在框格的上方或下方用简短的文字或数字写明。	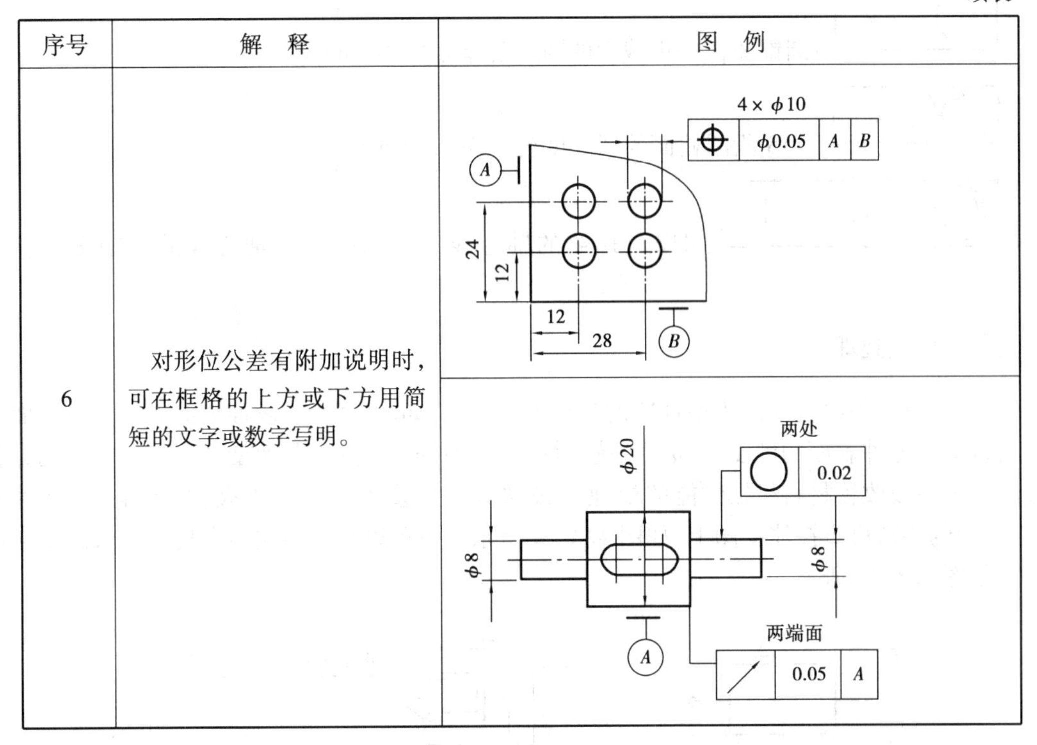

(3)图样上形位公差标注的识读示例

例 4.1 识读图4.3.33所示阶梯轴上的形位公差，并说出其含义。

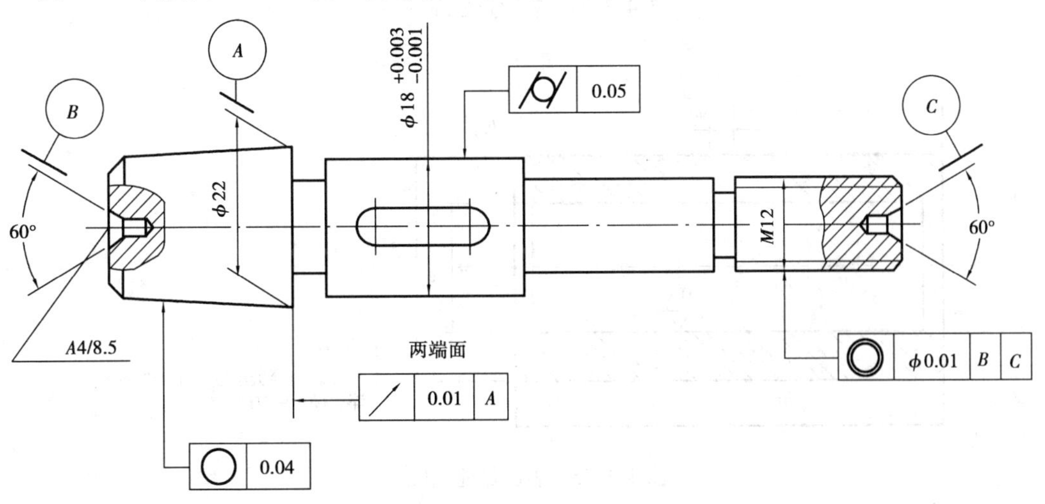

图4.3.33 阶梯轴形位公差的标注

↗	0.01	A

:直径为 Φ22 圆锥的大、小两端面对该段轴的轴心线圆跳动公差为0.01 mm。

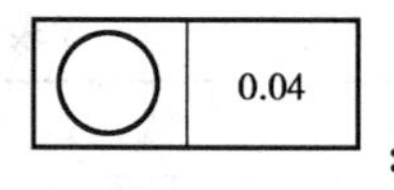

:圆锥体任一正截面的圆度公差为0.04 mm。

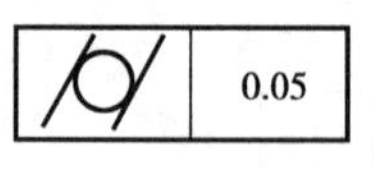

:Φ18 段圆柱面的圆柱度公差为0.05 mm。

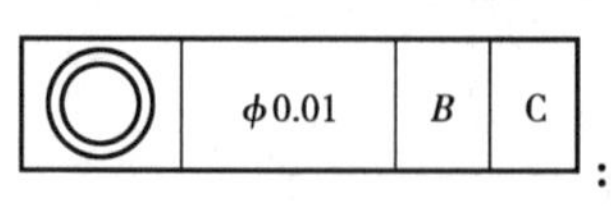

:M12 外螺纹的轴心线对两端中心孔轴心线的同轴度公差为ϕ0.01 mm。

四、表面热处理

表面处理是为改善零件表面性能的各种处理方式,如渗碳淬火、表面镀涂等。通过表面处理,可以提高零件表面的硬度、耐磨性、抗蚀性、美观性等。热处理是改变整个零件材料的金相组织,以提高或改善材料机械性能的处理方法,如淬火、退火、回火、正火、调质等。表面处理及热处理的要求可直接注在图上,如图 4.3.34 所示。也可以用文字注写在技术要求的文字项目内,如图 4.3.35 所示。

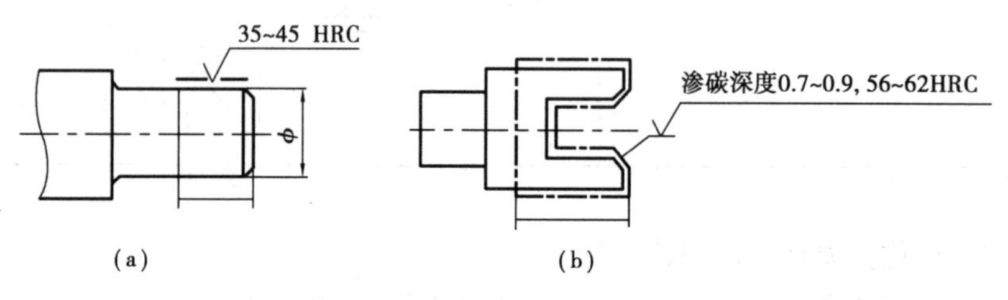

图 4.3.34　表面热处理(一)

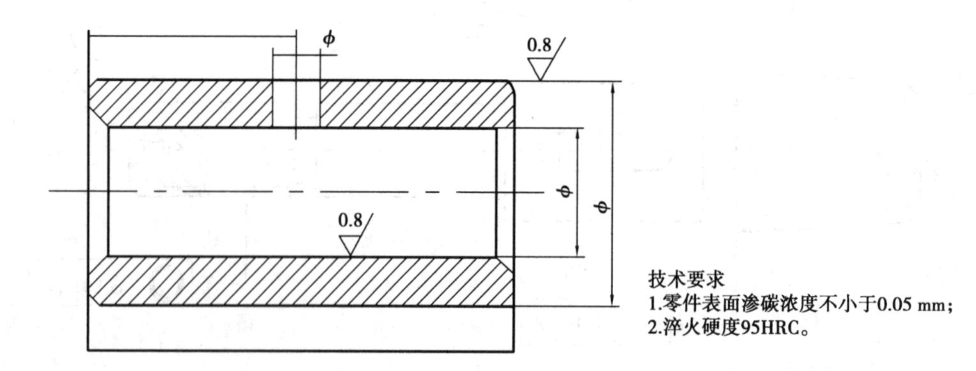

图 4.3.35　表面热处理(二)

对于零件的特殊加工、检查、试验、结构要素的统一要求及其他说明,应根据零件的需要注写。一般用文字注写在技术要求的文字项目内。

教师评估

序号	优点	存在问题	解决方案
1			
2			
3			
教师签字：			

任务4 识读零件图

任务目标

目标类型	目标要求
知识目标	1. 认知零件上常见的工艺结构。 2. 认知典型零件图。
能力目标	1. 学会正确识读零件图。 2. 掌握零件测绘的方法和步骤，能够熟练地使用测量工具。
情感目标	培养学生认真仔细的习惯。

任务内容

想一想：零件有哪些工艺结构？
练一练：分析各类典型零件的结构类型、视图表达方法、尺寸标注以及技术要求。

任务实施

一、零件上常见的工艺结构

零件的结构形状主要取决于它在机器中的作用，但制造工艺对它的结构也有某些要求。

1. 铸造工艺结构

为满足铸造加工的要求，铸造零件上的工艺结构主要有拔模斜度、铸造圆角、铸件壁厚以及凸台和凹坑等。

(1)拔模斜度

用铸造的方法制造零件毛坯时，为了便于在砂型中取出模样，在铸件的内外壁沿起模方向应有一定斜度，称为拔模斜度。这种斜度在图上可以不予标注，也不一定画出，如图4.4.1所示。

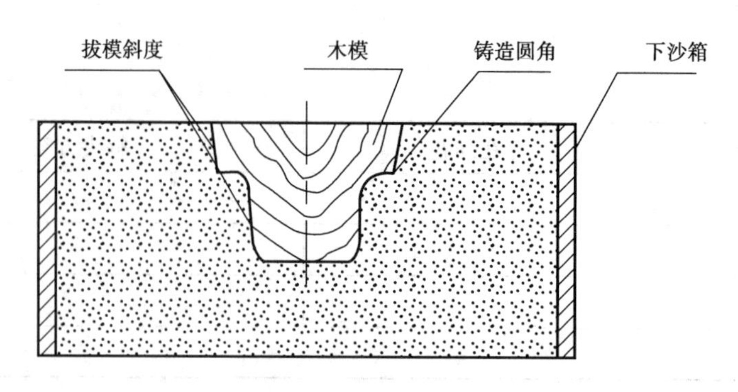

图 4.4.1　拔模斜度

(2)铸造圆角

当零件的毛坯为铸件时,因铸造工艺的要求,铸件各表面相交的转角处都应做成圆角。铸造圆角可防止铸件浇铸时转角处的落砂现象及避免金属冷却时产生缩孔和裂纹。铸造圆角的大小一般取 $R = 3 \sim 5$ mm,可在技术要求中统一注明,如图 4.4.2 所示。

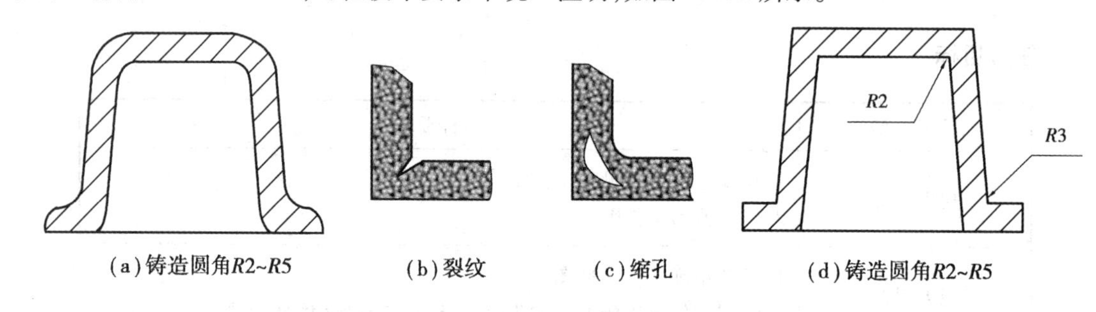

图 4.4.2　铸造圆角

(3)铸件厚度

当铸件的壁厚不均匀一致时,铸件在浇铸后因各处金属冷却速度不同,将产生裂纹和缩孔现象。因此,铸件的壁厚应尽量均匀,如图 4.4.3(a)所示;当必须采用不同壁厚连接时,应采用逐渐过渡的方式,如图 4.4.3(c)所示。铸件的壁厚尺寸一般直接注出。

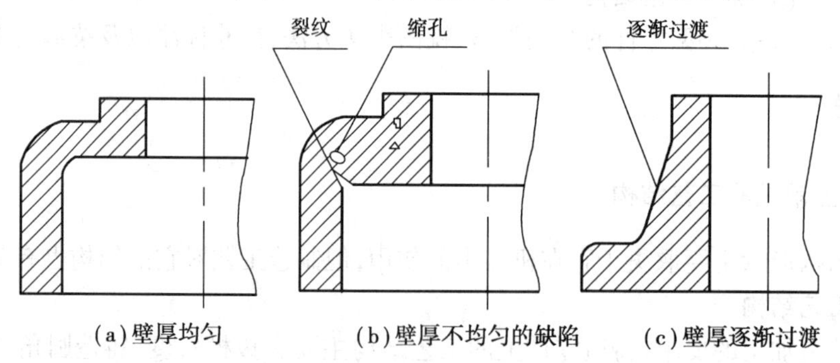

图 4.4.3　铸件厚度

(4)过渡线

由于铸造圆角的存在,铸件表面的交线变得不明显,为了区分不同表面,应以过渡线的形式画出。

①两曲面相交的过渡线如图 4.4.4 所示。

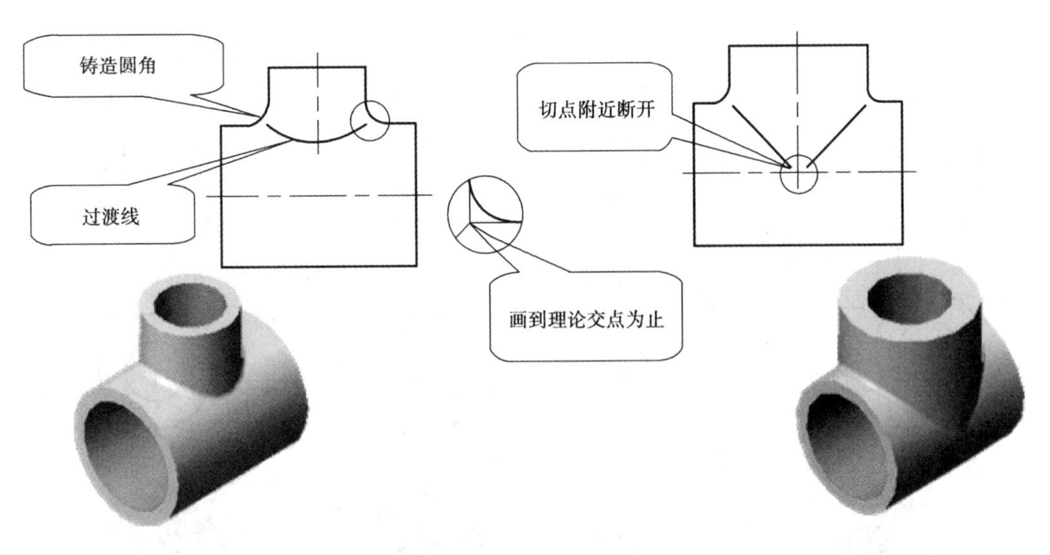

图4.4.4　过渡线(一)

②平面与平面或平面与曲面相交的过渡线如图4.4.5所示。

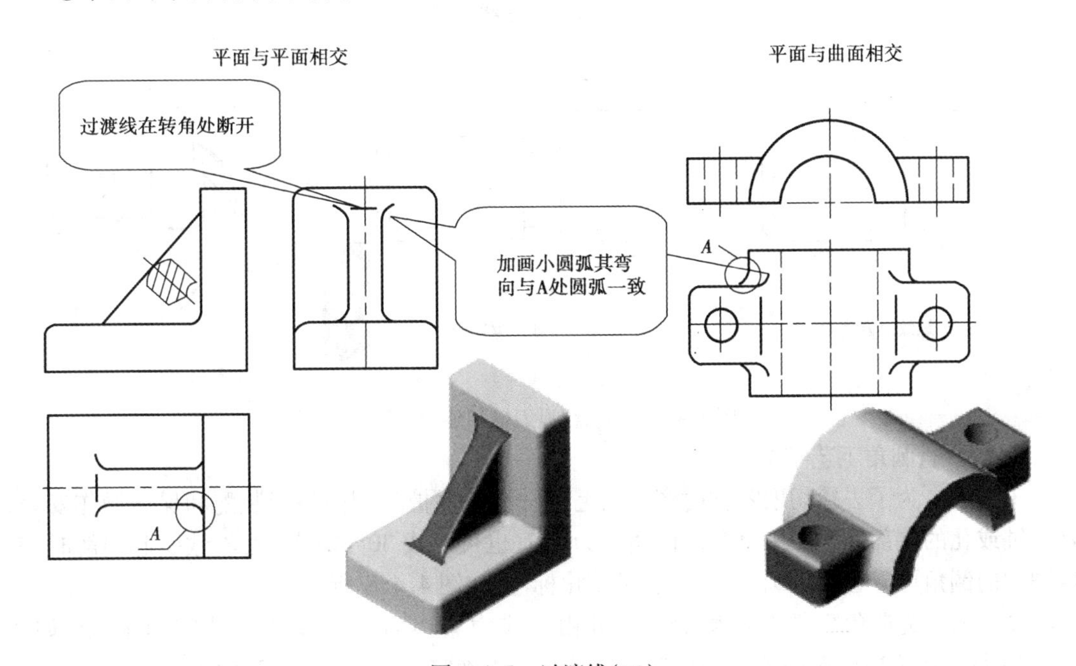

图4.4.5　过渡线(二)

③肋板与圆柱面相交的过渡线,其形状取决于肋板断面的形状及相切或相交的关系,如图4.4.6所示。

2. 机械加工工艺结构

(1)退刀槽和砂轮越程槽

在零件切削加工时,为了便于退出刀具及保证装配时相关零件的接触面靠紧,在被加工表面台阶处应预先加工出退刀槽或砂轮越程槽。车削外圆时的退刀槽,其尺寸一般可按"槽宽×直径"或"槽宽×槽深"方式标注。车螺纹退刀槽或磨削外圆和端面时的砂轮越程槽如图4.4.7所示。

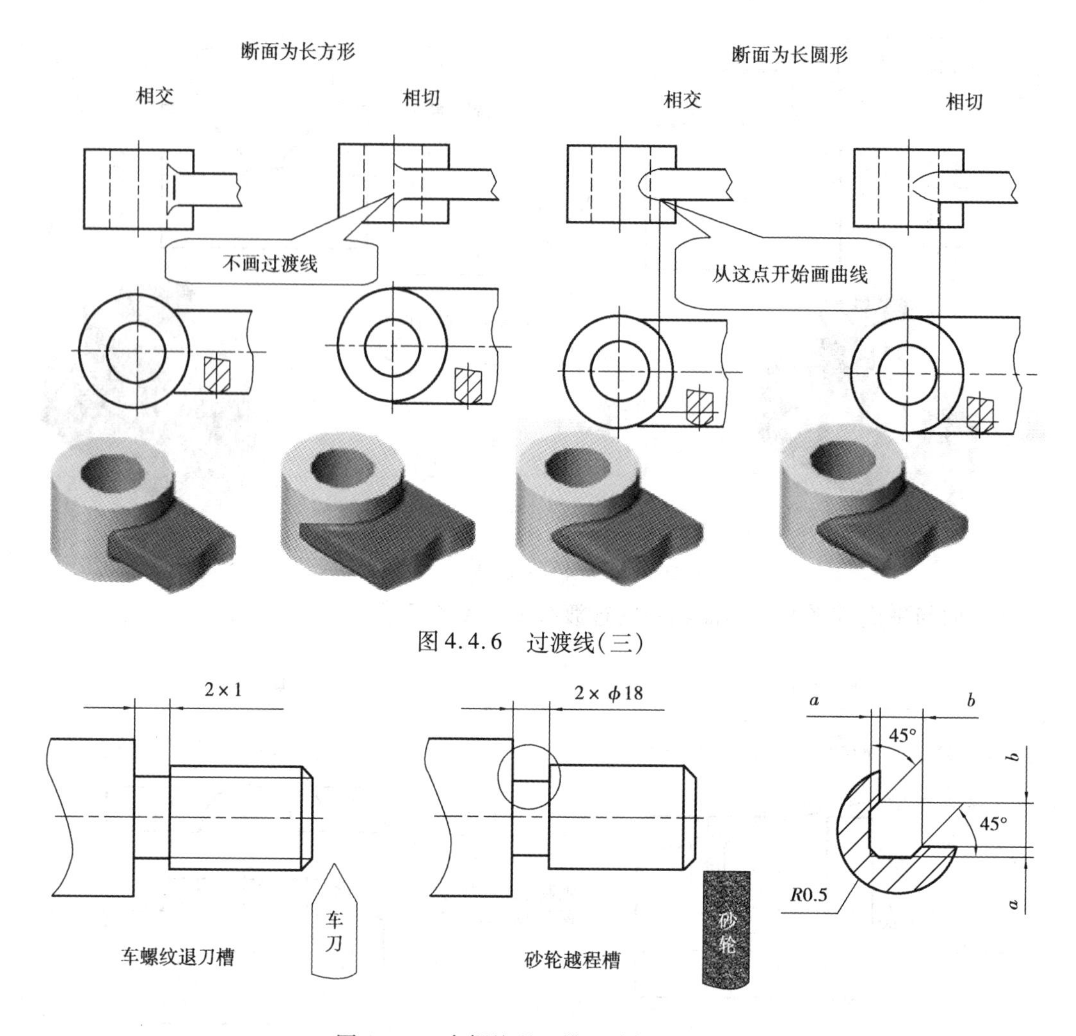

图 4.4.6　过渡线(三)

图 4.4.7　车螺纹退刀槽和砂轮越程槽

(2)倒角、圆角工艺结构

①倒角。为了去掉切削零件时产生的毛刺、锐边,保护装配面便于装配和保证操作安全,常在轴或孔的端部等处加工倒角。倒角多为 45°,也可制成 30°或 60°,在不致引起误解时,零件图中的倒角可以省略不画,其尺寸也可简化标注,如图 4.4.8 所示。

②倒圆。为避免零件在台肩等转折处由于应力集中而产生裂纹,常加工出圆角,如图 4.4.9 所示。圆角半径 R 数值可根据轴径或孔径查表确定,其尺寸也可简化标注。

(3)凸台和凹坑

零件上与其他零件的接触面,一般都要加工。为了减少加工面积,并保证零件表面之间有良好的接触,常常在铸件上设计出凸台、凹坑,凹槽和凹腔,如图 4.4.10 所示。

(4)钻孔结构

用钻头钻孔时,要求钻头轴线尽量垂直于被钻孔的端面,以保证钻孔准确和避免钻头折断。三种钻孔端面的正确结构如图 4.4.11 所示。

(5)铣方和中心孔

①铣方。在轴或孔上加工方形结构称铣方,其画法和尺寸标注如图 4.4.12 所示。

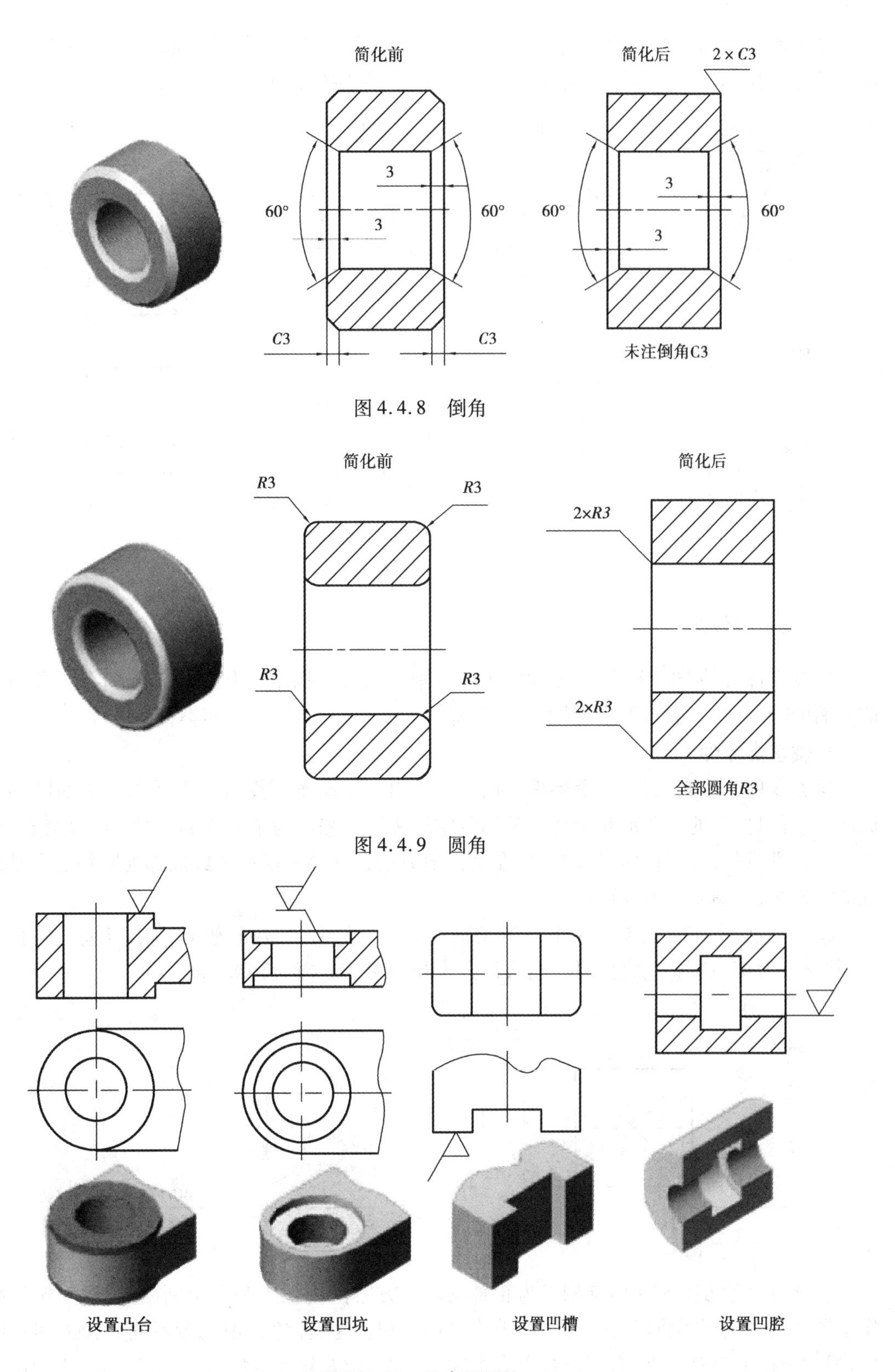

图4.4.8　倒角

图4.4.9　圆角

图4.4.10　凸台和凹坑

②中心孔。加工较长的轴类零件时，常采用中心孔定位与装夹，中心孔可以不画，只需用规定符号标注其代号表示设计要求，其画法和尺寸标注如图 4.4.13 所示。

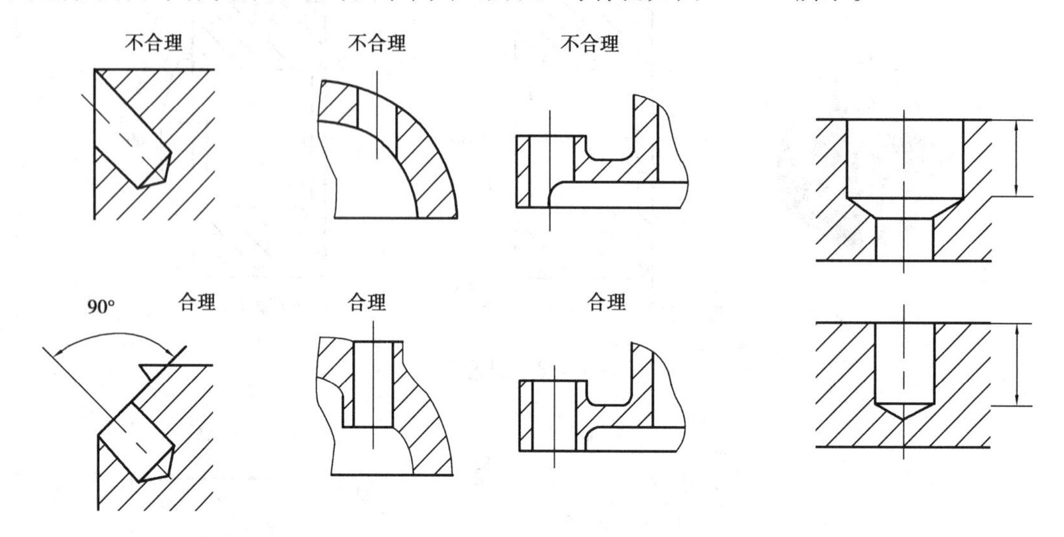

图 4.4.11　钻孔结构

二、典型零件图

机器零件的种类很多，结构形状也千差万别。通常根据结构和用途相似的特点及加工制造方面的特点，将一般零件分为轴套类、轮盘类、叉架类和箱体类等四类典型零件。

1. 轴套类零件

这类零件一般有轴、衬套等零件。通常只画出一个基本视图再加上适当的断面图和尺寸标注，就可以把它的主要形状特征以及局部结构表达出来。为了便于加工时看图，轴线一般按水平放置进行投影，键槽面对观察者，在键槽地方增加必要的断面图或局部视图等。主动齿轮轴的零件图，如图 4.4.14 所示。

①从标题栏可知，该零件叫主动齿轮轴，属于轴类零件。齿轮轴是用来传递动力和运动的，其材料为 45 号钢。从总体尺寸看，最大直径为 48 mm，总长 145 mm。

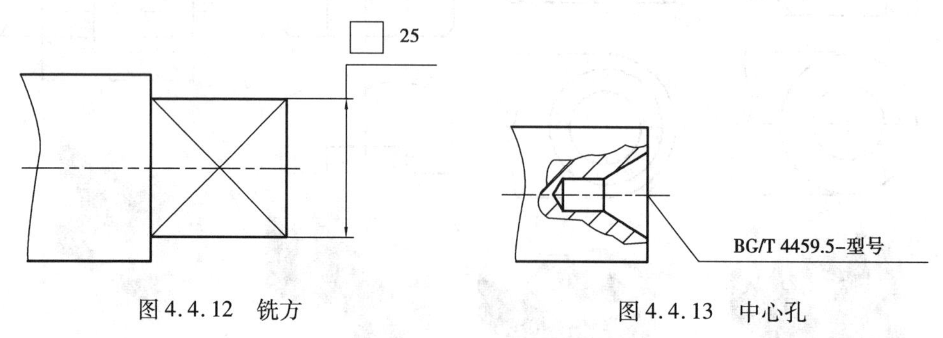

图 4.4.12　铣方　　图 4.4.13　中心孔

②分析表达方案和形体结构。齿轮轴的表达方案由主视图和移出断面图组成，轮齿部分作了局部剖。主视图将齿轮轴的主要结构表达得很清楚，齿轮轴由几段不同直径的回转体组成，最大圆柱上制有轮齿，右端圆柱上有螺纹，零件两端及轮齿两端有倒角，移出断面图用于表达键槽深度和进行标注。

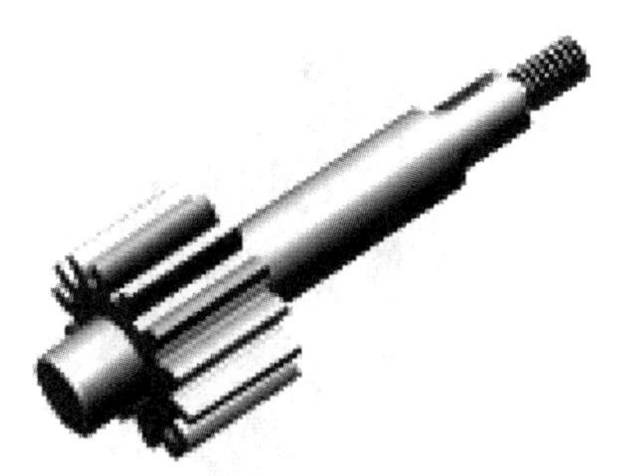

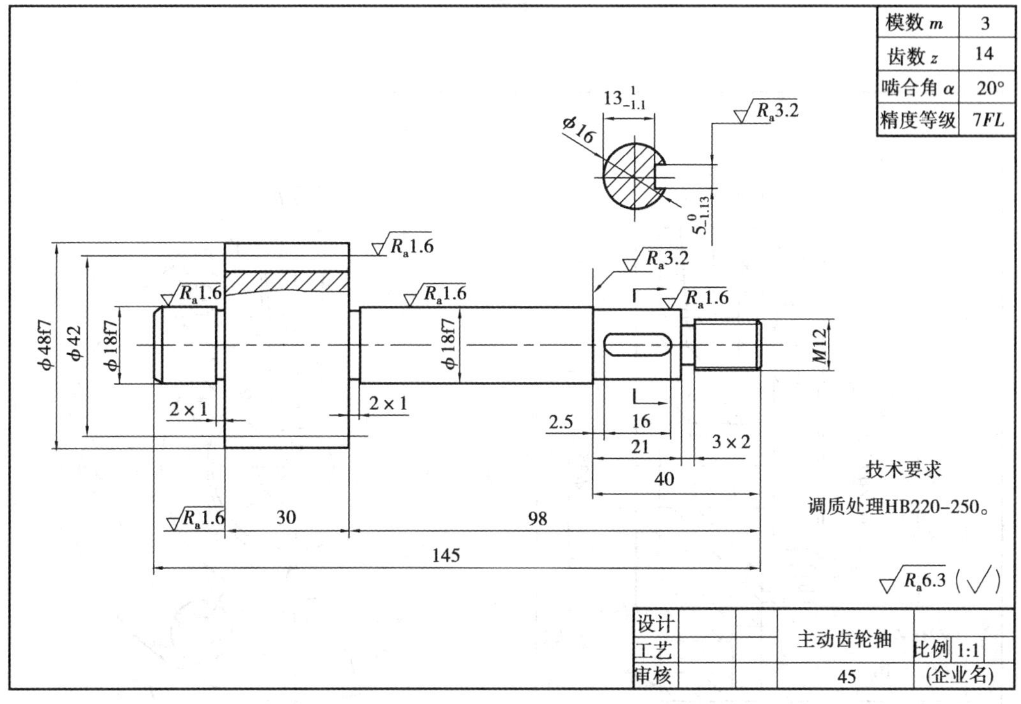

图 4.4.14　主动齿轮轴

③分析尺寸。右端面为长度方向的主要尺寸基准,以此为基准注出了尺寸 40、98、145 等。轴向的重要尺寸,如键槽长度 16 ,齿轮宽度 30 等已直接注出。

④分析技术要求。不难看出两个 $\Phi18$ 及 $\Phi18$ 的轴颈处有配合要求,尺寸精度较高,均为 7 级公差,相应的表面粗糙度要求也较高,均为 $R_a1.6$ 等。另外,零件图对调质处理提出了文字说明要求。

2. 盘盖类零件

这类零件的基本形状是扁平的盘状,一般有端盖、阀盖、齿轮等零件,它们的主要结构大体上有回转体,通常还带有各种形状的凸缘、均布的圆孔和肋等局部结构。在视图选择时,一般选择过对称面或回转轴线的剖视图作主视图,同时还需增加适当的其他视图(如左视图、右视图或俯视图)把零件的外形和均布结构表达出来。如图 4.4.15 所示,用相交剖切方式画出 *B—B* 主视全剖视图,还增加了一个局部剖视的左视图以表达均布孔和相交孔。

在标注盘盖类零件的尺寸时,通常选用通过轴孔的轴线作为径向尺寸基准,长度方向的主要尺寸基准常选用重要的端面。

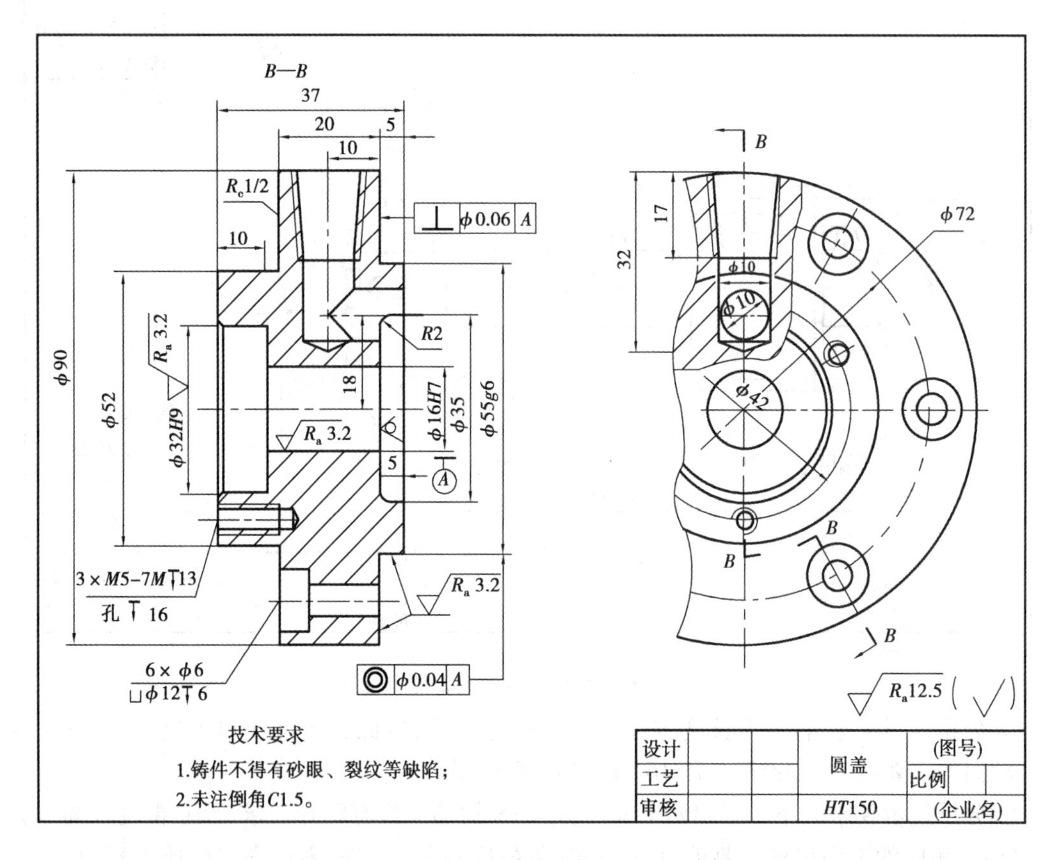

图 4.4.15　端盖

3. 叉架类零件

这类零件一般有拨叉、连杆、支座等零件。由于它们的加工位置多变，在选择主视图时，主要考虑工作位置和形状特征。对其他视图的选择，常常需要两个或两个以上的基本视图，并且还要用适当的局部视图、断面图等表达方法来表达零件的局部结构。

在标注叉架类零件的尺寸时，通常选用安装基面或零件的对称面作为尺寸基准。尺寸标注方法如图 4.4.16 所示。

4. 箱体类零件

这类零件的形状、结构比较复杂，而且加工位置的变化更多。这类零件一般有阀体、泵体、减速器箱体等零件。在选择主视图时，主要考虑工作位置和形状特征。选用其他视图时，应根据实际情况采用适当的剖视、断面、局部视图和斜视图等多种辅助视图，以清晰地表达零件的内外结构，如图 4.4.17 所示。

在标注尺寸方面，通常选用设计上要求的轴线、重要的安装面、接触面、箱体某些主要结构的对称面等作为尺寸基准。对于箱体上需要切削加工的部分，应尽可能按便于加工和检验的要求来标注尺寸。

知识拓展零件测绘

根据已有的零件，目测徒手画出零件的视图，测量并注上尺寸及技术要求，得到零件草图，再参考有关资料整理绘制出零件图，这称为零件测绘。零件测绘对仿制机器、改造设备、修配零件等都有重要作用。

一、零件测绘的方法和步骤

1. 了解和分析测绘对象

为了把被测零件准确完整地表达出来，应首先对被测零件进行认真分析，应了解零件的名称、材料以及它在机器或部件中的位置、作用及与相邻零件的关系，仔细分析零件的内外结构形状。

2. 确定被测零件的视图表达方案

按照零件的工作位置、加工位置以及尽量多地反映形状特征的原则，确定主视图的投射方向，再根据零件的复杂程度选择其他视图。

3. 画零件草图

目测、徒手画出零件草图。零件草图一般不用或只用少数简单绘图工具，徒手绘出。零件草图一般要求线型明显清晰、图形正确、内容完整、比例匀称、字迹工整，如图 4.4.18 所示。

4. 根据零件草图画零件图

绘制的零件草图有时某些问题可能处理得不够完善，所以还需要对草图进一步检查和校对，然后用仪器或计算机画出零件工作图。

二、常用测量方法

1. 线性尺寸及内、外径尺寸的测量方法

如图 4.4.19 所示，使用的量具有钢直尺，内、外卡钳，游标卡尺，千分尺等；测量时，应根据对尺寸精度要求的不同选用不同的测量工具。一般用钢直尺测一般轮廓，用外卡钳测外径，用内卡钳测内径，用游标卡尺测精确尺寸。

2. 壁厚、孔间距的测量方法

壁厚、孔间距的测量如图 4.4.20 所示。

3. 螺纹和圆弧的测量方法。

螺纹和圆弧的测量如图 4.4.21 所示。

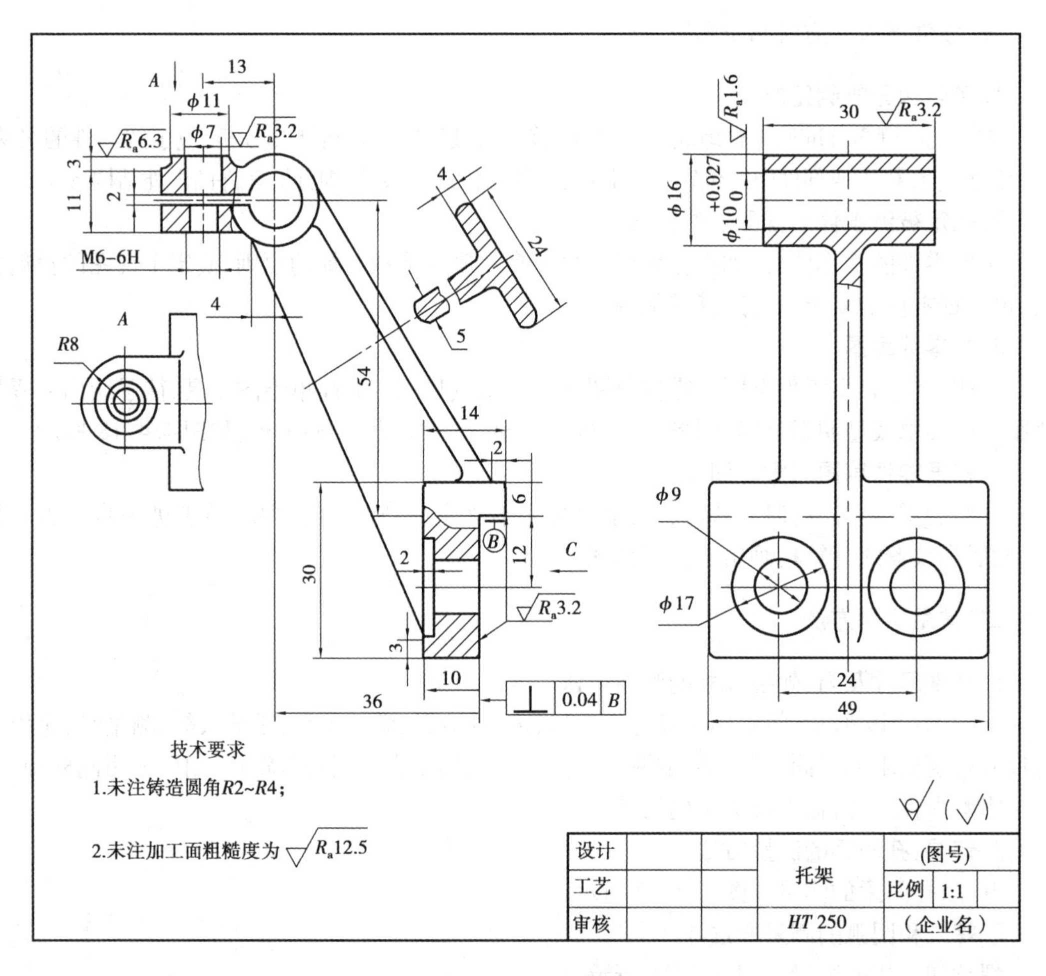

A
13
φ11
φ7
Ra6.3
Ra3.2
3
11
2
M6-6H
4
A
R8
54
4
24
5
14
2
6
12
B
C
2
30
Ra3.2
3
10
36
0.04 B
Ra1.6
30
Ra3.2
φ16
φ10 +0.027 0
φ9
φ17
24
49
技术要求
1.未注铸造圆角R2~R4；
2.未注加工面粗糙度为 Ra12.5
设计
工艺
审核
托架
HT 250
(图号)
比例
1:1
（企业名）

图 4.4.16　托架

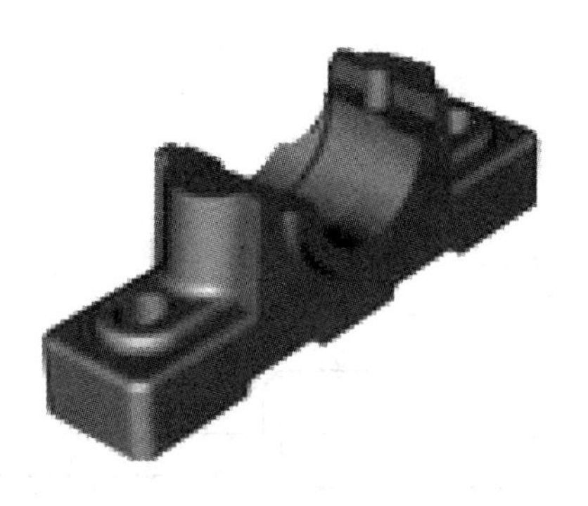

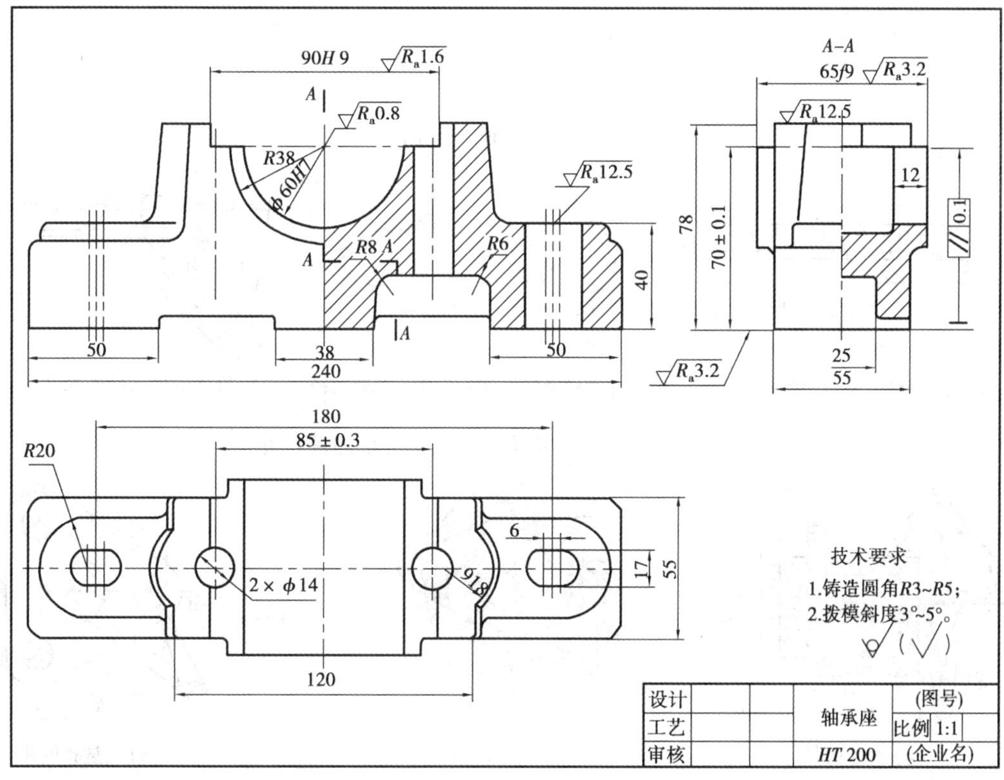
90H9
Ra1.6
A
Ra0.8
R38
φ60H7
Ra12.5
A
R8
A
R6
40
50
38
50
240
A
A–A
65f9
Ra3.2
Ra12.5
78
70±0.1
12
0.1
25
55
Ra3.2
180
85±0.3
R20
6
2×φ14
φ18
17
55
120
技术要求
1.铸造圆角R3~R5;
2.拔模斜度3°~5°。
设计
工艺
审核
轴承座
(图号)
比例
1:1
HT200
(企业名)

图 4.4.17　轴承座

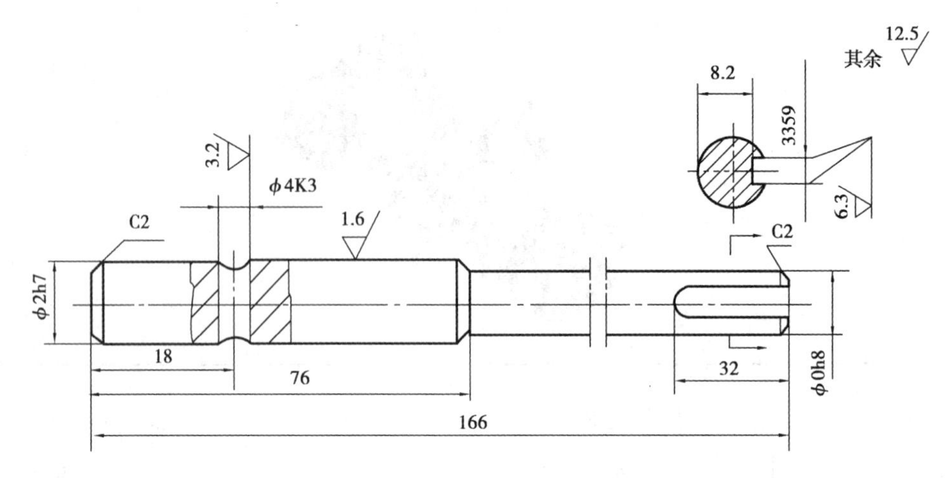

图 4.4.18　轴零件草图

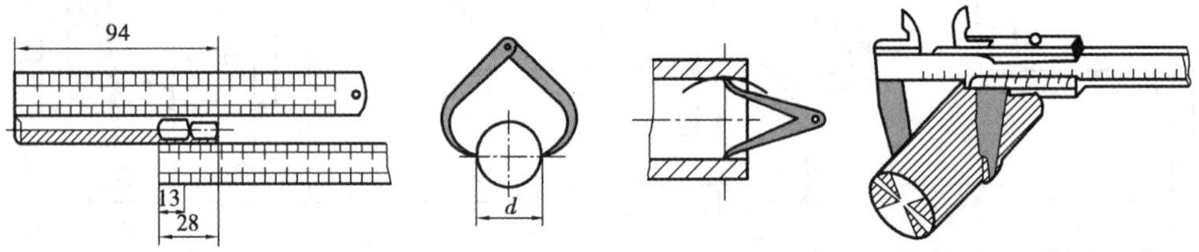

(a)用钢直尺测一般轮廓　(b)用外卡钳测外径　(c)用内卡钳测内径　(d)用游标卡尺测精确尺寸

图 4.4.19　线性尺寸及内、外径尺寸的测量方法

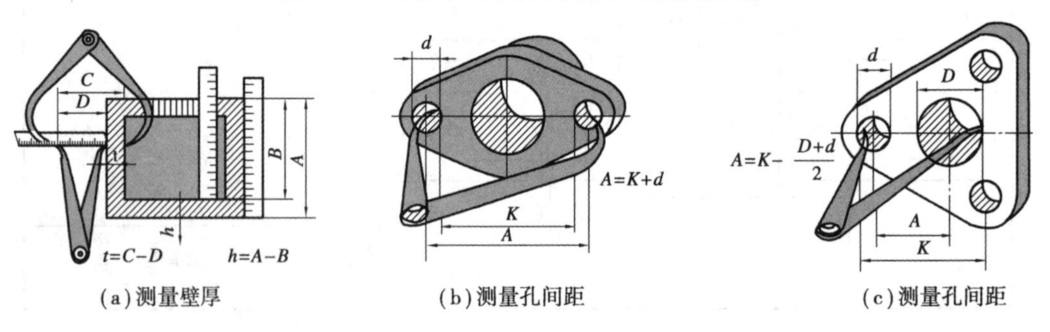

(a)测量壁厚　(b)测量孔间距　(c)测量孔间距

图 4.4.20　壁厚、孔间距的测量方法

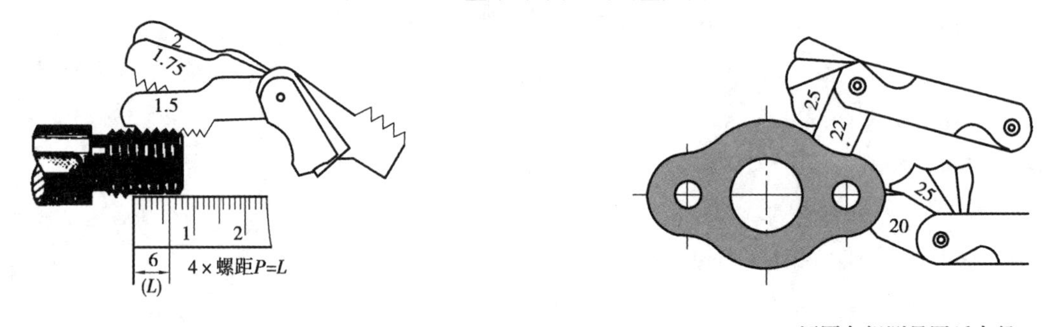

(a)用螺纹规测量螺距　(b)用圆角规测量圆弧半径

图 4.4.21　螺纹和圆弧的测量方法

教师评估

序号	优点	存在问题	解决方案
1			
2			
3			
教师签字：			

模块 5
装配图

任务1　装配图的表达

任务目标

目标类型	目标要求
知识目标	1. 认知装配图的作用和内容。 2. 认知装配图的规定画法和特殊表达方法。 3. 认知装配图的尺寸标注、零部件序号和明细栏。
能力目标	1. 培养学生独立思考、分析问题、解决问题的能力。 2. 培养学生识读装配图的能力。
情感目标	1. 养成认真学习的习惯。 2. 学会理论与实践相结合。

任务内容

读一读:任何一台机器或一个部件均由若干零件按一定的装配关系和使用要求装配而成,表示机器或部件中零件的相对位置、连接方式、装配关系的图样称为装配图。

小贴示:装配图是表达机器(或部件)整体结构形状和装配连接关系的,用以指导机器的装配检验、调试和维修。本章将介绍装配图的表示法和画法等。

任务实施

一、装配图的内容

从图 5.1.1 所示的滑动轴承装配图可以看出,一张完整的装配图包括以下几项基本内容:

1. **一组图形**

这是指装配图中用来表达机器(或部件)的工作原理、装配关和结构特点的一组图形。

2 **必要尺寸**

必要尺寸包括反映机器或部件的性能、规格、零件之间的装配关系的尺寸以及机器或部件的外形尺寸、安装尺寸和其他重要尺寸。

3. **技术要求**

技术要求是指有关机器或部件的装配、安装、调试、使用方面的要求和应达到的技术指标,一般用文字写出。

4. **标题栏、零件序号和明细栏**

在装配图中,应对每个不同零部件编序号,并在明细栏中填写序号、代号、名称、数量、材料、备注等内容。

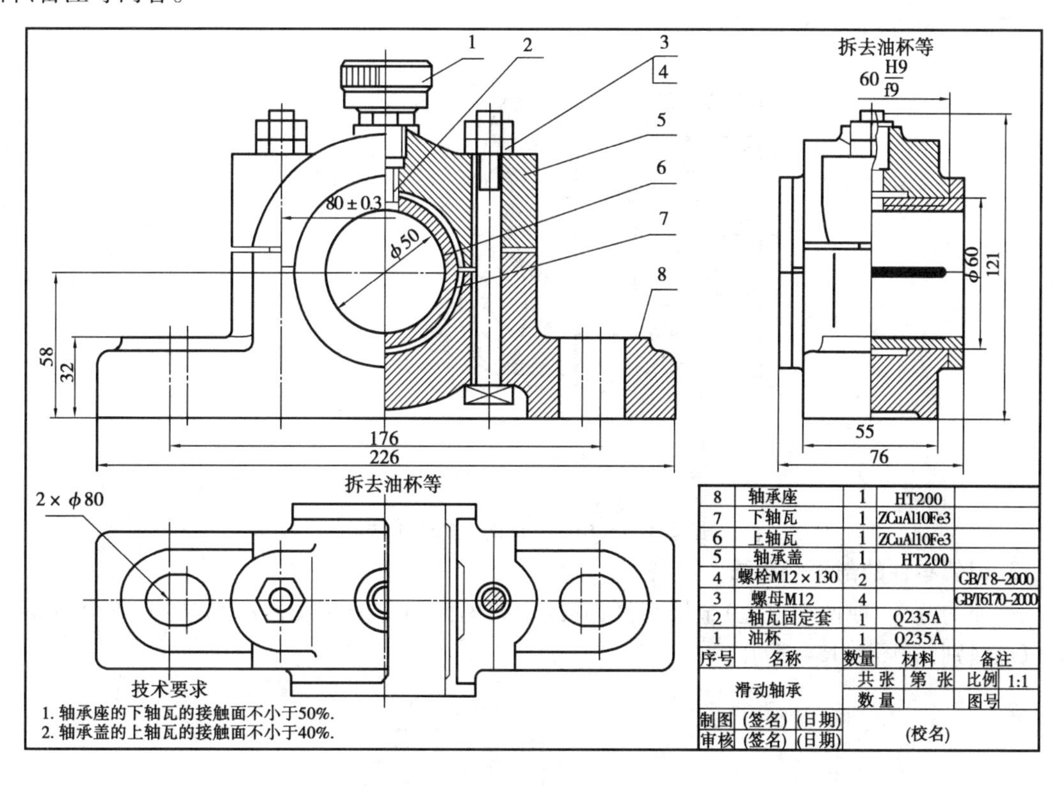

图 5.1.1　滑动轴承装配图

二、装配图的表达方法

前面所述机件的表述方法可以用来表达装配图,但由于装配图表达重点不同,还需要一些规定的表示法和特殊的表示法。根据国家标准的有关规定,装配图画法有以下基本规则:

1. **实心零件画法**

在装配图中,对于紧固件以及轴、键、销等实心零件,若按纵向剖切,且剖切平面通过其对称平面或轴线时,这些零件均按不剖绘制,如图 5.1.2 所示轴、螺钉等。

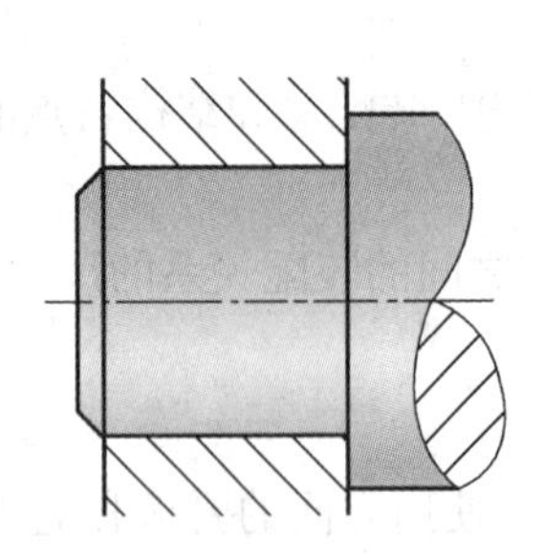

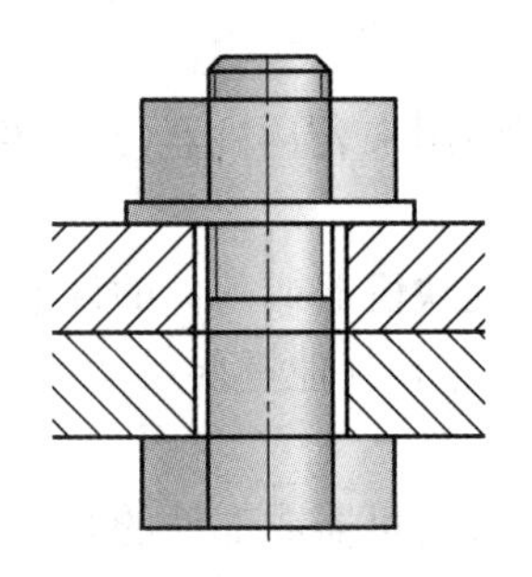

图 5.1.2　实心零件画法

2. 相邻零件的轮廓线画法

两相邻零件的接触面或配合面,只画一条共有的轮廓线,不接触面和不配合面分别画出两条各自的轮廓线,如图 5.1.3 所示。

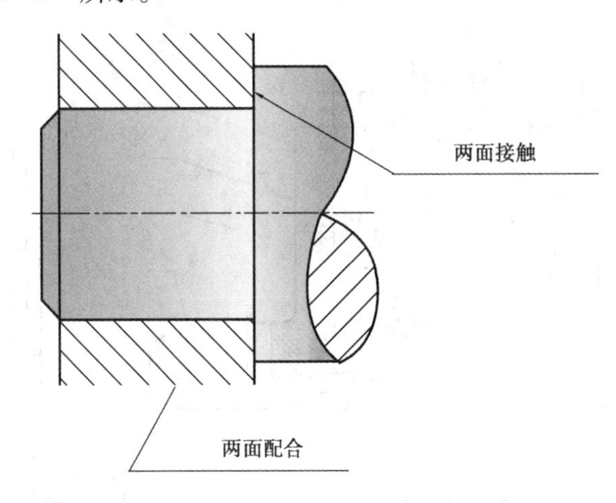

图 5.1.3　相邻零件的轮廓线画法

3. 相邻零件的剖面线画法

相邻的两个(或两个以上)金属零件,其剖面线的倾斜方向相反,或者方向一致而间隔不等以示区别,如图 5.1.4 所示。

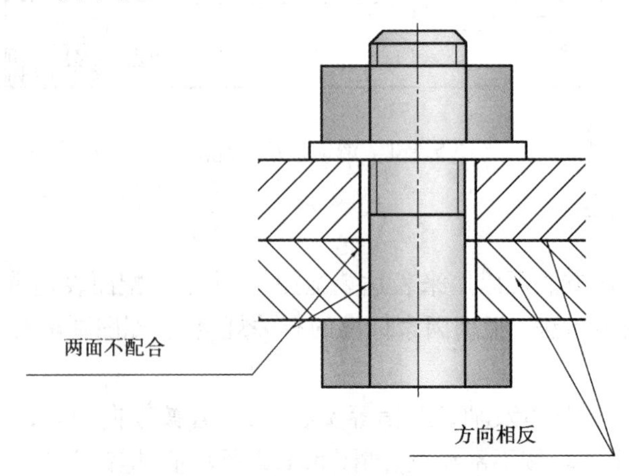

图 5.1.4　相邻零件的剖面线画法

小贴士:在各视图中,同一零件的剖面线方向与间隔必须一致。

4. 装配图的特殊画法

零件图的各种表示方法(视图、剖视图、断面图)同样适用于装配图,但装配图着重表达装配图的结构特点、工作原理和各零件间的装配关系。针对这一特点,国家标准制定了表达机器(或部件)装配图的特殊画法。

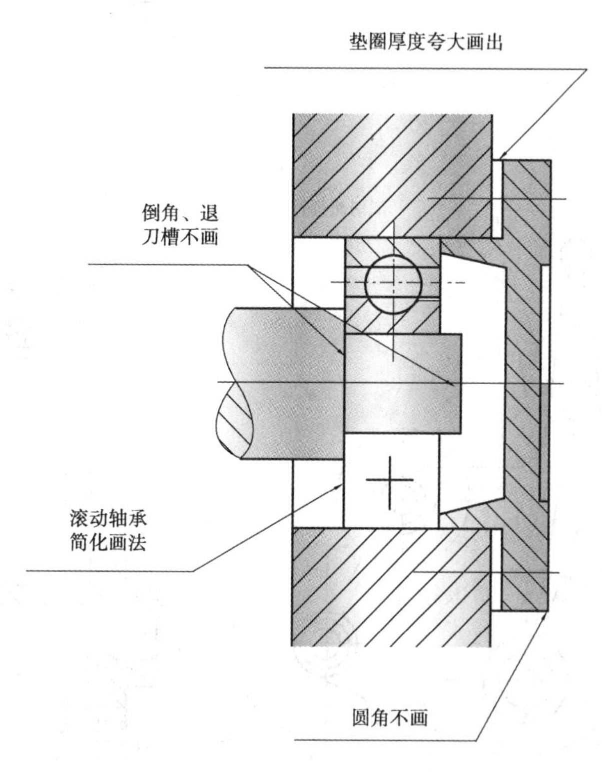

图 5.1.5 装配图的简化画法和夸大画法

(1)简化画法

在装配图中,零件的工艺结构如倒角、圆角、退刀槽等允许省略不画。滚动轴承、螺栓联接等可采用简化画法,如图 5.1.5 所示。

(2)夸大画法

在装配图中,当图形上的薄片厚度或间隙较小时,允许将该部分不按原比例绘制,而是大比例画出,以增加图形表达的明显性,如图 5.1.5 所示。

(3)假想画法

当需要表示某些零件的位置或运动范围和极限位置时,可用双点画线画出该零件的轮廓线。如主视图中的铣刀盘,如图 5.1.6 所示。

(4)展开画法

为了展开传动机构的传动路线和装配关系,可假想按传动顺序沿轴线剖切,然后依次展开,将剖切平面均旋转到选定的投影面平行的位置,再画出其剖视图,这种画法称为展开画法,如图 5.1.7 所示三星齿轮传动机构 *A*—*A* 展开图。

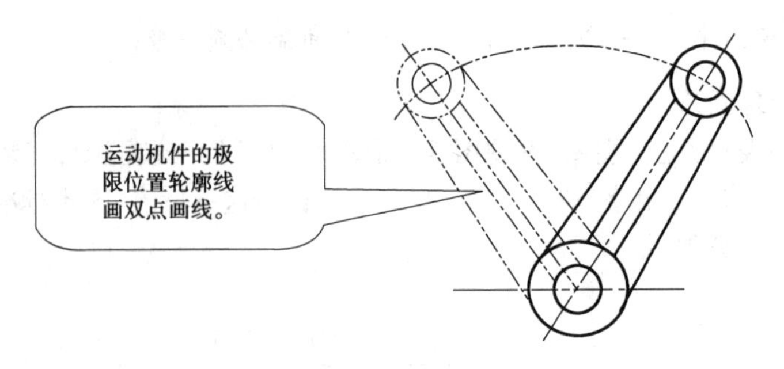

图 5.1.6　铣刀盘

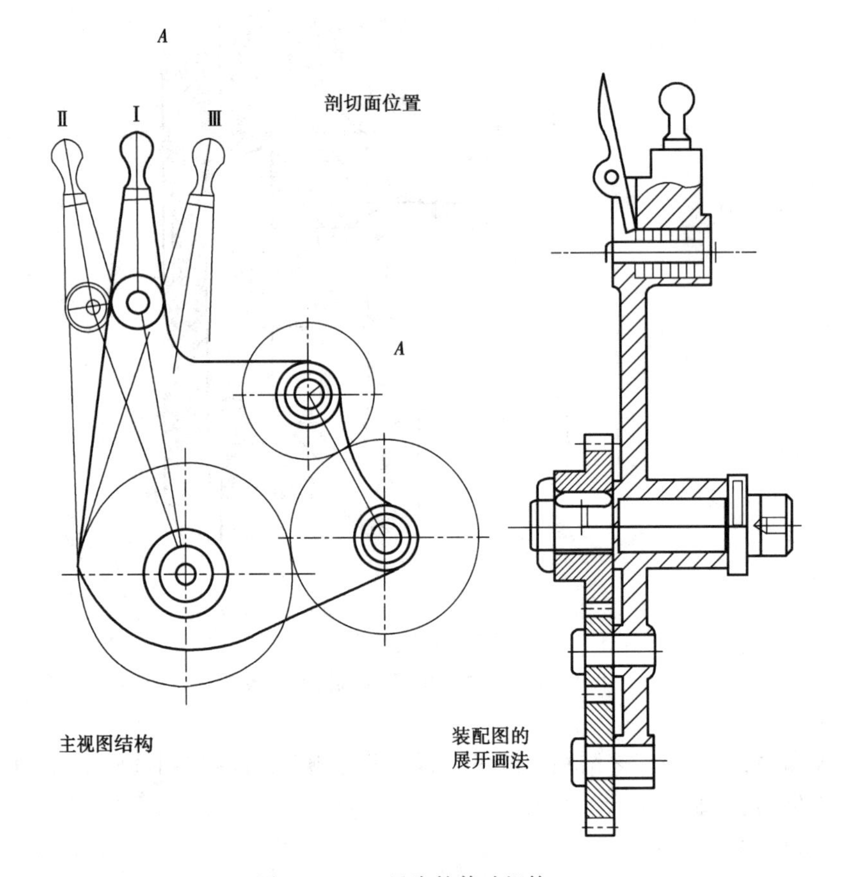

图 5.1.7　三星齿轮传动机构

三、装配图的尺寸注法

装配图上标注尺寸与零件图上标注尺寸的目的不同，因为装配图不是制造零件的直接依据，所以在装配图中不需标注零件的全部尺寸，而只需注出下列几种必要的尺寸：

1. 性能、规格尺寸

这是指表示部件的性能和规格的尺寸，例如图 5.1.8 中球阀通孔的直径 $\phi20$。

2. 装配尺寸

这是指零件之间的配合尺寸及影响其性能的重要相对位置尺寸，例如图 5.1.8 中球阀的阀体与阀盖的配合尺寸 $\phi50$ H11/ h11。

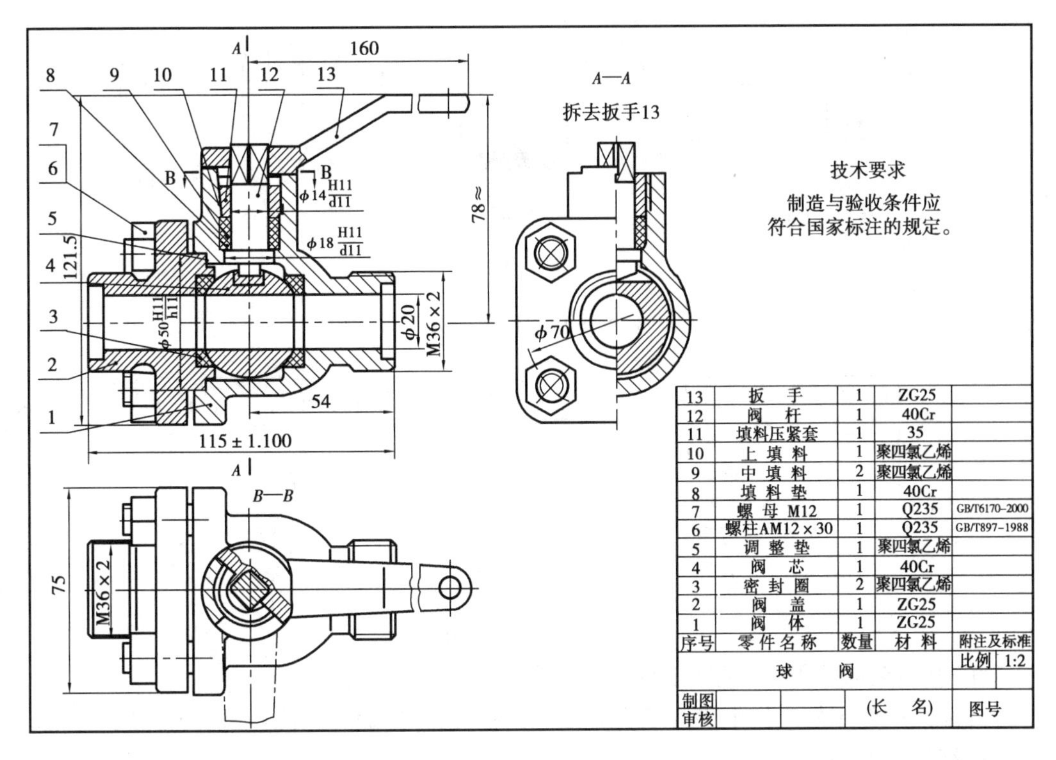

图5.1.8 球阀装配图

3. 安装尺寸

这是指将部件安装到机座上所需要的尺寸，例如图5.1.8中球阀两侧管接头尺寸M36×2。

4. 外形总体尺寸

这是指部件在长、宽、高三个方向上的最大尺寸，例如图5.1.8中球阀的总高1 215和总宽75。这类尺寸表明了机器或部件所占空间的大小，是包装、运输、安装、设备布置的依据。

小贴士：除上述尺寸外，有时还要标注其他重要尺寸，如运动零件的极限尺寸、主要零件结构尺寸等。

四、装配图的零件编号及明细栏

为了便于看图和图样管理，装配图中所有零件、部件均需编号。同时，在标题栏上方的明细栏中与图中序号一一对应地予以列出。

1. 序号的编写方法

①零、部件的序号的表示方法如图5.1.9(a)所示，即在指引线的水平线上或圆内注写序号，序号用5号字体注写。同一装配图中编注序号的形式应一致。

②指引线应自所指部分的可见轮廓内引出，并在末端画一圆点，如图5.1.9(a)所示。若所指部分(很薄的零件或涂黑得剖面)内不便于画圆点时，可在指引线的末端画出箭头，并指向该部分的轮廓，如图5.1.9 (b)所示。

③指引线相互不能相交，当通过有剖面的区域时，指引线不能与剖面线平行。必要时允许将指引线画成折线，但只允许转折一次，如图5.1.9(c)所示。

④一组紧固件以及装配关系清楚的零件组，可以采用公共指引线，如图5.1.10所示。

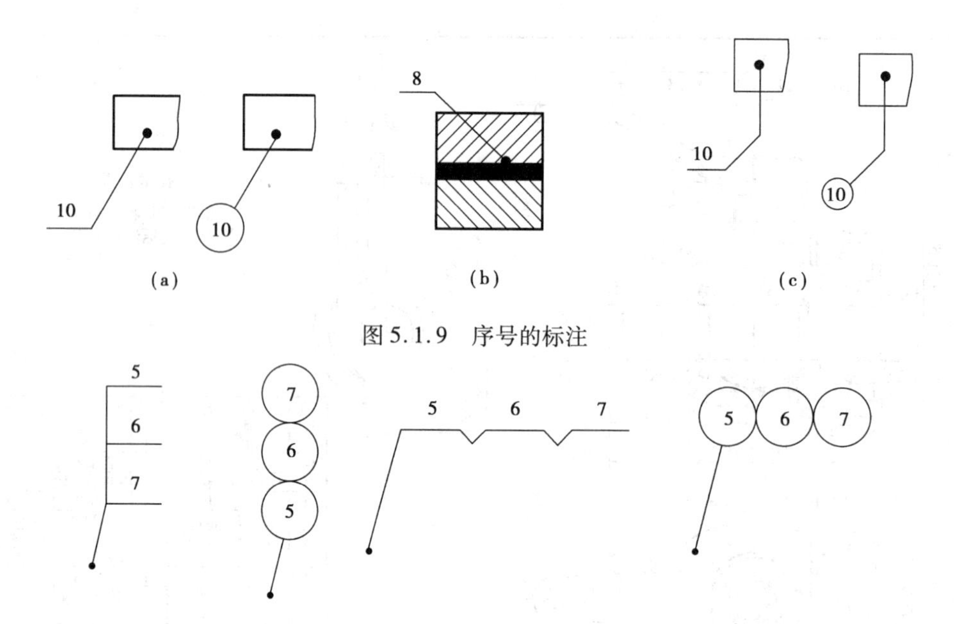

图 5.1.9 序号的标注

5
6
7
7
6
5
5 6 7
5 6 7

图 5.1.10 公共指引线

⑤相同的零、部件用一个序号,一般只标注一次。

⑥装配图中的序号应按水平或垂直方向排列整齐,并按顺时针或逆时针方向顺次排列。

2. **明细栏**

①明细栏一般配置在装配图中标题栏的上方,按由下而上的方向填写。当由下而上延伸位置不够时,可紧靠在标题栏的左边自下而上延续。

②明细栏中序号与图中的零件序号一致。

③明细栏中的字体采用 5 号字,最上面的边框线用细实线画。

④制图作业中推荐使用的明细栏格式如图 5.1.11 所示。

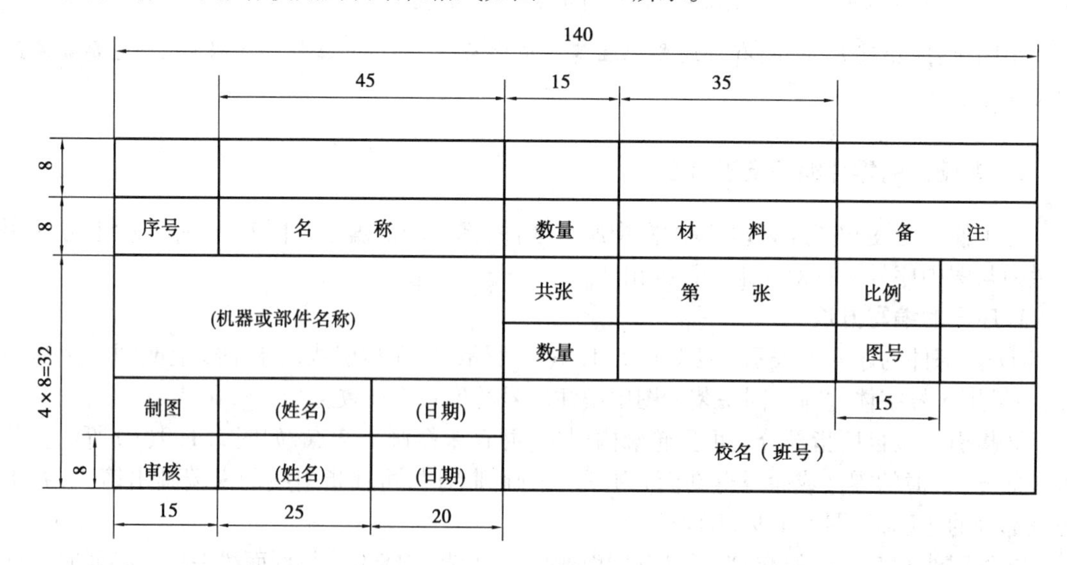

图 5.1.11 制图作业中的明细栏

任务2　识读装配图

任务目标

目标类型	目标要求
知识目标	1. 认知装配工艺结构和装置。 2. 认知识读装配图的方法和步骤。
能力目标	能看懂装配图和由装配图拆画零件图。
情感目标	1. 培养耐心细致的画图习惯。 2. 养成严肃认真的工作作风。

任务内容

读一读:装配工艺结构和装置;识读装配图的方法。

练一练:由装配图拆画零件图。

任务实施

一、装配工艺结构和装置

在设计和绘制装配图时,为了保证机器或部件的装配质量和所达到的性能要求,并考虑装、拆方便,需要懂得装配结构的合理性及装配工艺对零件结构的要求。装配结构合理的基本要求是:

①零件结合处应精确可靠,保证装配质量;

②便于装配和拆卸;

③零件的结构简单,加工工艺性好。常见的装配工艺结构见表5.2.1。

表5.2.1　常见的装配工艺结构

	合　理	不合理	说　明
接触面与配合面的结构	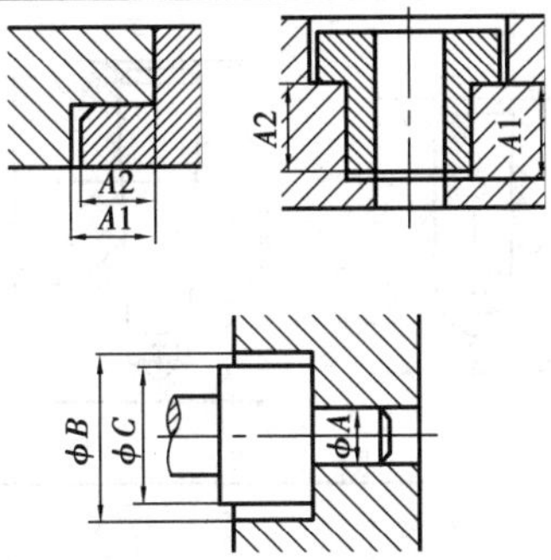 A2　A1　A2　A1　φB　φC　φA	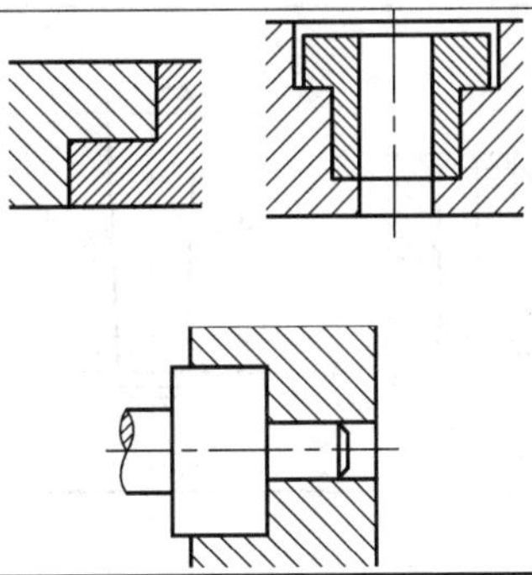	两个零件在同一方向上,只能有一对接触面

续表

	合　理	不合理	说　明
接触面与配合面的结构	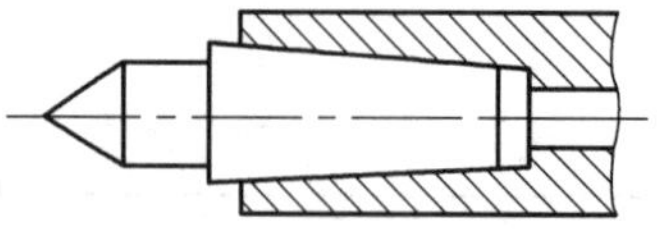	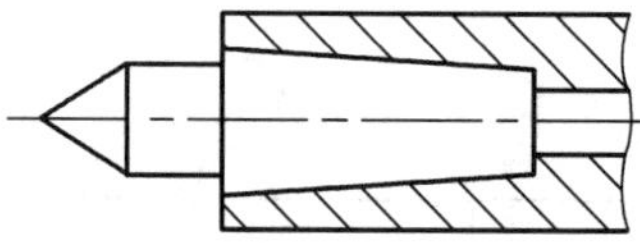	两锥面配合时，锥体顶部与锥孔底部之间应有空隙
	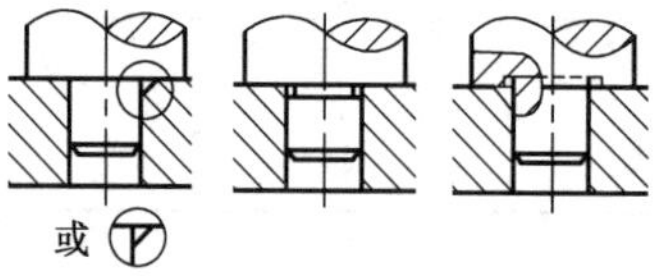 或	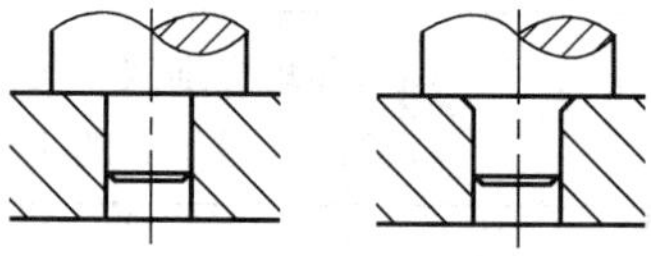	两配合零件接触面的转角处应做成倒角、倒圆或凹槽，不应都做成尖角或相同的圆角
	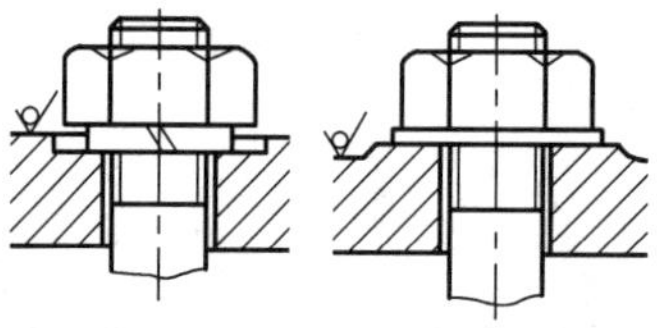	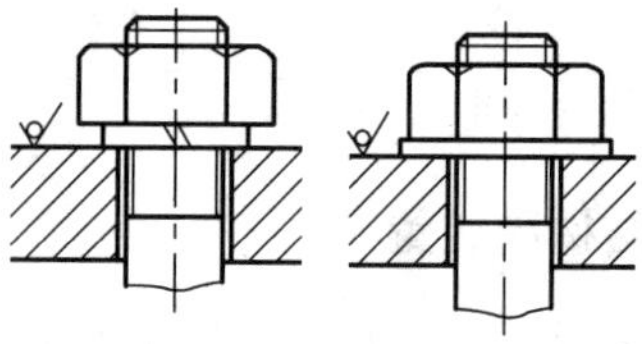	在被连接件上做出沉孔或凸台，以保证良好的接触性能
	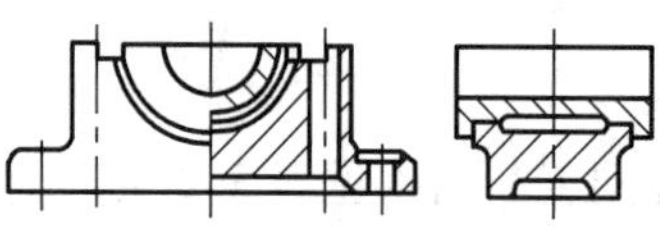	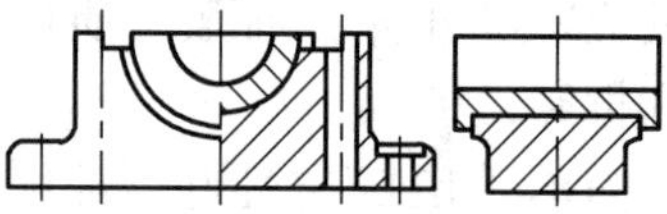	合理减少加工面积，既可降低制造成本，又可改善接触状况
	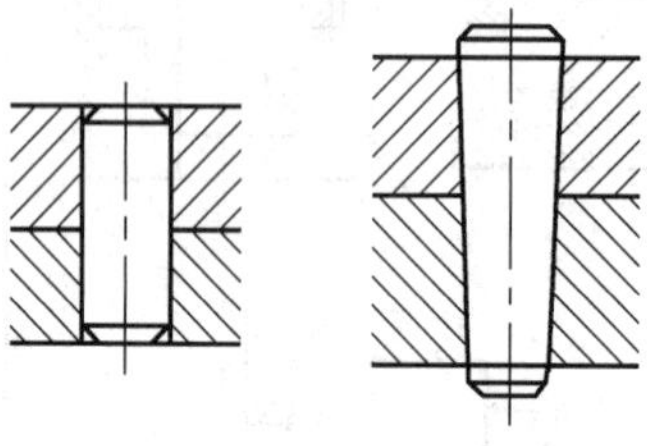	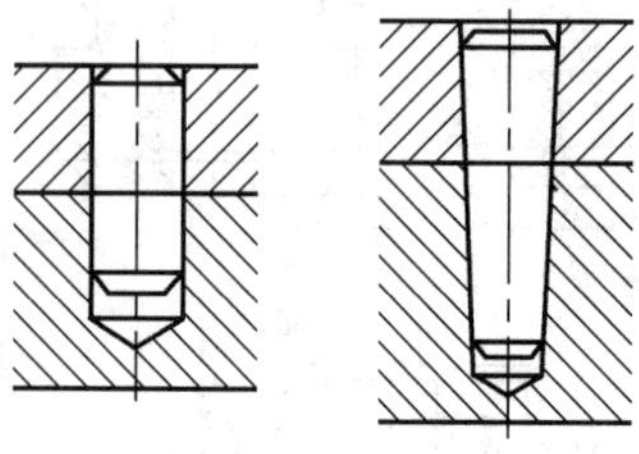	为便于加工和拆卸，销孔最好做成通孔而不做成盲孔

续表

	合理	不合理	说明
接触面与配合面的结构	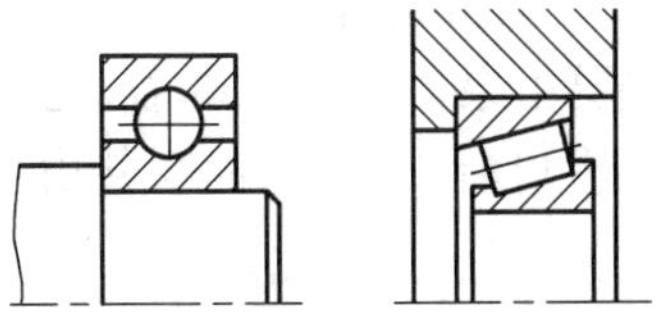	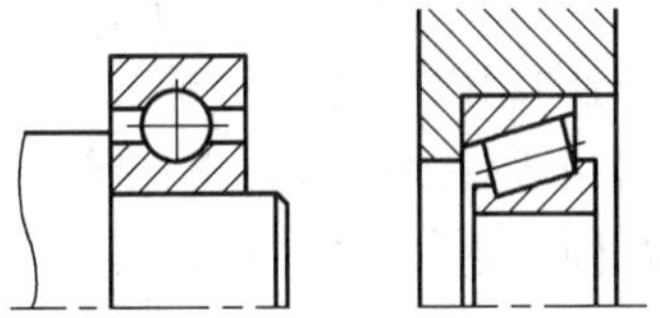	滚动轴承在以轴肩或孔间定位时,其高度应小于轴承内圈或外圈的厚度,以便拆卸
	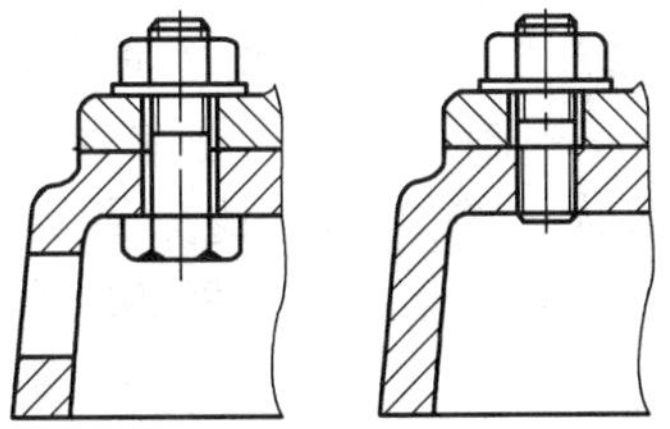	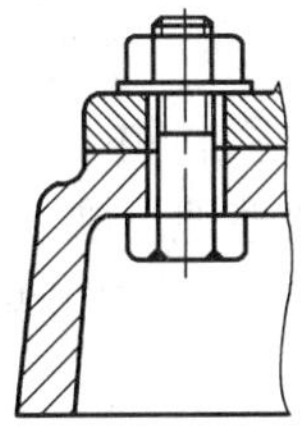	加手孔或使用双头螺栓,方能上紧被连接件
	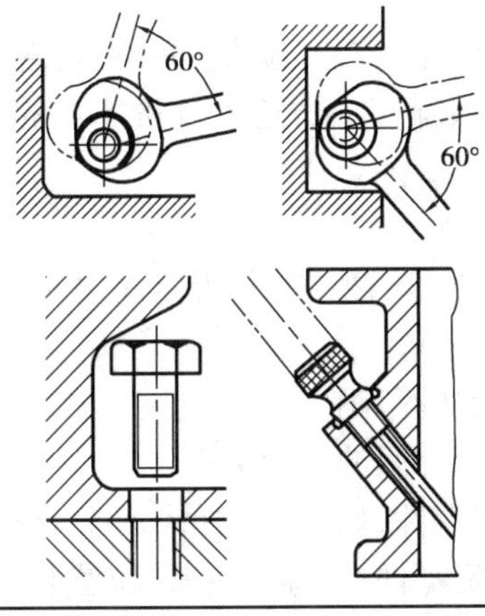 60° 60°	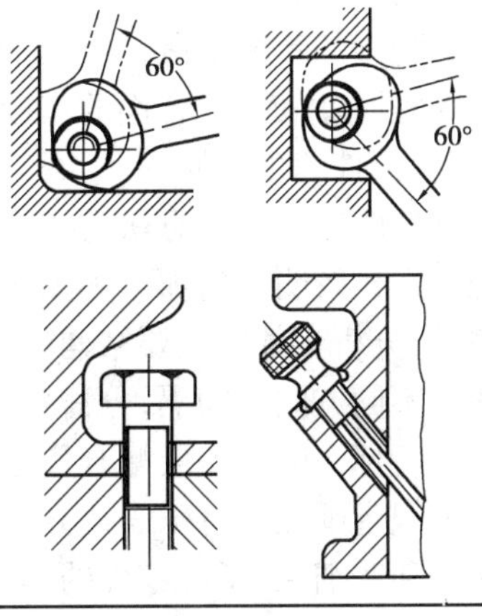 60° 60°	为便于装拆,必须留出扳手的活动空间以及装拆螺钉、量杆的空间

二、识读装配图的方法

在机器的设计、制造、装配、检验、使用、维修以及技术革新、技术交流等生产活动中,都会遇到看装配图的问题。因此,工程技术人员必须具备熟练看装配图的能力。

1. 看装配图的要求

看装配图时,主要应了解如下内容:

①机器或部件的性能、用途和工作原理;

②各零件间的装配关系和拆装顺序;

③各零件的主要结构形状和作用;

④其他系统(如润滑系统、防漏系统等)的原理和构造。

2. 看装配图的方法和步骤

下面以图 5.2.1 所示齿轮油泵为例,说明看装配图的方法和步骤。

(1)概括了解

①从标题栏和有关的说明书了解机器和部件的名称与大致用途、性能及工作原理。

②从零件的明细栏和图上零件的编号,了解标准件和非标准件的名称、数量和所在位置。

齿轮油泵是机器中用以输送润滑油的一个部件,主要由泵体、左、右端盖、运动零件(传动齿轮、齿轮轴等)、密封零件及标准件等组成。从明细栏中可看出,齿轮油泵共由 15 种零件组成,其中标准件有 6 种,常用件和非标准件有 9 种。

(2)分析视图

看装配图时,应分析全图采用了哪些表达方法,首先确定主视图的名称,明确视图间的投影对应关系,如是剖视图还要找到剖切位置,然后分析各视图所要表达的重点内容。

齿轮油泵的装配图采用两个视图表达。主视图是通过机件前后对称面剖切得到的全剖视图 *A-A*,反映了齿轮油泵各零件间的装配关系及位置。左视图是采用沿左端盖 1 与泵体 6 结合面剖切的半剖视图,它清楚地反映了这个泵的外部形状、齿轮的啮合情况及吸、压油的工作原理;再用局部视图反映吸、压油口的情况,齿轮油泵的外形尺寸是 118、85、95,由此知道齿轮油泵的体积大小。

(3)深入分析工作原理和装配关系

这是深入分析装配图的重要阶段,要搞清部件的传动、支承、调整、润滑、密封等的结构形式,弄清各有关零件间的接触面、配合面的连接方式和装配关系,还要分析零件的结构形状和作用,以便进一步了解部件的工作原理。

进一步深入阅读装配图的一般方法是:

①从反映装配关系比较明显的那个视图入手,结合其他视图,分析装配关系,对照零件在各视图上的投影关系,分析零件的主要结构形状。

②利用剖面线的不同方向和间隔,分清各零件轮廓的范围。

③根据装配图上所标注的公差或配合代号,了解零件间的配合关系。

④利用装配图的规定画法和特殊表达方法来识别零件,如油杯、轴承、齿轮、密封结构等。

⑤根据零件序号和明细栏,了解零件的作用和确定零件在装配图中的位置和范围。

⑥利用零件的对称性帮助判断零件的位置、范围、想象零件的结构形状。由于装配图上不能把所有零件形状都完全表达清楚,有时还要借助阅读有关的零件图,才能彻底看懂机器或部件的工作原理、装配关系及各零件的用途和结构特点。

图 5.2.2 所示是齿轮油泵的工作原理图。从图 5.2.1 主、左视图的投影关系可知,齿轮轴 2、传动齿轮轴 3、传动齿轮 11 是油泵中的运动零件。当传动齿轮 11 按逆时针方向(从左视图观察)转动时,通过键 14 将扭矩传递给传动齿轮轴 3,经过齿轮啮合带动齿轮轴 2,从而使后者作顺时针方向转动。如图 5.2.2 所示,当一对齿轮在泵体内作啮合传动时,啮合区内右边压力降低而产生局部真空,油池内的油在大气压力作用下进入油泵低压区内的吸油口。随着齿轮的转动,齿槽中的油不断沿箭头方向被带到左边的压油口把油压出,送至机器中需润滑的部位。

泵体 6 是齿轮泵中的主要零件之一。它的内腔可以容纳一对吸油和压油的齿轮。将齿轮轴 2、传动齿轮轴 3 装入泵体后,两侧有左端盖 1、右端盖 7 支承这一对齿轮轴的旋转运动。由销 4 将端盖与泵体定位后,再用螺钉 15 将端盖与泵体连接成整体。为了防止泵体与端盖结合面处以及传动齿轮轴 3 伸出端漏油,分别用垫片 5 及密封圈 8、轴套 9、压紧螺母 10 密封。

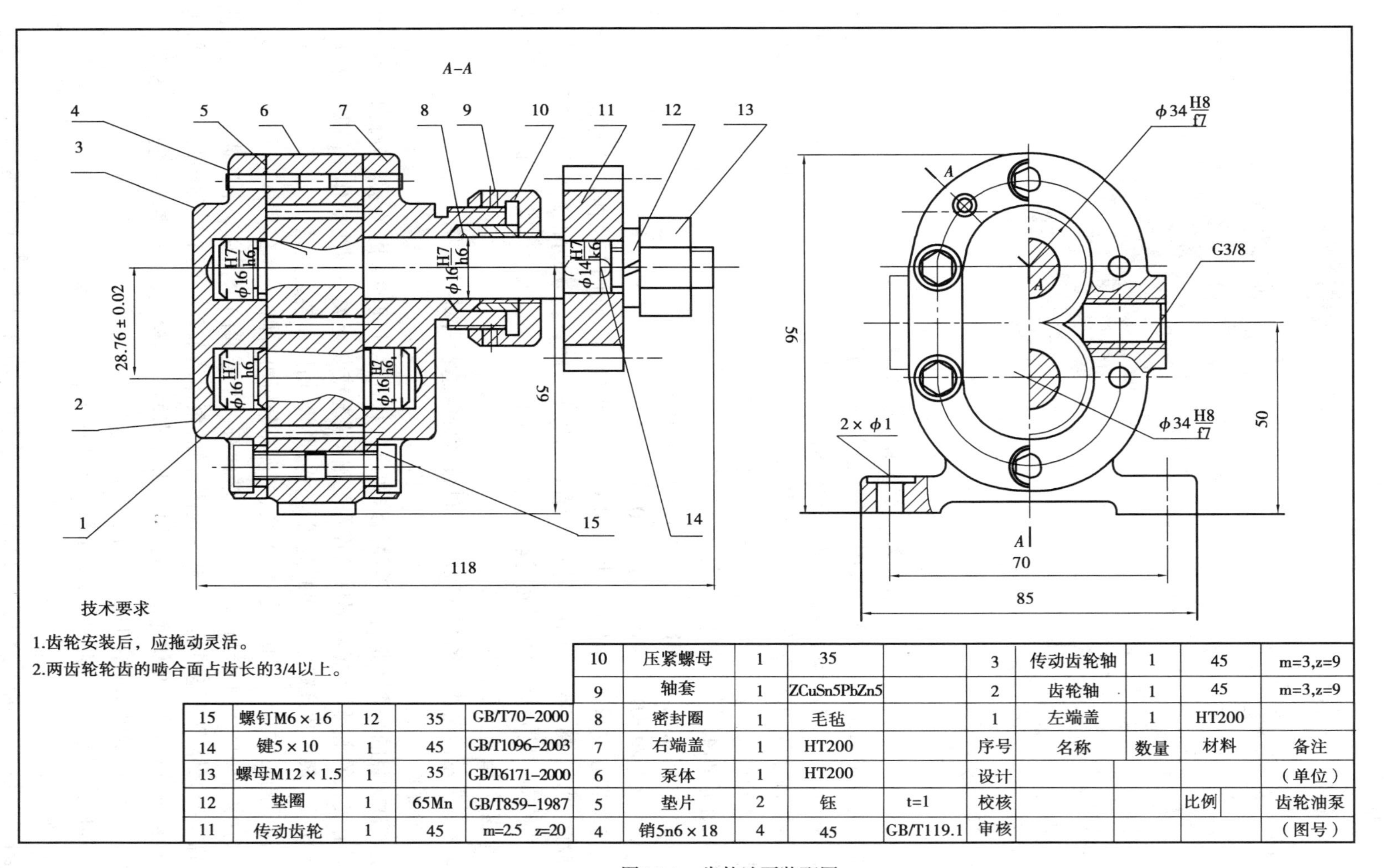

图5.2.1 齿轮油泵装配图

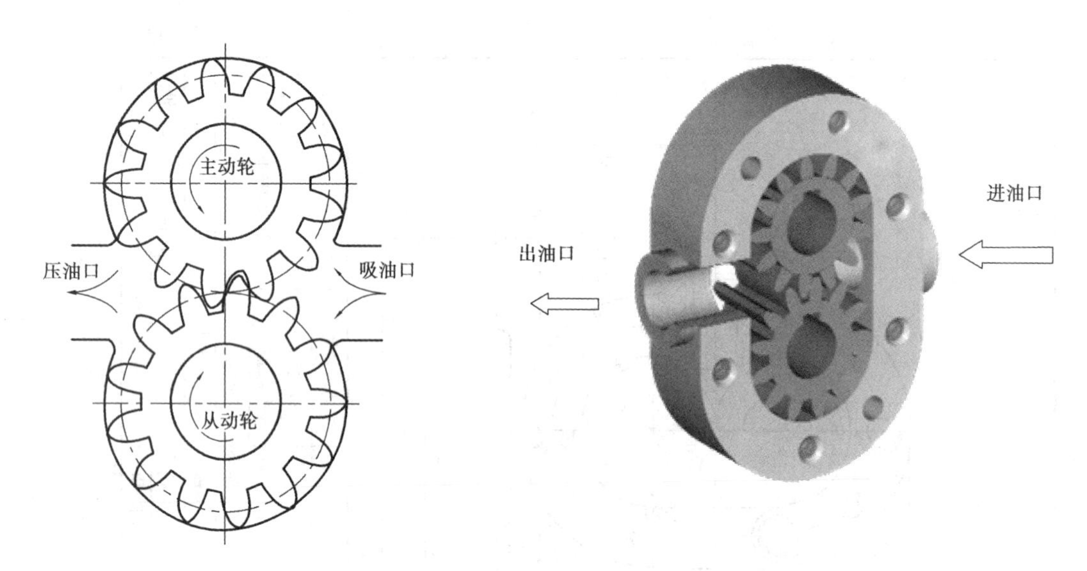

图 5.2.2　齿轮油泵工作原理

根据零件在部件中的作用和要求以及图上所注公差配合的代号，可弄清零件间配合种类、松紧程度、精度要求等。例如传动齿轮 11 要带动传动齿轮轴 3 一起转动，除了靠键把两者连成一体传递扭矩外，还需定出相应的配合。在图中可以看到，它们之间的配合尺寸是ϕ14H7/k6，属于基孔制的优先过渡配合，从书后附表中可查得：

孔的尺寸是 $\phi 14_{0}^{+0.018}$；轴的尺寸是 $\phi 14_{+0.001}^{+0.012}$

配合的最大间隙 = +0.018 - (+0.001) = +0.017

配合的最大过盈 =0 - (+0.012) = -0.012

齿轮与端盖在支承处的配合尺寸是 ϕ16H7/h6；齿轮轴的顶圆与泵体内腔的配合尺寸是ϕ34.5H8/f7。尺寸 28.76 ±0.016 是一对啮合齿轮的中心距，这个尺寸准确与否将会直接影响齿轮的啮合传动。尺寸 65 是传动齿轮轴线离泵体安装面的高度尺寸。吸、压油口的尺寸均为 G3/8，两个螺栓 16 之间的尺寸为 70。

图 5.2.3 表示齿轮油泵的装配轴测图，供读者分析思考后对照参考。

(4)分析零件

分析零件的目的是弄清楚各个零件的结构形状和各零件间的装配关系。分析时，一般从主要装配干线上的主要零件(对部件的作用、工作情况或装配关系起主要作用的零件)开始，应用上述 6 条一般方法来确定零件的范围、结构、形状、功用和装配关系。

齿轮油泵的泵体是一个主要零件，从主、左视图分析可看出，泵体的主体形状为长圆形，内部为空腔，用以容纳一对啮合齿轮。其左、右端面有两个连通的销孔和 6 个连通的螺钉，以便将左、右端盖与泵体准确连接起来。从左视图可知，泵体的前后有两个对称的凸台，内有管螺纹，以便连接进、出油管。泵体底部为安装板，上面有两个螺栓孔，以便将部件安装到机器上。其余零件的结构形状可用同样的方法逐次进行分析。

逐个零件分析之后，各零件的形状如图 5.2.4 所示。

(5)归纳总结

对装配图进行上述各项分析后，一般对该部件已有一定的了解，但可能还不够完全、透彻，还要围绕部件的结构、工作情况和装配连接关系等，把各部分结构联系起来综合考虑，以求对

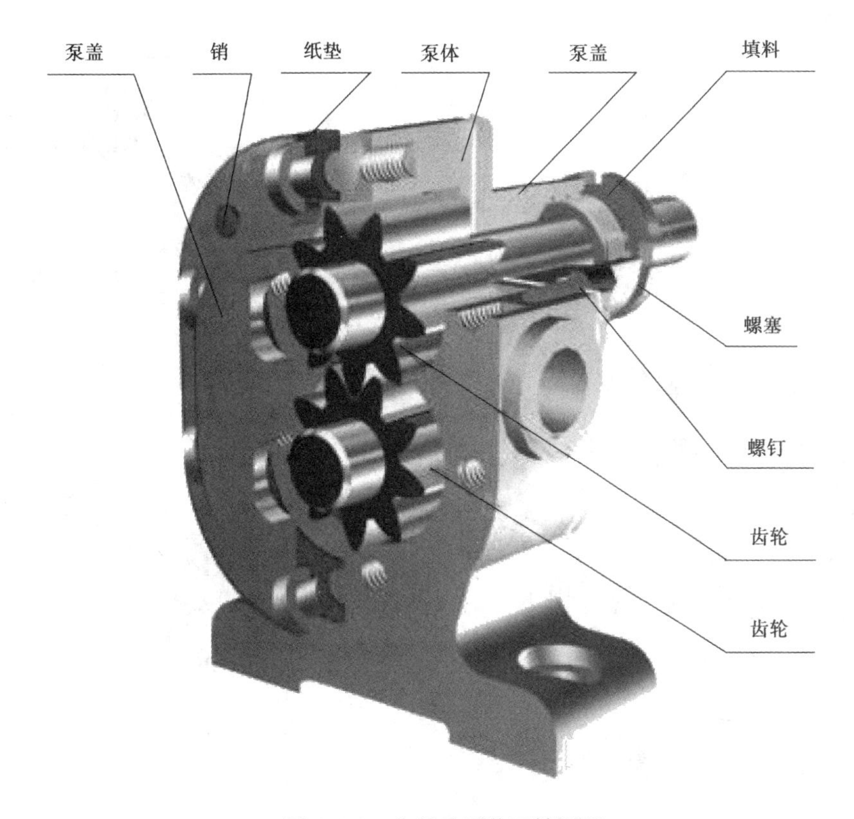

图5.2.3　齿轮油泵装配轴测图

整个部件有全面的认识。

归纳总结时,一般可围绕下列几个问题进行深入思考:

①部件的组成和工作原理如何?怎样使用?运动零件如何传动?

②表达部件的各个视图的作用如何?是否有更好的表达方案?

③图中的尺寸各属于哪一类?采用了哪几种配合?

④零件的连接方式和装拆顺序如何?

上述看装配图的方法和步骤仅是一个概括说明,实际上,看装配图的几个步骤往往是交替进行的。只有通过不断实践,才能认知看图的规律,提高看图的能力。

知识拓展　由装配图拆画零件图

由装配图拆画零件图是设计工作中的一个重要环节,应在看懂装配图基础上进行。首先应清楚零件的结构形状、图形的表达方法,然后解决零件的尺寸和技术要求等问题。这里着重介绍拆画零件图时应注意的几个问题。

①对于在装配图中没有表达清楚的结构,要根据零件功用、零件结构形状和装配结构,在零件图上加以补充完善。

②对于装配图上省略的细小结构、圆角、倒角、退刀槽等,在拆画零件图时均应补上。

③装配图主要是表达装配关系。因此考虑零件视图方案时,不应该简单照抄,要根据零件的结构形状重新选择适当的表达方案。

④零件图的各部分尺寸大小可以在装配图上按比例直接量取,并补全零件图上所需的尺

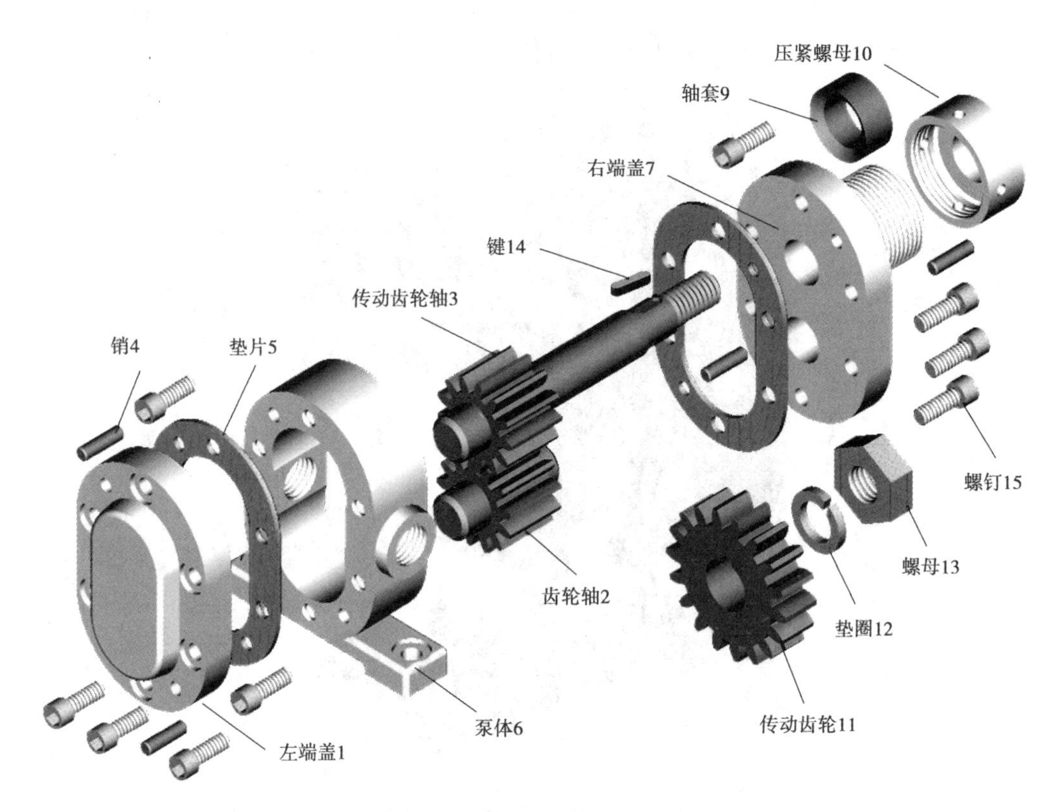

图 5.2.4　齿轮油泵轴测分解图

寸、表面粗糙度、极限配合、技术要求等。

例 5.1　从图 5.25 所示的机用虎钳装配图中拆画出固定钳座的零件图。

①分析。机用虎钳是一种在机床工作台上用来夹持工件以便于对工件进行加工的夹具。从机用虎钳装配图中可知:主视图沿前、后对称中心面剖开,采用全剖视,表达机用虎钳的工作原理;左视图为 *A—A* 半剖视,表达主要零件的装配关系;俯视图为局部剖,表达机用虎钳的外形及钳口板 2 与固定钳座的装配关系。

由图中分析可以得到:机用虎钳由固定钳座 1、钳口板 2、活动钳身 4、螺杆 8 和方块螺母 9 等零件组成。当用扳手转动螺杆 8 时,由于螺杆 8 的左边用开口销卡住,使它只能在固定钳座 1 的两圆柱孔中转动,而不能沿轴向移动,这时螺杆 8 就带动方块螺母 9,使活动钳身 4 沿固定钳座 1 的内腔作直线运动。方块螺母 9 与活动钳身 4 用螺钉 3 连成整体,这样使钳口闭合或张开,便于夹紧和卸下零件。从主视图可以看到机用虎钳的活动范围为 0 ~ 70 mm。两块钳口板 2 分别用沉头螺钉 10 紧固在固定钳座 1 和活动钳身 4 上,以便磨损后更换,如俯视图所示。

固定钳座 1 在装配件中起支承钳口板 2、活动钳身 4、螺杆 8 和方块螺母 9 等零件的作用,螺杆 8 与固定钳座 1 的左、右端分别以 ϕ12H8/f7 和 ϕ18H8/f7 间隙配合。活动钳身 4 与方块螺母 9 以 Φ20H8/f7 间隙配合。固定钳座 1 的左、右两端是由 ϕ12H8 和 ϕ18H8 水平的两圆柱孔组成,它支承螺杆 8 在两圆柱孔中转动,其中间是空腔,使方块螺母 9 带动活动钳身 4 沿固定钳座 1 作直线运动。为了使机用虎钳固定在机床工作台上用来夹持工件,固定钳座 1 的一侧用螺钉紧固了一块钳口板。由 *B* 向视图可知钳口板 2 的结构形状,钳口板 2 宽为 74,两孔中心距为 40。

分析图 5.2.5 装配图,可以得到机用虎钳的轴测图,如图 5.2.6 所示。

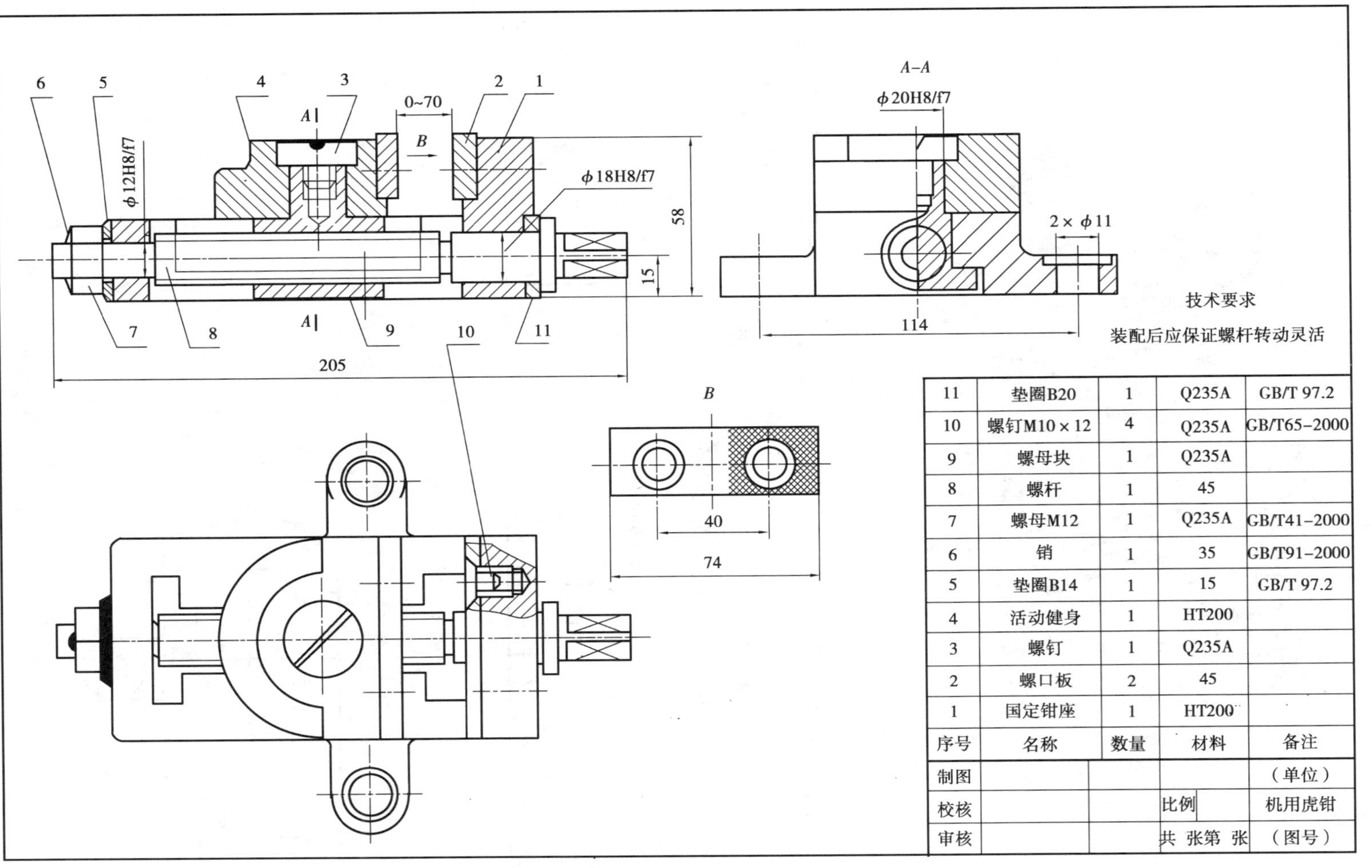

11	垫圈B20	1	Q235A	GB/T 97.2
10	螺钉M10×12	4	Q235A	GB/T65-2000
9	螺母块	1	Q235A	
8	螺杆	1	45	
7	螺母M12	1	Q235A	GB/T41-2000
6	销	1	35	GB/T91-2000
5	垫圈B14	1	15	GB/T 97.2
4	活动健身	1	HT200	
3	螺钉	1	Q235A	
2	螺口板	2	45	
1	国定钳座	1	HT200	
序号	名称	数量	材料	备注
制图				（单位）
校核			比例	机用虎钳
审核			共　张第　张	（图号）

图5.2.5　机用虎钳装配图

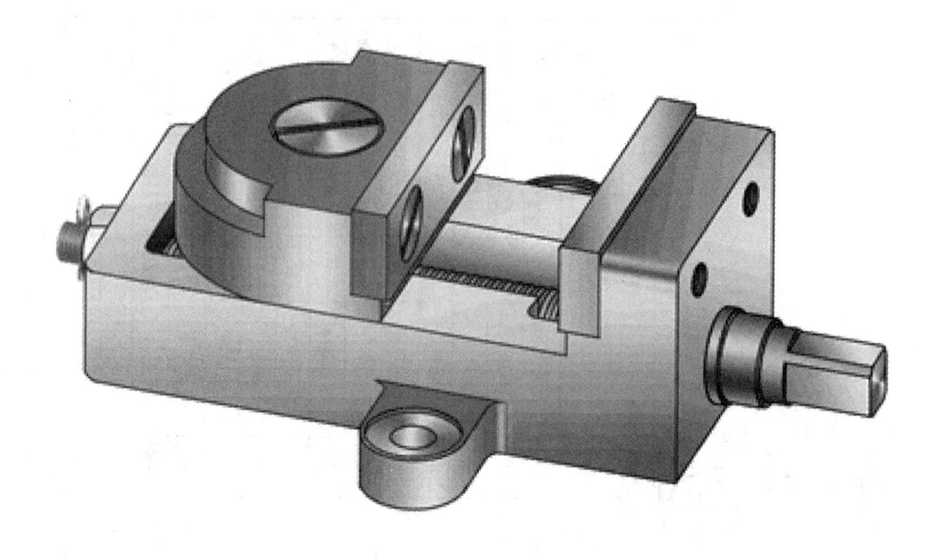

图 5.2.6　机用虎钳的轴测图

②作图。从装配图中分离出固定钳座 1 的轮廓,如图 5.2.7 所示。根据零件图的视图表达方案,主视图按装配图中主视图的投射方向沿前、后对称中心线全剖视画出;左视图采用 *C-C* 半剖视。俯视图主要表达固定钳座 1 的外形,并采用局部剖视表达螺孔的结构。其轴测图如图 5.2.8 所示。补全视图中的漏线,固定钳座如图 5.2.9 所示。

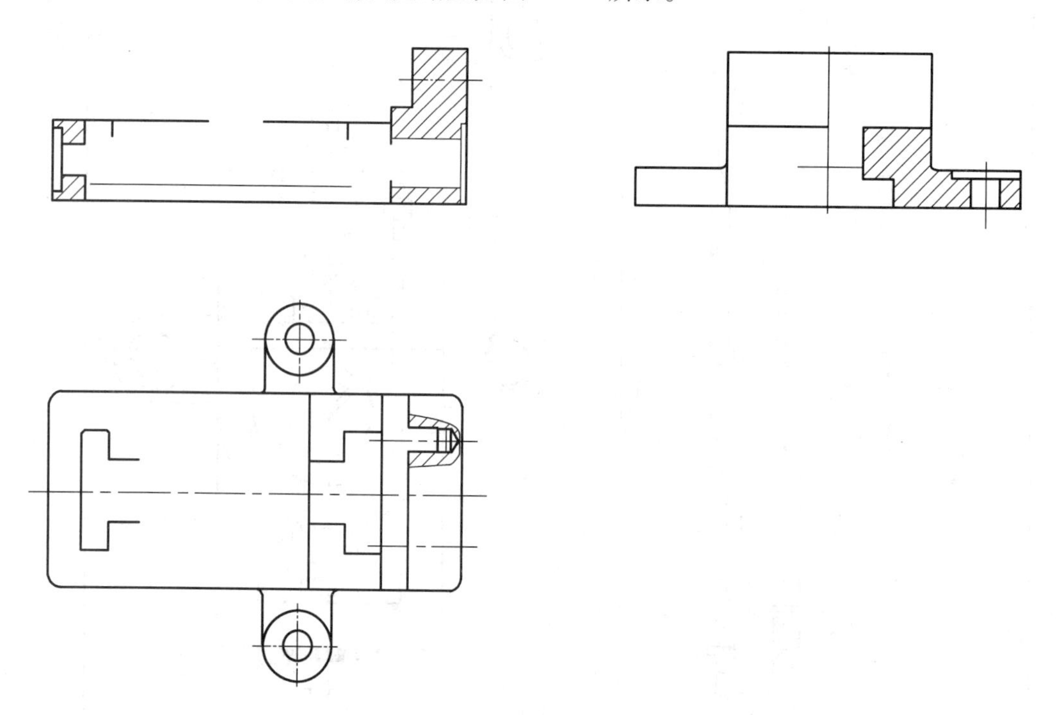

图 5.2.7　从装配图中分离出固定钳座的投影

图 5.2.8　固定钳座轴测图

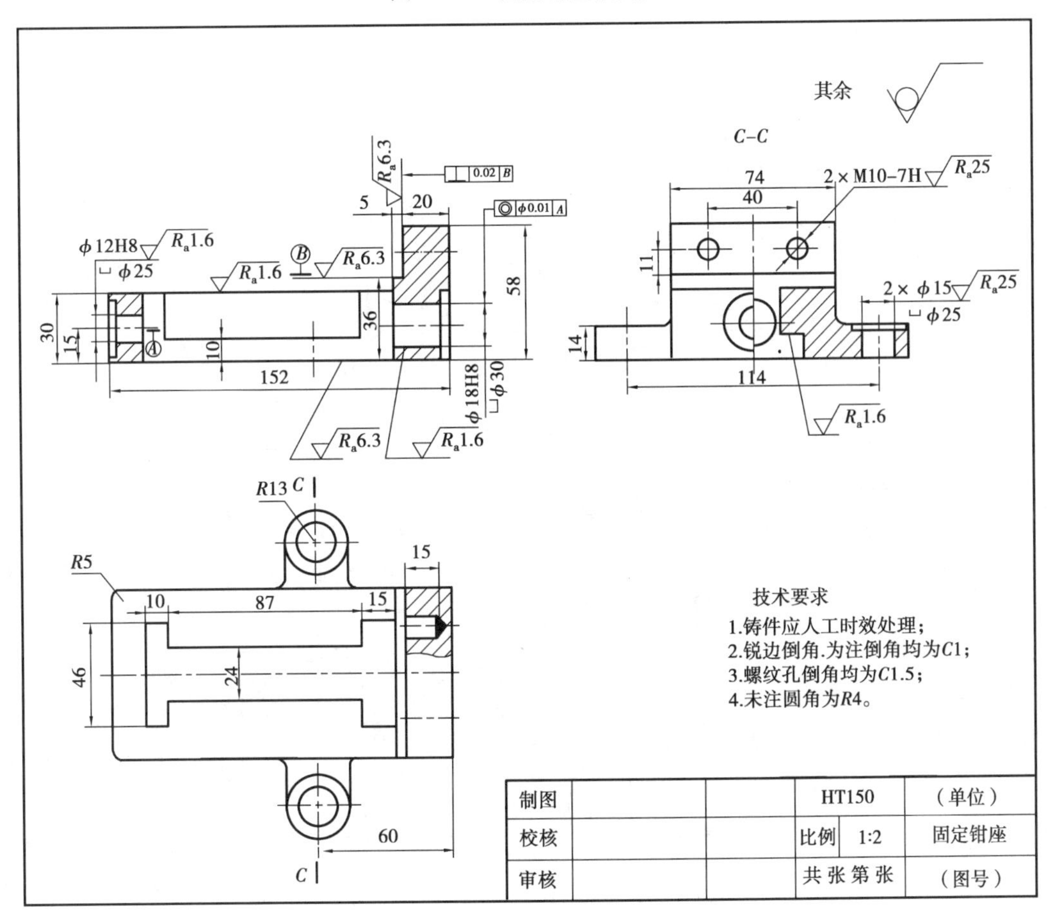

图 5.2.9　固定钳座零件图

教师评估

序　号	优　点	存在问题	解决方案
1			
2			
3			
教师签字：			

附　录

附表 1　普通螺纹直径与螺距系列（GB/T 193—2003）　　单位：mm

公称直径 D、d		螺距 P		粗牙中径 $D2$、$d2$	粗牙小径 $D1$、$d1$
第一系列	第二系列	粗　牙	细　牙		
3		0.5	0.35	2.675	2.459
	3.5	(0.6)		3.110	2.850
4		0.7	0.5	3.545	3.242
	4.5	(0.75)		4.013	3.688
5		0.8		4.480	4.134
6		1	0.75,(0.5)	5.350	4.917
8		1.25	1,0.75,(0.5)	7.188	6.647
10		1.5	1.25,1,0.75,(0.5)	9.026	8.376
12		1.75	1.5,1.25,1,(0.75),(0.5)	10.863	10.106
	14	2	1.5,(1.25),1,(0.75),(0.5)	12.701	11.835
16		2	1.5,1,(0.75),(0.5)	14.701	13.835
	18	25	2,1.5,1,(0.75),(0.5)	16.376	15.294
20		2.5		18.376	17.294
	22	2.5	2,1.5,1,(0.75),(0.5)	20.376	19.294
24		3	2,1.5,1,(0.75)	22.051	20.752
	27	3	2,1.5,1,(0.75)	25.051	23.752
30		3.5	(3),2,1.5,1,(0.75)	27.727	26.211
	33	3.5	(3),2,1.5,(1),(0.75)	30.727	19.211

续表

公称直径 D、d		螺距 P		粗牙中径 $D2$、$d2$	粗牙小径 $D1$、$d1$
第一系列	第二系列	粗　牙	细　牙		
36		4	3,2,1.5,(1)	33.402	31.670
	39	4		36.402	34.670
42		4.5	(4),3,2,1.5,(1)	39.077	37.129
	45	4.5		42.077	40.129
48		5		44.752	42.587
	52	5	4,3,2,1.5,(1)	48.752	46.587
56		5.5		52.428	50.046
	60	5.5		56.428	54.046
64		6		60.103	57.505
	68	6		64.103	61.505

注:1.优先选用第一系列,括号内尺寸尽可能不用,第三系列未列入。

2.M14×1.25 仅用于火花塞。

附表2　常用螺栓、螺钉的头部及螺母的简化画法

形　式	简化画法	形　式	简化画法
六角头（螺栓）	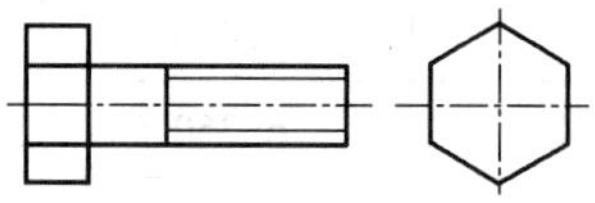	六角（螺母）	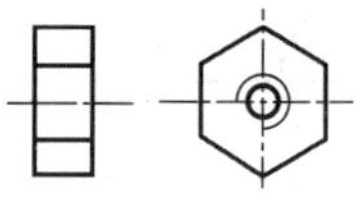
方头（螺栓）	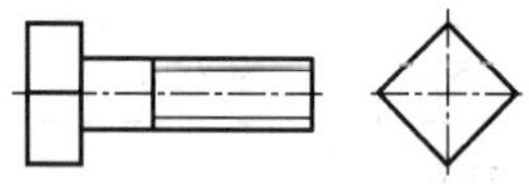	方头（螺母）	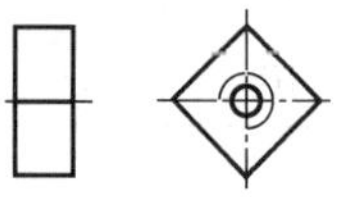
圆柱头内六角（螺钉）	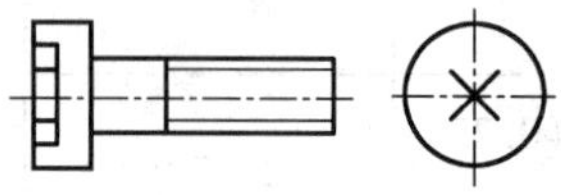	六角开槽（螺母）	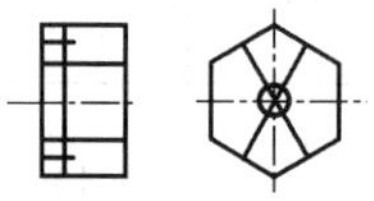
无头内六角（螺钉）	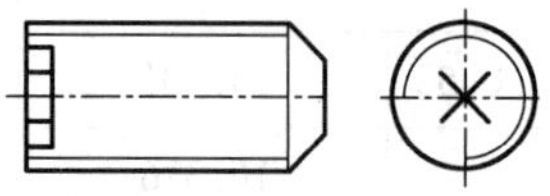	六角法兰面（螺母）	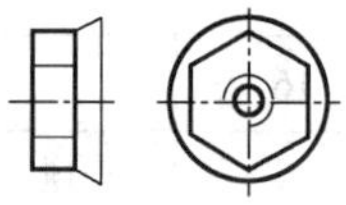
无头开槽（螺钉）	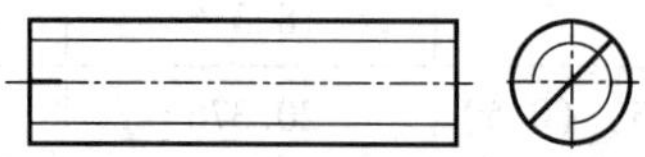	蝶形（螺母）	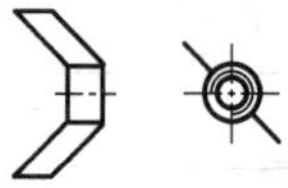
沉头开槽（螺钉）	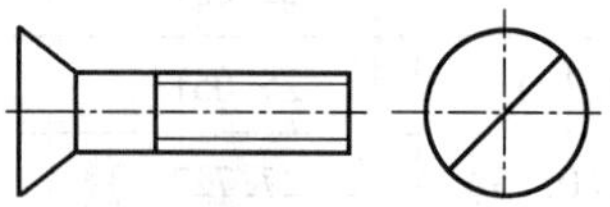	沉头十字槽（螺钉）	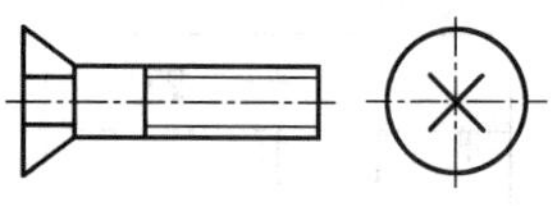

续表

形式	简化画法	形式	简化画法
半沉头开槽 （螺钉）		半沉头十字槽 （螺钉）	
圆柱头开槽 （螺钉）		盘头十字槽 （螺钉）	
盘头开槽 （螺钉）		六角法兰面 （螺栓）	
沉头开槽 （自攻螺钉）		圆头十字槽 （木螺钉）	

附表3　普通平键及键槽的尺寸（GB/T1095—2003）

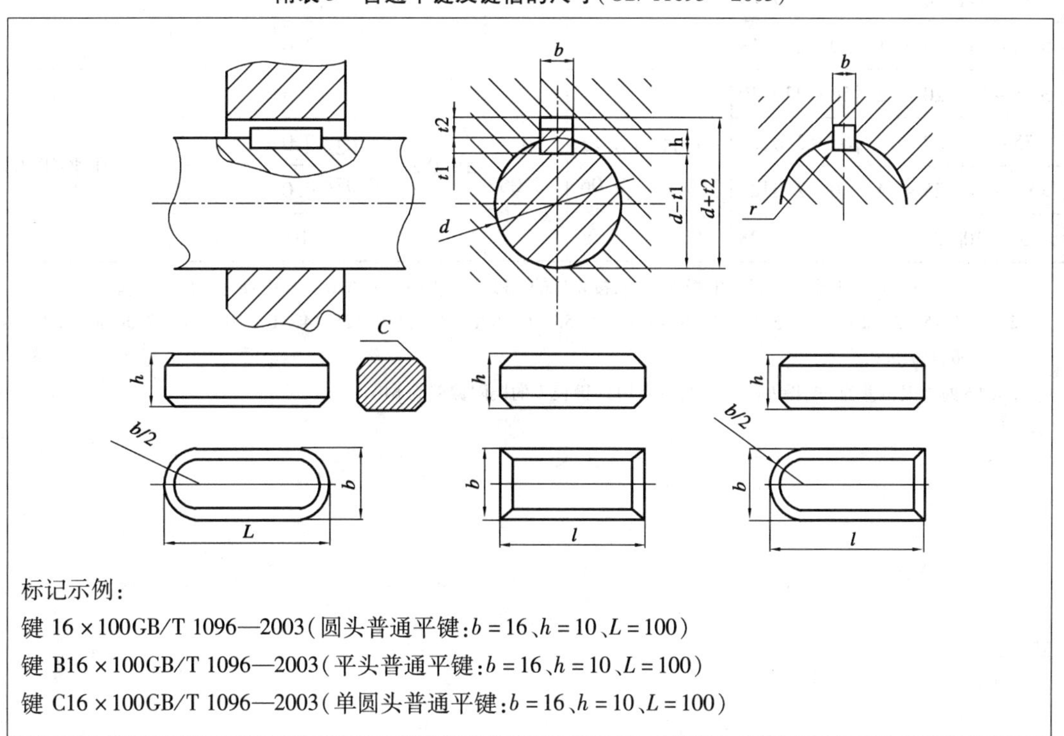

标记示例：

键 16×100GB/T 1096—2003（圆头普通平键：$b=16$、$h=10$、$L=100$）

键 B16×100GB/T 1096—2003（平头普通平键：$b=16$、$h=10$、$L=100$）

键 C16×100GB/T 1096—2003（单圆头普通平键：$b=16$、$h=10$、$L=100$）

续表

轴	键		键槽											
			宽度 b						深度				半径 r	
				极限偏差					轴 t		毂 $t1$			
公称直径 d	公称尺寸 $b \times h$(h9)	长度 L(h11)	公称尺寸	较松键连接		一般键连接		较紧键连接	公称尺寸	极限偏差	公称尺寸	极限偏差		
				轴 H9	毂 D10	轴 N9	毂 JS9	轴和毂 P9					最大	最小
>10～12	4×4	8～45	4	+0.030 0	+0.078 +0.030	0 −0.039	±0.015	−0.012 −0.042	2.5	+0.1 0	1.8	+0.1 0	0.08	0.16
>12～17	5×5	10～56	5						3.0		2.3		0.16	0.25
>17～22	6×6	14～70	6						3.5		2.8			
>22～30	8×7	18～90	8	+0.036 0	+0.098 +0.040	0 −0.036	±0.018	−0.015 −0.051	4.0	+0.2 0	3.3	+0.2 0		
>30～38	10×8	22～110	10						5.0		3.3		0.25	0.40
>38～44	12×8	28～140	12	+0.043 0	+0.120 +0.050	0 −0.043	±0.022	−0.018 −0.061	5.0		3.3			
>44～50	14×9	36～160	14						5.5		3.8			
>50～58	16×10	45～180	16						6.0		4.3			
>58～65	18×11	50～200	18						7.0		4.4			
>65～75	20×12	56～220	20	+0.052 0	+0.149 +0.065	0 −0.052	±0.026	−0.022 −0.074	7.5		4.9		0.40	0.60
>75～85	22×14	63～250	22						9.0		5.4			
>85～95	25×14	70～280	25						9.0		5.4			
>95～110	28×16	80～320	28						10		6.4			

注：1. ($d-t$)和($d+t1$)两个组合尺寸的极限偏差，按相应的 t 和 $t1$ 的极限偏差选取，但($d-t$)极限偏差应取负号(−)。

2. L 系列：6～22(2 进位)、25、28、32、36、40、45、50、56、36、70、80、100、110、125、140、160、180、200、220、250、280、320、360、400、450、500。

3. 键 b 的极限偏差为 h9，键 h 的极限偏差为 h11，键长 L 的极限偏差为 h14。

参考文献

[1] 朱培勤. 机械制图及计算机绘图项目化教程[M]. 上海:上海交大出版社,2010.

[2] 王显谊. 建筑制图与识图[M]. 重庆:重庆大学出版社,2007.

[3] 单连生. 机械制图习题集[M]. 北京:人民邮电出版社,2010.

[4] 夏华生,王梓森. 机械制图[M]. 北京:高等教育出版社,2006.